U0303091

国家科学技术学术著作出版基金资助出版

微纳制造的基础研究学术著作丛书

微机电系统(MEMS)制造技术

苑伟政　乔大勇　著

科学出版社

北　京

内 容 简 介

本书主要论述微机电系统(MEMS)制造技术,全书共 9 章。第 1 章阐述 MEMS 制造技术的定义、发展历程和发展趋势;第 2 章介绍 MEMS 制造的材料基础;第 3 章阐述 MEMS 制造中的沾污及洁净技术;第 4 章阐述包括光刻技术和软光刻技术在内的图形转移技术;第 5 章阐述湿法腐蚀与干法刻蚀技术;第 6 章阐述氧化、扩散与注入技术;第 7 章介绍各种薄膜制备技术;第 8 章介绍包括表面牺牲层工艺、体加工工艺和混合工艺在内的 MEMS 加工标准化工艺;第 9 章阐述 MEMS 的芯片级和圆片级封装工艺。本书结合大量设备操作实例和工艺实例,贴近实践,易于理解。同时,考虑到 MEMS 加工工艺过程涉及大量化学品的使用,还专门以附录的形式对 MEMS 制造常用化学品物质安全资料表和基本化学品安全术语进行了介绍。

本书适合作为 MEMS 相关专业研究生教材,也可供相关领域的科技人员阅读参考。

图书在版编目(CIP)数据

微机电系统(MEMS)制造技术/苑伟政,乔大勇著.—北京:科学出版社,
2014.3
(微纳制造的基础研究学术著作丛书)
ISBN 978-7-03-039974-8

Ⅰ.①微… Ⅱ.①苑…②乔… Ⅲ.①微机电-生产工艺 Ⅳ.①TM380.5

中国版本图书馆 CIP 数据核字(2014)第 041115 号

责任编辑:刘宝莉 孙 芳 / 责任校对:刘亚琦
责任印制:赵 博 / 封面设计:陈 敬

科 学 出 版 社 出版
北京东黄城根北街 16 号
邮政编码:100717
http://www.sciencep.com
三河市春园印刷有限公司印刷
科学出版社发行 各地新华书店经销
*
2014 年 3 月第 一 版 开本:720×1000 1/16
2025 年 4 月第六次印刷 印张:16
字数:304 000
定价:**128.00元**
(如有印装质量问题,我社负责调换)

《微纳制造的基础研究学术著作丛书》序

随着人们认识世界尺度的微观化,制造领域面临着面向极小化的挑战,其基础研究正经历着从可视的厘米、毫米尺度向基于分子、原子的纳米制造技术过渡。纳米制造科学是支撑纳米科技走向应用的基础。国家自然科学基金委员会(以下简称基金委)重大研究计划项目"纳米制造的基础研究"瞄准学科发展前沿、面向国家发展的重大战略需求,针对纳米精度制造、纳米尺度制造和跨尺度制造中的基础科学问题,探索制造过程由宏观进入微观时,能量、运动与物质结构和性能间的作用机理与转换规律,建立纳米制造理论基础及工艺与装备原理。重点研究范围包括基于物理/化学/生物等原理的纳米尺度制造、宏观结构的纳米精度制造、纳/微/宏(跨尺度)制造、纳米制造精度与测量、纳米制造装备新原理等。本重大研究计划旨在通过机械学、物理学、化学、生物学、材料科学、信息科学等相关学科的交叉与融合,探讨基于物理/化学/生物等原理的纳米制造新方法与新工艺,揭示纳米尺度与纳米精度下加工、成形、改性和跨尺度制造中的尺度效应、表面/界面效应等,阐明物质结构演变机理与器件的功能形成规律,建立纳米制造过程的精确表征与计量方法,发展若干原创性的纳米制造工艺与装备原理,为实现纳米制造提供坚实的理论基础,并致力提升我国纳米制造的源头创新能力。正如姚建年院士指出的那样:该重大研究计划意义重大,通过原始创新性研究,旨在推动机械工程学科在基础性、前沿性等方面不断进展,在国际上取得重要地位,在某一领域形成中国学派。同时,他强调了纳米制造研究内容的创新性、学科交叉性、项目实施的计划性等,并期望在基础研究领域产生重大突破,取得重大成果。

《微纳制造的基础研究学术著作丛书》是科学出版社依托基金委"纳米制造的基础研究"重大研究计划项目,经过反复论证之后组织、出版的系列学术著作。该丛书力争起点高、内容新、导向性强,体现科学出版社"三高三严"的优良作风。丛书作者都曾主持过重大研究计划"纳米制造的基础研究"项目或国家自然科学基金其他相关项目,反映该研究中的前沿技术,汇集纳米制造方面的研究成果,形成独特的研究思路和方法体系,积累丰富的经验,具有创新性、实用性和针对性。

《微纳制造的基础研究学术著作丛书》涉及近几年来我国围绕纳米制造科学的国际前沿、国家重大制造工程中所遇到的基础研究难题等方面所取得的主要创新研究成果,包括表面纳米锥的无掩模制造及光电特性,光刻物镜光学零件纳米精度制造基础研究,铜互联层表面的约束刻蚀化学平坦化新方法,大尺度下深纹纳米结构制造方法与机理表征,基于为加工技术的微纳集成制造原理及方法研究,微纳流控系统跨尺度兼容一体化集成制造基础研究,微/纳光学阵列元件的约束刻蚀剂层加工技术与系统的基础研究,等等。

　　毫米制造技术的应用,带动了蒸汽工业革命,推动了英国的振兴;微米制造技术的发展,带来了信息工业革命,带领美国的崛起;纳米制造技术也必将引领第三次工业革命的浪潮,我国的纳米制造业若能把握住历史的机遇,必将屹立于浪潮之巅,为实现中华民族的伟大复兴贡献出强劲的力量。

　　作为基金委重大研究计划项目"纳米制造的基础研究"的指导专家组组长,我深信《微纳制造的基础研究学术著作丛书》的及时出版,必将推动我国纳米制造学科的深入发展,在难题攻克、人才培养、技术推动等方面发挥显著作用。同时,希望广大读者提出建议和指导,以促进丛书的出版工作。

2013 年 10 月 28 日

前　　言

　　大多数微机电器件都利用具有一定深宽比的复杂微结构与外部环境之间进行能量交互,其制造技术虽然源于半导体工艺和微电子工艺,但又在它们的基础上发展、提高,具有很大不同,涉及残余应力变形、黏连和静电拉入等许多与工艺相关的特有问题。即便是具备丰富微电子工艺经验的研究人员,在没有经过相关 MEMS工艺学习的情况下,也无法保证设计出具备可制造性的 MEMS 器件。同时,MEMS 工艺与微电子工艺最大的不同在于:MEMS 还没有发展到设计与制造完全分离的阶段。微机电领域的设计者必须通晓 MEMS 制造技术,以便于在进行器件结构设计的同时完成工艺设计或可加工性验证。

　　MEMS 是一个多学科融合的技术领域,从器件应用角度接触 MEMS 的多数研究者没有机会在实践中接触与传统加工方式存在很大差异的微 MEMS 制造工艺,所设计出的创新器件很多过于强调结构特点、尺寸的精细和精准,而忽略了工艺实现的可行性、工艺能量或化学腐蚀的兼容性,最终导致微结构加工失败,使太多的创新设计流于纸面。这些问题的存在严重影响了 MEMS 行业的发展。

　　本书针对行业发展中的问题,在总结一批国家级基金项目成果的基础上,以MEMS 制造工艺实践为切入点,内容覆盖 MEMS 加工技术的基本工艺方法和比较复杂的工艺流程组合,针对 MEMS 读者群专业背景广泛的特点,大量使用图表以增加易读性,并特别附加介绍了与工艺相关的化学品特性和工艺过程相关的安全问题,可作为 MEMS 专业科研人员、工艺技术人员、研究生和本科生的参考书。

　　全书共 9 章,分别介绍了 MEMS 制造技术发展历程和发展趋势、MEMS 制造材料基础、MEMS 制造中的沾污及洁净技术、MEMS 制造中的图形转移技术、湿法腐蚀与干法刻蚀技术、氧化扩散与注入、薄膜制备技术、MEMS 标准工艺和MEMS 封装技术。附录给出了 MEMS 常用化学品特性和安全术语,以供读者参考。

　　最后要特别说明的是,作者有限的经验和知识不能详括包容万千的 MEMS 技术,书中不尽之处敬请读者谅解。

作　者

2013 年 7 月于西安

目　　录

第1章 绪 论

1.1 微机电系统定义

微机电系统(micro electromechanical systems,MEMS)是指可批量制作的,集微机构、微传感器、微执行器及信号处理和控制电路,乃至通信和电源等于一体的微型器件或机电系统。如图 1.1 所示,MEMS 通过微传感器感知外界环境,通过处理器对环境信号进行处理和决断,然后通过微执行器对外界环境作出反应。部分 MEMS 还内置有通信组件,可以在不同的 MEMS 器件或系统间进行信息交互。不同于微电子电路,MEMS 不仅能对电流的开、合进行控制,还能对外界的光、磁、热、流体、速度和温度等多种环境变量进行感知和操纵。

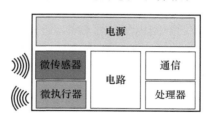

图 1.1 MEMS 示意图

MEMS 是随着半导体集成电路技术、微细加工技术和超精密机械加工技术发展而发展起来的。MEMS 技术的目标是通过系统的微型化、集成化来探索具有新原理、新功能的器件和系统,从而开辟一个新技术领域和产业。MEMS 既可以深入狭窄空间完成大尺寸机电系统所不能完成的任务,又可以嵌入大尺寸系统中,把自动化、智能化和可靠性提高到一个全新的水平。21 世纪,MEMS 将逐步从实验室走向实用化,对工农业、信息、环境、生物工程、医疗、空间技术、国防和科学发展产生重大影响。MEMS 技术是一种典型的多学科交叉研究领域,几乎涉及电子技术、机械技术、物理学、化学、生物医学、材料科学、能源科学等自然及工程科学的所有领域。MEMS 具有微型化、集成化和批量生产等如下三个基本特征:

(1) 微型化。MEMS 器件体积小,特征尺寸为 $1\mu m\sim10mm$,其在尺度体系中的位置如图 1.2 所示。MEMS 的小体积带来了重量轻、耗能低、惯性小、谐振频率高(数千赫兹,甚至吉赫兹)和响应时间短等各方面的优势。

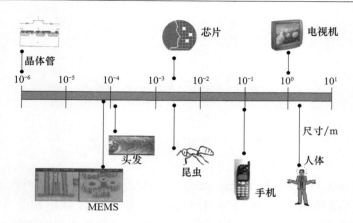

图 1.2　MEMS 的特征尺寸范围

（2）集成化。可以把不同功能、不同敏感方向或致动方向的多个传感器或执行器集成于一体，或形成微传感器阵列、微执行器阵列，甚至可以通过微电子工艺和微制造工艺的兼容化，实现传感器、执行器、信号处理和控制电路的单片集成，形成复杂的微系统。图 1.3 展示了由加州大学伯克利分校研制的智能微尘（smart dust）系统[1]，在不到 1cm³ 的空间内集成了传感、通信、运算控制电路和电池等复杂的功能，能够大量散布于战场、桥梁和楼宇等场所，并通过各智能微尘间的通信和自协调形成监控网络。

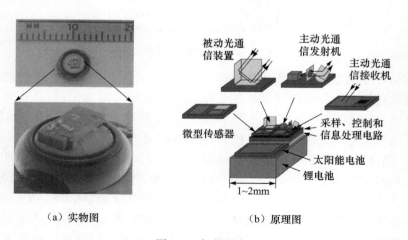

（a）实物图　　　　　　　（b）原理图

图 1.3　智能微尘

（3）批量生产。用源于半导体工艺的微制造工艺在一片衬底上同时批量制造成百上千个微型机电器件，从而大大降低生产成本。图 1.4(a)是采用表面牺牲层工艺制备的分立式微变形镜阵列，整个阵列由大量镜面单元组成，所有的镜面单元都是经过相同的加工工艺一次加工而成,单元的一致性好、成本低,如果使用传统工艺制备,每个镜面单元需要分别制作并手工装配和测试,成本高昂。图 1.4(b)是采用 KOH 各向异性湿法腐蚀工艺制备的微针阵列,所有微针一次制成,如果采用传统超精密机械加工方法制备,工作量是十分巨大的。

(a) 分立式微变形镜　　　　　　　　　　(b) 微针

图 1.4　MEMS 的批量化优势

(图片来源于西北工业大学空天微纳教育部重点实验室)

1.2　MEMS 制造技术

MEMS 制造工艺(MEMS fabrication process)是下至纳米尺度、上至毫米尺度微结构加工工艺的通称。广义上的 MEMS 制造工艺,其方式十分丰富,几乎涉及各种现代加工技术,主要制造技术途径有以下三种:

(1)以美国为代表的、以集成电路加工技术为基础的硅基微加工技术。

(2)以德国为代表发展起来的 LIGA 技术。

(3)以日本为代表发展的精密加工技术。

本书所介绍的 MEMS 制造工艺主要是指起源于半导体和微电子工艺,以光刻、外延、薄膜淀积、氧化、扩散、注入、溅射、蒸镀、刻蚀、划片和封装等为基本工艺步骤来制造复杂三维形体的微加工技术。微机电器件制造过程中常用的体工艺、表面工艺及键合技术都是由半导体工艺演变而来,要掌握 MEMS 制造工艺技术,必须要熟悉半导体制造技术的基本工艺步骤。但是,由于 MEMS 需要可动并具有一定纵向高度的微结构,需要与外部环境之间进行能量交互,涉及残余应力变形、工艺及工作黏附和静电拉入(pull-in)等微器件的特有问题,其 MEMS 制造工艺又在半导体工艺的基础上有所发展,具有显著的不同之处,因此,本书主要从以下三个方面对 MEMS 制造工艺技术进行介绍:

(1)基本半导体工艺。MEMS 制造工艺由光刻、薄膜淀积、湿法腐蚀和干法刻蚀等基本半导体工艺组成,但由于 MEMS 又具有高深宽比、可动结构等半导体或微电子器件所不具备的特点,其所使用的半导体基本工艺又涉及高深宽比涂胶、RIE Lag 效应和释放黏附等独有的技术特点,本书结合 MEMS 特点首先对其制造所涉及的基本半导体工艺技术进行介绍。

(2)工艺标准化与集成技术。MEMS 的多学科交叉特性导致了其器件种类和加工工艺的多样化。正在使用和研究中的加工工艺有体硅湿法腐蚀工艺、表面牺牲层工艺、溶硅工艺、深度反应离子刻蚀(DRIE)工艺、SCREAM 工艺、LIGA 工艺和其他一些微器件所独有的工艺等。MEMS 加工工艺的多样化导致其无法像微电子行业那样将设计与制造独立开来,每个 MEMS 研究者都必须熟知 MEMS 设计、制造、封装和测试的所有环节,各 MEMS 研究机构都针对自己的 MEMS 器件定制工艺,而特定 MEMS 器件的成熟工艺又无法为其他 MEMS 器件的加工提供支持,延长了 MEMS 器件的开发周期,加大了开发难度。制定一套或几套能够满足大多数 MEMS 器件加工需求的标准化工艺以提供商业化代工服务,并实现 MEMS 工艺与集成电路工艺的单片集成以解决微器件与外接电路间的寄生电容和电阻问题,对于提高 MEMS 器件的性能和缩短 MEMS 器件的研发周期非常重要。本书在基本工艺的基础上,介绍了表面牺牲层标准工艺和体加工标准工艺两大类标准工艺组合。

(3)封装技术。MEMS 封装不仅像集成电路封装那样要保护芯片及与其互连的引线不受环境的影响,还要实现芯片与外界环境的能量交互,实现高气密性、高隔离度(固态隔离)和低应力,比微电子封装面临更多挑战,是 MEMS 器件失效的主要原因。对于一般 MEMS 器件来说,封装成本占到其总制造成本的 80%,而对于特种 MEMS 器件(如高温压力传感器),这一比例则高达 95%。MEMS 封装腔体内可能需要真空、充氮、充油或其他特殊条件,其悬置结构或薄膜释放后容易在清洗和划片过程中损坏,发生黏附或沾染灰尘,需要在释放后马上封装或者将封装融合到其制造过程中。本书主要对微器件划片后进行的芯片级封装和微器件划片前进行的圆片级封装两大类封装方式进行介绍。

1.3　MEMS 制造技术发展历程

1824 年,瑞典化学家 Berzelius 在如图 1.5 所示的石英晶体中发现了质量含量占地球地表 25.7% 的硅,为微电子技术和 MEMS 技术的发展奠定了材料基础。

1926~1928 年,Lilienfeld[2] 在专利中首次提出了场效应晶体管(field effect transistor,FET)的结构和原理,而 Bell 实验室则在 1947 年利用半导体材料锗研制出如图 1.6 所示的第一个晶体管,奠定了半导体产业的基石。

1954 年,Bell 实验室的 Smith[3] 发现了硅与锗的压阻效应,即当有外力作

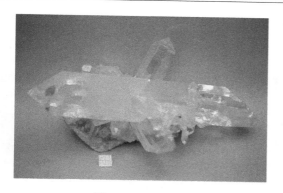

图 1.5 石英晶体
（图片来源于史密森学会）

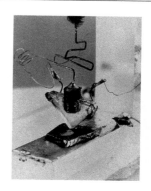

图 1.6 第一个晶体管
（图片来源于 AT&T）

于半导体材料时,其电阻将明显发生变化,这为微型压力传感器的研制提供了理论基础。1956 年,硅应变计成为商业化产品[4],而美国 Kulite 公司则于 1961 年展示了第一个基于体硅工艺的压阻式压力传感器。1959 年,诺贝尔物理学奖获得者Feynman 在加州理工学院做了著名的"底层大有可为"演讲,预言制造技术将沿着从大到小的途径发展,即用大机器制造出小机器,用这种小机器又能制造出更小的机器,并许诺将给第一个研制出直径小于 1/64 英寸①马达的人员 1000 美元的奖励。

1967 年,Nathanson 等[5]提出了表面牺牲层工艺技术,并以金作为结构材料,制备出了具有高谐振频率(5kHz)的悬臂梁结构。而加州大学伯克利分校的Howe 和 Muller[6]则在此基础上继续发展,于 1982 年提出了以多晶硅为结构材料制备悬臂梁结构的表面牺牲层工艺,所制备的微梁结构如图 1.7 所示,并于 1984年进一步将多晶硅微桥结构与 NMOS 电路集成到一个芯片上。

1970 年,美国 Kulite 公司展示了第一款硅基加速度计。1977 年,Stanford 大学展示了第一款电容式压力传感器。1979 年,第一个微喷墨打印头诞生。1980年,Petersen[7]研发出第一款单晶硅材料的静电力驱动微扫描镜。1982 年,Honeywell 研发出第一款抛弃型血压传感器(价格为 40 美金)。

1981 年,第一届 Transducers 会议(固态传感器、执行器与微系统国际会议)在Boston 召开,会议由葛文勋教授任大会主席,这是微技术研究领域的第一次专门性学术会议,也见证了华裔科学家在世界 MEMS 发展史上所作出的突出贡献。1982 年,IBM 的 Peterson[8]发表了长达 38 页的论文,详细论述了硅作为机械结构材料的优良特性。同年,德国核能研究所提出了一种以高深宽比结构为特色的

---

① 1in(英寸)=2.54cm。

LIGA 工艺,用于制造微齿轮等微型机械部件。采用 LIGA 工艺制备的高深宽比结构如图 1.8 所示。

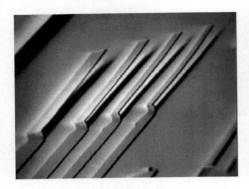

图 1.7　使用表面牺牲层工艺制备的
　　　　多晶硅悬臂梁

图 1.8　使用 LIGA 工艺制备的微结构

　　1987 年,MEMS 作为一个正式的名称在美国诞生,并吸纳了各个领域的专家和学者,开始蓬勃发展,这是 MEMS 发展史上的里程碑。同年,美国 AD 公司开始了微加速度计项目。1988 年,加州大学伯克利分校的 Fan、Tai 和 Muller 首次研制出如图 1.9 所示的静电力驱动微型马达,将 Feynman 的愿望在 29 年后变成现实。同年,美国 Novasensor 公司还使用硅-硅熔融键合技术实现了微压力传感器的量产。1988 年,第一届 IEEE MEMS 国际会议召开,此会议现在已经成为 MEMS 领域的国际顶级会议。

图 1.9　两个静电驱动微马达

　　1989 年,加州大学伯克利分校的 Tang、Nguyen、Judy 等[9]利用多晶硅表面牺牲层工艺研制出第一个梳齿式静电力驱动器,如图 1.10 所示。

1991 年,加州大学伯克利分校的 Pister、Judy 和 Burgett 等[10]利用多晶硅表面牺牲层工艺研制出第一个多晶硅微铰链,使得研制具有出平面变形的微结构成为可能(图 1.11)。

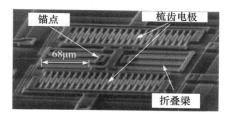

图 1.10 梳齿式静电力驱动器

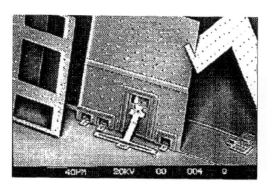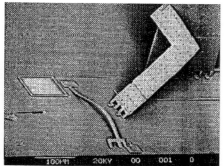

图 1.11 使用多晶硅铰链实现微机构的出平面变形[11]

1992 年,MCNC 公司引入加州大学伯克利分校的工艺技术,推出了首个标准化的三层多晶硅表面牺牲层微制造工艺(multi-user MEMS process service,MUMPs),并对外提供代加工服务,使用 MUMPs 制造的微铰链结构如图 1.12 所示,提供这个工艺的 Cronos 子公司于 1999 年脱离 MCNC 公司,并于 2002 年加入 MEMSCAP 公司,现在由 MEMSCAP 公司提供 MUMPs 的加工服务。

1992 年,Solgaard、Sandejas 和 Bloom[12]研制出一种静电力控制的、工作带宽为 1.8MHz、开关电压为 3.2V 的可变光栅调制器。1993 年,第一个采用表面牺牲层工艺制造的微加速度计 ADXL50 开始商业销售,到 2002 年为止,主要的微惯性器件厂商(AD 和 Motorola 等)的年平均销售额达到 10 亿美金。1993 年,Cornell 大学发布了 SCREAM 工艺,其可以制备单晶硅材料的悬空结构,使用此工艺制备的微驱动器阵列如图 1.13 所示。1993 年,美国 TI 公司基于 CMOS 工艺的数字微镜装置(digital mirror devices,DMD)研制成功,彻底改变了投影仪等视频装置的成像方式。1994 年,Bosch 公司为 DRIE 工艺申请专利,改变了只能依靠 KOH

图 1.12　使用 MUMPs 实现的
铰链微结构

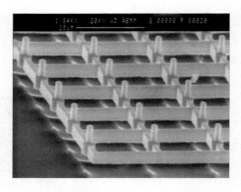

图 1.13　使用 SCREAM 工艺制备的
微驱动器阵列

各向异性湿法腐蚀工艺制备硅基高深宽比微结构的现状,为微制造工艺技术又增添了一项利器。采用 DRIE 工艺制备的微结构如图 1.14 所示。

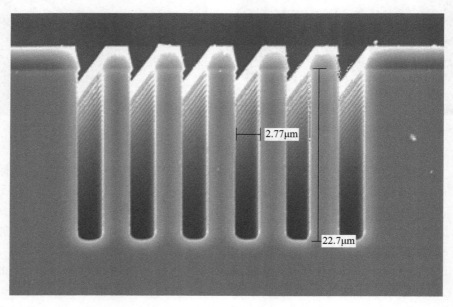

图 1.14　使用 DRIE 工艺在硅上刻蚀的高深宽比微槽
(图片来源于西北工业大学空天微纳教育部重点实验室)

　　1998 年,美国 Sandia 国家实验室出于军事用途的考虑,推出了 5 层多晶硅 SUMMiT(Sandia's ultra-planar multi-level MEMS technology)工艺,其能够为功能更加复杂的 MEMS 器件提供工艺服务(图 1.15)。

 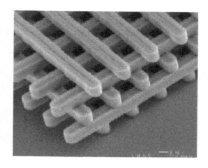

（a）安保机构密码锁　　　　　　　（b）"原木堆"结构

图 1.15　使用 SUMMiT 工艺制造的微结构

（图片来源于美国 Sandia 国家实验室）

我国对 MEMS 领域的研究始于 20 世纪 90 年代初,起步并不晚,在"八五"、"九五"期间得到了科技部、教育部、中国科学院、国家自然科学基金委员会和原国防科工委的支持。国家自然科学基金委员会早在 1986 年正式成立之初就开始资助 MEMS 方面的研究（如横向压阻压力传感器件的电极短路效应研究,项目编号为 686760005）,在过去二十年中,资助项目共 852 项,资助金额合计 1.8 亿元人民币,涉及机械、信息、物理、化学、材料、生物等多个学科,主要研究领域包括微纳加工技术、微纳设计技术、微流控技术、微纳传感器与执行器及其系统应用等。科技部的 973 项目和 863 项目在 2002~2005 年投入到 MEMS 领域的总经费达 2 亿人民币。

经过近二十年的发展,我国在多种微型传感器、微型执行器和若干微系统样机等方面已有一定的基础和技术储备,初步形成了几个 MEMS 研究力量比较集中的地区,包括:

（1）东北地区。如信息产业部电子第 49 研究所、哈尔滨工业大学、中国科学院长春光学精密机械与物理研究所、大连理工大学、东北大学和沈阳仪表科学研究院等。

（2）京津地区。如北京大学、清华大学、中国科学院电子学研究所、中国科学院声学研究所、中国科学院力学研究所、中国科学院化学研究所、北京理工大学、天津大学、南开大学、信息产业部电子第 13 研究所、中北大学等。

（3）西北地区。如西北工业大学、西安交通大学、中国航空研究院 618 所、航天科技集团九院 771 所、中国兵器集团 212 所、中国兵器集团 213 所、西安工业大学、西安电子科技大学等。

（4）西南地区。如重庆大学、四川大学、成都电子科技大学、中国工程物理研究院、中国科学院光电技术研究所、信息产业部电子第 24 研究所、信息产业部电子第 44 研究所和第 26 研究所等。

　　(5) 华东地区。如中国科学院上海微系统与信息技术研究所、信息产业部南京第 55 研究所、华中科技大学、中国科技大学、上海交通大学、复旦大学、上海大学、东南大学、浙江大学、中国科技大学、厦门大学、台湾大学、台湾清华大学、台湾交通大学、台湾成功大学、香港科技大学和香港中文大学等。

　　这些因地域而组成的研究集群已形成彼此协作、互为补充的关系,为我国MEMS 研究打下了良好的基础。全国超过 100 家高校和研究院所从事 MEMS 研究,并出现了北京大学微电子研究院、中电科技集团石家庄第 13 研究所、中国科学院上海微系统与信息技术研究所、中电科技集团南京第 55 研究所、西北工业大学微/纳米系统研究中心、西安交通大学、厦门大学萨本栋微机电研究中心、大连理工大学微系统研究中心、重庆大学微系统研究中心等 10 多家具备 MEMS 加工能力、能够辐射周边地区、提供对外加工服务的研究机构。

1.4　MEMS 制造技术发展趋势

　　2000 年以来,MEMS 蓬勃发展并正在成为一项包容机械、电子、光学、生物、能源和流体等多个学科的使能技术,其加工手段越来越丰富,加工对象的尺度范围逐渐向纳米尺度延伸,并衍生出纳机电系统(nano electromechanical systems,NEMS)所需要的加工手段。NEMS 一般指特征尺寸在亚纳米到数百纳米之间、以纳米结构或材料所具备的新效应为工作特征的器件和系统。与 MEMS 相比,NEMS 的灵敏度可提高 10^6,而功耗可减小 10^2,在信息技术、医疗健康、环境能源和国防等领域具有重要的应用前景。顺应 NEMS 的需要,MEMS 制造技术遵循top-down 和 bottom-up 两种制造途径继续发展。

　　1. top-down 途径

　　top-down 即自上至下(即从大往小发展)的技术发展,这种途径以大规模集成电路生产为目的,其特点是加工效率高且能批量化处理,主要分为以下三种类型:

　　(1) 传统 MEMS 技术向纳米尺度延伸。仍然以光刻、刻蚀和薄膜淀积为基本工艺,辅以一定的工艺技巧,通过反复地氧化减薄等类似工艺,将微米结构修整成纳米结构,从而将被加工对象的尺度从微米范围拓展到纳米范围。其特点均是从较大尺度的模式开始,然后缩小横向或纵向尺寸,制备出纳米结构。作为微机电加工技术向纳尺度的延伸,其能够充分挖掘现有微机电加工设备的制造潜能,利于纳尺度结构与各种微尺度或其他尺度结构的集成,在纳米探针[13]、高频谐振器[14]和纳米膜压力传感器[15]等纳机电器件制造过程中获得广泛应用。李昕欣等[16]基于绝缘体上硅(silicon on insulator,SOI)衬底,利用简单的光刻、氧化减薄和干法刻蚀工艺,制作出一种宽度为微米量级、厚度只有 50nm 的双端固支结构的硅纳米谐振梁,如图 1.16 所示。同样,利用 SOI 衬底,辅以 TMAH 各向异性腐蚀,还可以制备出宽度为纳米级的谐振梁[17]。

图 1.16　基于 top-down 途径制备的纳米谐振梁

(2) 高分辨率光刻技术。将现有的紫外光光刻技术(即 193 纳米光源技术及 157 纳米光源技术)进一步拓展,发展极限紫外光刻技术(13 纳米光源技术),或利用 X 射线光刻和电子束光刻,将图形传递过程中的特征尺寸推进到光刻技术的极限。这种方法对生产条件要求高、投资大,需要对 MEMS 制造设备,尤其是光刻设备更新换代才可以进行。

(3) 纳米压印技术。纳米压印技术最早由美国明尼苏达大学纳米结构实验室从 1995 年开始进行研究。这种方法将母模或模版压入保形材料中,材料将按照模版的图形发生变形,再通过紫外曝光或热处理的方法(分别为热纳米压印和紫外纳米压印,如图 1.17 和图 1.18 所示),将模版图形复制到这种材料中,其具有电子束光刻才能达到的精度(20nm 以下),同时又是一种大面积平行快速加工的方法,克服了电子束光刻生产效率的问题,是一种批量生产纳米结构尺寸图案的技术。

(a) 材料准备　　(b) 将模版和衬底加热到聚合物薄膜的玻璃　　(c) 降温并脱模
　　　　　　　　　　化转变温度以上,将模版压入聚合物中

图 1.17　热纳米压印

(a) 材料准备,此处聚合物　　(b) 将模版压入聚合物中,并透过　　(c) 脱模
　　具有紫外固化特性　　　　　模版使用紫外光固化聚合物

图 1.18　紫外纳米压印

与大多数微电子技术采用的传统紫外光刻技术相比,压印技术不只可以复制二维平面内的图形,还可以在垂直方向上压出台阶和轮廓线的结构,其可以大批量、重复性地在大面积上制备纳米图形结构,具有制作成本极低、简单易行、效率高等优点。纳米压印技术目前还有诸如套刻精度和缺陷控制等难题亟待解决,但由于生产效率高,已经在一些精度要求不高的场合获得了工业应用。苏州苏大维格光电科技股份有限公司采用卷对卷纳米压印技术,利用纳米结构产生的结构色①,实现了纳米压印技术在无油墨印刷和票证防伪标识等领域的成功应用。

2. bottom-up 途径

bottom-up 即自下至上(即从小往大发展)的技术发展,从物质的电子、原子和分子与能量束(光子、离子和粒子)之间的作用机制出发,通过对分子和原子等对象的操作和装配,研发新的制造原理、方法和技术。这种方法从单个原子或分子开始,用化学合成和物理的方法,制作具有特殊功能的大分子、超大分子团或表面结构等纳米结构,应用于化学、物理、生物、微电子等诸多方面。1990 年,IBM 的科学家就利用隧道扫描显微镜,在超真空及液氦温度(4.2K)条件下,将吸附在镍表面的氙原子一个个地拖曳排列成“IBM”三个字母,引起了世人的瞩目,这是人类首次对原子进行操作,也是“bottom-up”纳米制造研究的一个开端。

van der Zant 等[18] 在硅衬底上生长单壁碳纳米管,利用原子力仪(atomic force microscope,AFM)对碳纳米管进行操作和定位,并利用二氧化硅湿法腐蚀实现碳纳米管的释放,得到了直径 1~3nm 的谐振器梁结构,如图 1.19 所示。

图 1.19　基于 bottom-up 途径制备的纳米谐振梁

加州大学伯克利分校的 Zettl 利用多壁碳纳米管作为轴承,研制出纳米静电马达,如图 1.20(a)所示。由于双壁碳纳米管内外层之间的摩擦力极小,可以耐

---

① 物体表面的纳米结构使得其有间隙的吸光和反光部分,白光照射到这个表面上时就会发生干涉或衍射,特定颜色的光会被反射向一定的角度,物体表面就会产生特别的彩虹般的闪光。孔雀的羽毛、许多蝴蝶的翅膀、贝母等都会产生这样的结构色。结构色是一种无需用染料着色就可以产生的颜色,所产生的颜色特别明亮,甚至具有金属光泽,其消除了着色过程中的污水排放问题,避免了环境污染。

受 $5×10^{11}$ r/s 的转速而不发生褶皱,美国 NASA 提出使用碳纳米管为轴、以原子为齿轮实现传动的设想,如图 1.20(b)所示。

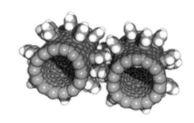

（a）滑动轴承　　　　　　　　　　　　（b）传动齿轮

图 1.20　碳纳米管应用

除了基于碳纳米管组装的加工方式,美国西北大学的 Mirkin 等还提出了一种直接对分子或原子进行操作的蘸水笔式纳米光刻（dip pen nanolithography,DPN）[19],其原理如图 1.21 所示。

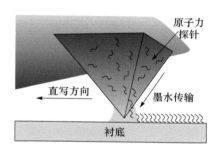

图 1.21　DPN 原理示意图

DPN 是一种直写光刻方式,它以原子力探针为“笔”,以分子、原子或半导体材料为“墨水”,通过原子力探针和被直写表面的相对运动,将墨水材料遗留在被直写表面形成功能性的纳米结构图形。DPN 以其高分辨率、定位准确和直接书写等优点,在物理、化学、生物等领域的纳米尺度研究中得到了广泛应用。

基于 bottom-up 途径的纳米制造通过对原子和分子量级对象的操作,能够制备出尺寸更小、功能更独特的纳米结构,但其往往需要在极限条件下进行,且花费时间很长,目前尚不能确定这种技术的最佳应用开发价值。

参　考　文　献

[1]　Kahn J M,Katz R H,Pister K S J. Next century challenges:Mobile networking for"Smart Dust" // ACM/IEEE International Conference on Mobile Computing and Networking,Seattle,1999:271—278.

[2] Lilienfeld J E. Method and apparatus for controlling electric currents: US Patent, 1745175. 1993-04-03.

[3] Smith C S. Piezoresistive effect in germanium and silicon. Physical Review, 1954, 94: 42—49.

[4] Higson G R. Recent advances in strain gauges. Journal of Scientific Instruments, 1964, 41: 405—414.

[5] Nathanson H C, Newell W E, Wickstrom R A, et al. The resonant gate transistor. IEEE Transactions on Electron Devices, 1967, ED-14: 117.

[6] Howe R T, Muller R S. Polycrystalline silicon micromechanical beams. Journal of Electrochemical Society, 1983, 130: 1420—1423.

[7] Petersen K E. Silicon torsional scanning mirror. IBM Journal of Research and Development, 1980, 24: 631—637.

[8] Peterson K E. Silicon as a mechanical material. Proceedings of the IEEE, 1982, 70: 420—457.

[9] Tang W C, Nguyen T H, Judy M W, et al. Electrostatic-comb drive of lateral polysilicon resonators. Sensors and Actuators, 1990, A21-A23: 328—331.

[10] Pister K S J, Judy M W, Burgett S, et al. Microfabricated hinges. Sensors and Actuators, 1992, 33: 249—256.

[11] Chu P B, Nelson P R, Tachiki M L, et al. Dynamics of polysilicon parallel-plate electrostatic actuators. Sensors and Actuators, 1996, 52: 216—220.

[12] Solgaard O, Sandejas F S A, Bloom D M. Deformable grating optical modulator. Optics Letters, 1992, 17: 688—690.

[13] Li M, Tang H X, Roukes M L. Ultra-sensitive NEMS-based cantilevers for sensing, scanned probe and very high-frequency applications. Nature, 2007, 2: 114—120.

[14] Huang X M H, Manolidis M, Seong C J, et al. Nanomechanical hydrogen sensing. Applied Physics Letters, 2005, 86: 143104.

[15] 揣荣岩, 刘晓为. 掺杂浓度对多晶硅纳米薄膜应变系数的影响. 半导体学报, 2006, 27: 1320—1325.

[16] 夏晓媛, 李昕欣, 王跃林. 超薄硅纳米谐振梁的制作及谐振特性的测量. 纳米技术与精密工程, 2008, 6: 1—3.

[17] 许科峰. 纳米谐振器结构的加工技术研究. 上海: 中国科学院上海微系统与信息技术研究所硕士学位论文, 2007.

[18] Witkamp B, Poot M, van der Zant H S J. Bending-mode vibration of a suspended nanotube resonator. Nano Letters, 2006, 6: 2904—2908.

[19] Piner R D, Zhu J, Xu F, et al. "Dip-Pen" nanolithography. Science, 1999, 283: 661.

第2章 MEMS 制造材料基础

2.1 引　　言

MEMS 中用于制造微结构的材料既要满足微机械性能要求，又必须满足微加工所需条件，其所需材料随微结构功能与制造工艺参数变化很大。按照具体应用场合，MEMS 材料分为微结构材料、微致动材料和微传感器材料。用于微结构的材料有多晶硅、单晶硅、氧化硅、陶瓷、铝、铜、镍和塑料，用于微致动的材料则有电致伸缩材料、形状记忆合金等。

2.2　硅　材　料

硅以大量的硅酸盐矿和石英矿存在于自然界中，其是目前各种半导体中使用最广泛的电子材料，来源极广，如我们脚下所踩的砂子。硅的含量占地球表层的25%，容易纯化，取得成本较低，被用来作为集成电路制作的主要材料。常见的微处理器(CPU)、动态随机存取内存(DRAM)等都以硅为主要材料。在元素周期表里，硅属于4价元素，排在3价的铝和5价的磷之间。微机电加工技术源于微电子制造技术，所以，MEMS 材料中，硅是最常用到的材料。硅的屈服强度相当高，可与不锈钢相比拟，且它没有任何塑性延迟和力学滞后，几乎没有疲劳失效问题，使得硅在许多应用中优于任何一种金属。硅与其他材料的特性比较如表 2.1 所示。

表 2.1　硅与其他常用材料特性对比[1]

材料	屈服强度 /GPa	努氏硬度 /kg·mm^{-2}	弹性模量 /($\times 100$GPa)	密度 /($\times 1000$kg·m^{-3})	线膨胀系数 /($\times 10^{-6}$K^{-1})
金刚石	53	7000	10.35	3.5	1.0
碳化硅	21	2480	7.0	3.2	3.3
氮化硅	14	3480	3.85	3.1	0.8
硅	7	850	1.9	2.3	2.33
不锈钢	2.1	660	2.0	7.9	17.3
铝	0.17	130	0.7	2.7	25

　　硅分为单晶硅、多晶硅和非晶硅(amorphous silicon, a-Si)。单晶硅内,原子呈周期性排列,每个硅的 4 个外层电子分别与 4 个邻近硅原子的 1 个外层电子形成共价键,组成中心有 1 个硅原子、4 个顶点上有 4 个硅原子的四面体单元,如图 2.1(a)所示。多个四面体构成的面心立方结构(face centered cubic, FCC)称为金刚石结构,如图 2.1(b)所示,其是单晶硅晶体的基本晶胞①结构,每个金刚石结构的晶格②常数为 5.430710Å。金刚石结构的硅晶胞是正方体,8 个顶点和 6 个面的中心都是格点,每条空间对角线上距顶点四分之一对角线长的地方有 1 个格点,单位晶胞占有的原子数为

$$8 \times \frac{1}{8} + 6 \times \frac{1}{2} + 4 = 8$$

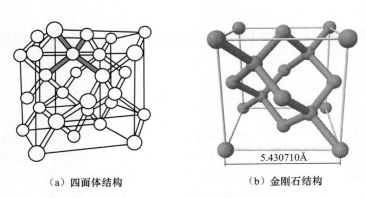

（a）四面体结构　　　　　　　　　　（b）金刚石结构

图 2.1　单晶硅晶体结构

　　同其他晶体结构一样,沿不同方向和平面,单晶硅的原子排列情况也不同,而原子排列的不同又导致了性能的不同,即各向异性。为方便起见,通常用 Miller 指数,即晶向③指数和晶面④指数来分别表示不同的晶向和晶面。为了计算 Miller 指数,必须先指定三个晶轴,这些晶轴互相垂直,对应于笛卡儿坐标系统的 x、y 和 z 轴。立方晶胞沿着这三个晶轴整齐地按行或按列排列,每个点的位置都可以表示为晶轴坐标。与晶格相交的平面就可以用其 x、y、z 轴的截距描述。例如,图 2.2 中平面的截距分别为 (m, l, n)。

　　考虑到晶面可能平行于晶轴而出现无穷大截距,Miller 指数是通过对截距求倒数并化为最小整数的方式求得的,而非直接使用截距本身,如截距为 (m, l, n) 的

---

① 晶胞(unit cell):能完全反映晶格特征的最小几何单元。
② 晶格(crystal lattice):用以描述晶体中原子排列规律的空间点阵格架。
③ 晶向(crystal direction):在晶格中,任意两原子之间的连线所指的方向。
④ 晶面(crystal face):在晶格中由一系列原子所构成的平面称为晶面。

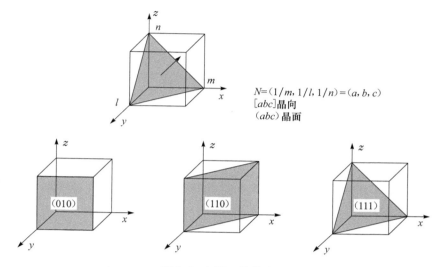

$N = (1/m, 1/l, 1/n) = (a, b, c)$
$[abc]$晶向
(abc)晶面

图 2.2　Miller 指数含义

平面的 Miller 指数为 $(1/m, 1/l, 1/n)$。

使用圆括号括起来的 Miller 指数表示晶面,如 (abc),称为晶面指数;而使用方括号括起来的 Miller 指数表示晶向,如 $[abc]$,称为晶向指数,表示晶面的法线方向。晶面指数表示晶格平面,晶向指数表示平面的法线方向,它们所包含的意义是一致的。调整 Miller 指数顺序所得的平面称作等效平面。例如,(001)、(010)、(100)平面都是等效的,但并不意味着它们是相同的平面,实际上,这三个平面相互垂直,有相同的结晶特性,以及相同的化学、机械和电学特性。一组等效平面用包含在大括号内的 Miller 指数表示,如 $\{abc\}$,称为晶面族,表示该 Miller 指数指的是一组平面而不是某一个特定平面。同样,使用箭括号包含起来的 Miller 指数用于描述一组晶向,如 $\langle abc \rangle$。

两个晶向之间的夹角可以通过其矢量的乘积公式确定,如 $[abc]$ 和 $[mnl]$ 两个晶向之间的夹角可以通过下式确定:

$$am + bn + cl = |(a, b, c)| |(m, n, l)| \cos\theta \qquad (2.1)$$

$$\theta = \arccos\left(\frac{am + bn + cl}{\sqrt{a^2 + b^2 + c^2} \sqrt{m^2 + n^2 + l^2}} \right) \qquad (2.2)$$

使用公式(2.2)可以求出单晶硅中两个常用晶向,$[100]$ 和 $[111]$ 之间的夹角是 $54.74°$。

沿不同的晶向,单晶硅具有不同的属性。如晶体生长时,$[100]$ 向生长速度最快,$[110]$ 向次之,$[111]$ 向最慢;而在进行湿法腐蚀时,$[100]$ 向腐蚀速度最快,$[110]$ 向次之,$[111]$ 向最慢。表 2.2 给出了单晶硅沿不同晶向的杨氏弹性模量和剪切弹性模量。

表 2.2　单晶硅不同晶向上的杨氏弹性模量与剪切弹性模量[2]

晶向	杨氏弹性模量 E/GPa	剪切弹性 G/GPa
[100]	129.5	79.0
[110]	168.0	61.7
[111]	186.5	57.5

直拉法(czochralski,CZ)和区熔法(float-zone,FZ)是目前制备单晶硅的主要工艺。使用直拉法制备的主要是中低阻及重掺单晶硅,适用于 MEMS、集成电路、半导体分立器件及太阳能电池;使用区熔法制备的主要是高阻硅,适用于各类半导体功率器件及高效太阳能电池等。

直拉法由 Czochralski 于 1917 年发明,现为制备单晶硅的主要方法。用直拉法制备单晶硅的工艺原理如图 2.3 所示,把高纯多晶硅放入高纯石英坩埚,在硅单晶炉内熔化,然后用一根固定在籽晶轴上的籽晶插入熔体表面,待籽晶与熔体熔和后,慢慢向上拉籽晶,晶体便在籽晶下端生长成硅锭。单晶硅锭再经过切片工艺和抛光工艺之后,就成为生产过程中使用的硅片,如图 2.4 所示。直拉法设备简单,生产效率高,易于制备大直径硅锭。但是,使用直拉法制备单晶硅时,原料容易被坩埚污染,所制备的单晶硅纯度低,无法实现高阻硅。

籽晶

硅锭

熔化状态的硅

加热线圈

坩埚

图 2.3　单晶硅直拉法制备工艺原理图　　图 2.4　直拉法制备的硅锭和切割而成的硅片

区熔法于 1952 年出现,正发展成为单晶硅生产的一种重要方法。悬浮区熔法是将多晶硅棒用卡具卡住上端,下端对准籽晶,高频电流通过线圈与多晶硅棒耦合,产生涡流,使多晶硅棒部分熔化并与籽晶接合,自下而上地在籽晶上生长成为单晶。区熔法不使用坩埚,污染少,经过区熔提纯后生长的硅单晶纯度高,含氧量与含碳量低,可生长高阻硅。不过,区熔设备不及直拉设备成熟,在生产大直径硅锭方面存在困难。截至 2002 年,国际直拉硅单晶的商业产品已达到 300mm,而区熔硅单晶的直径仅为 160mm。

目前，由 SEMI 标准规定的商业化硅片标准尺寸和厚度如表 2.3 所示。对于微电子行业来说，采用大直径的硅片可以在一块衬底上生产更多的元芯，更加经济，所以，微电子行业使用的一般都是 6 英寸及以上硅片。而对于 MEMS 器件来说，目前还没有进入大规模商业化生产阶段，大部分实验室都是使用 4 英寸甚至 2 英寸硅片，少数商业化量产的器件也大部分采用 6 英寸硅片。

表 2.3　标准硅片直径和厚度

规格	公制直径/mm	厚度/μm
2 英寸	50.8±0.38	279±25
4 英寸	100±0.5	525±20 或 625±20
6 英寸	150±0.2	675±20 或 625±15
8 英寸	200±0.2	725±20
12 英寸	300±0.2	775±20

由于硅片的各向异性特点，硅片厂商在供货时一般利用参考面给出硅片是按照哪个方向切割的。参考面一般有主参考面(primary flat)和副参考面(secondary flat)两种。大的参考面称为主参考面，其平行于特定晶面，主要用作光刻和划片过程的对准基准面。小的参考面称为副参考面，副参考面与主参考面之间的位置关系指明了硅片的晶向和掺杂类型。由 SEMI 标准规定的不同晶向和掺杂类型下的硅片的主参考面和副参考面位置关系如图 2.5 所示。以 MEMS 中常用的(100)硅片为例，其主参考面平行于(110)晶面，硅片的表面平行于(100)晶面。副参考面与主参考面平行时为 n 型硅片，垂直时则为 p 型硅片。

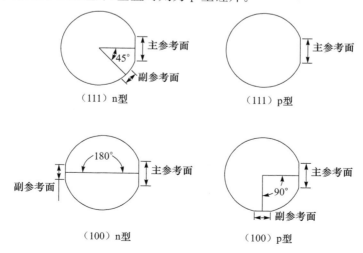

图 2.5　主参考面和副参考面与硅片晶向和掺杂类型的关系

多晶硅指晶体内部各个局部区域内原子周期性排列的晶体结构，但不同区域之间原子的排列方向并不相同，可以看作是由多个取向不同的小单晶硅组成。多晶硅薄膜与单晶硅具有相近的机械特性，多用于表面牺牲层工艺中的结构层。

非晶硅又称无定形硅，是硅的一种同素异形体。晶体硅通常呈正四面体排列，每一个硅原子位于正四面体的顶点，并与另外四个硅原子以共价键紧密结合，这种结构可以延展得非常庞大，从而形成稳定的晶格结构。而无定形硅中并非所有原子都与其他原子严格地按照正四面体排列，部分原子含有悬空键，这些悬空键对硅作为导体的性质有很大的负面影响。非晶硅的制造成本较晶体硅要低很多，可用于制造热成像相机中的微辐射探测仪。

2.3　硅化合物

二氧化硅和氮化硅是 MEMS 中常用的硅化合物。

2.3.1　二氧化硅

地壳中含量最多的元素氧和硅结合形成的二氧化硅占地壳总质量的 87%。二氧化硅又称为硅石，分子式为 SiO_2，自然界中的石英即是晶体态的二氧化硅，而自然界中的硅藻土则是无定形态的二氧化硅。二氧化硅的化学性质稳定，不溶于水和一般酸（可溶于氢氟酸形成溶于水的氟硅酸）。自从早期人们发现硼、磷、砷、锑等杂质元素在二氧化硅中的扩散速度比在硅中扩散速度慢得多，二氧化硅膜就被大量用在电子器件生产中作选择扩散的掩膜。同时，在硅表面生长的二氧化硅膜不但能与硅有好的附着性，而且具有稳定的化学性质和电绝缘性，用高温氧化制备的二氧化硅电阻率可高达 $10^{16}\Omega \cdot cm$ 以上，它的本征介电强度（击穿场强）为 $10^7 \sim 10^8 V/mm$。不同方法制备的二氧化硅的密度约 $2.0 \sim 2.3g/cm^3$，折射率为 $1.43 \sim 1.47$。

氧化层在 MEMS 制造中的应用有以下几个方面：

（1）作为热和电的绝缘体。一般在硅衬底上生长其他薄膜材料之前，都要先生长一层二氧化硅和氮化硅的复合膜作为绝缘层，同时，二氧化硅在高温下具有回流特性，还起到释放热应力的作用。因为二氧化硅不导电，它也是微器件电互连层间有效的绝缘体，能防止上、下层导线之间短路。

（2）作为牺牲层，特别是掺杂磷之后的二氧化硅（又叫做磷硅玻璃，phosphosilicate glass，PSG），在氢氟酸中具有较快的腐蚀速度，是表面工艺中的标准牺牲层材料。

（3）器件保护和隔离。硅表面上生长的二氧化硅可以作为一种有效的阻挡层，用来隔离和保护硅内的灵敏器件，这是因为二氧化硅是一种坚硬、无孔（致密）

的材料,可以用来有效隔离硅表面的有源器件。坚硬的二氧化硅层将保护硅片免受在制造工艺中可能发生的划伤和损害。

（4）表面钝化。热生长二氧化硅的一个优点是可以束缚硅的悬挂键,从而降低其表面态密度,这种效果称为表面钝化,它能防止电性能退化并减少由潮湿、离子或其他外部沾污物引起的漏电流通路。用氧化层做硅表面钝化层的要素是氧化层的厚度。必须有足够的氧化层厚度以防止由于硅表面电荷积累引起的金属层充电,这非常类似于普通电容器的电荷存储和击穿特性。

（5）选择性掺杂阻挡和腐蚀掩膜。一旦硅表面形成氧化层,就将掩膜透光处的二氧化硅刻蚀去除,形成窗口,掺杂材料可以通过此窗口进入硅片。在没有窗口的地方,氧化物可以保护硅表面,避免杂质扩散,从而实现了选择性杂质注入。与硅相比,掺杂物在二氧化硅中的扩散速率慢,所以,只需要薄氧化层即可阻挡掺杂物(这种扩散速率主要依赖于温度)。二氧化硅可用作 KOH 硅各向异性湿法腐蚀的掩膜,也可以用作 SF_6 等离子体各向同性干法刻蚀硅的掩膜。

二氧化硅与碱性氧化物或某些金属的碳酸盐在高温下共熔,快速冷却可以制得玻璃。仅含二氧化硅单一成分的特种玻璃称作石英玻璃。石英玻璃的软化点温度约 1730℃,可在 1100℃ 下长时间使用,短时间最高使用温度可达 1450℃,且热膨胀系数极小,能承受剧烈的温度变化,经常用于半导体和 MEMS 制造过程中使用的高温设备的炉管和反应腔室。同时,石英玻璃几乎不与除氢氟酸外的其他酸类物质发生化学反应,也经常用于半导体和 MEMS 制造过程中使用的酸清洗设备的清洗槽。

二氧化硅薄膜可以通过干/湿法热氧化或者气相沉积(CVD)的方法制备。热氧化法制备的二氧化硅比较致密,一般用作钝化层或绝缘层。气相沉积制备二氧化硅一般有 TEOS 热分解法和硅烷、氧气反应法两种。采用 TEOS 热分解法制备的二氧化硅相对于硅烷、氧气反应法制备的二氧化硅具有保形性好、致密、均匀的优点,但在氢氟酸中的腐蚀速度慢,释放所需要的时间更长。此外,TEOS 热分解法制备的二氧化硅是富碳型二氧化硅,在干法刻蚀的过程中容易产生聚合物;采用硅烷、氧气反应法制备的二氧化硅保形性差,但比较疏松,沉积速率快,适合作牺牲层。同时,为了进一步提高二氧化硅在氢氟酸中的腐蚀速率并降低应力,可以在气相沉积的同时通入磷烷和氧气,反应生成 P_2O_5,掺杂了 P_2O_5 的二氧化硅称为磷硅玻璃,其在氢氟酸中的腐蚀速率是纯二氧化硅的数倍,并且在退火时具有比二氧化硅更好的热回流特性,可以更好地消除应力。

2.3.2　氮化硅

氮化硅的分子式为 Si_3N_4,密度约为 3.44g/cm³,硬度大且具有润滑性,耐磨损,可以作为轴承材料;耐高温,熔点为 1900℃,热稳定性好,导热性好,热膨胀系数小（2.75×10^{-6}/℃）；除氢氟酸外（比二氧化硅的抗氢氟酸腐蚀能力强），与一般酸不反应，具有良好的电绝缘性。

氮化硅可以有效阻挡水和离子（如钠离子）的扩散，具有超强的抗氧化和抗腐蚀能力，可用作绝缘层、防水层、光波导和离子注入掩膜。氮化硅薄膜可以通过气相沉积的方法制备，在后续章节中将详细介绍。

采用低压化学气相沉积（LPCVD）工艺制备氮化硅时有两种工艺参数。普通氮化硅沉积时，氨气流量高于二氯硅烷流量，生成的氮化硅应力比较大且不耐氢氟酸腐蚀，如果需要厚度比较大且抗氢氟酸腐蚀能力强的氮化硅做绝缘层时，可选择二氯硅烷流量高于氨气流量的工艺，生成低应力氮化硅，避免因氮化硅应力过大导致硅片翘曲。

2.4　压电材料

一些离子型晶体（如石英）存在压电效应。压电效应是材料中机械能与电能互换的现象，此现象最早由 Curie 兄弟于 1880 年发现。压电材料在外力作用下发生形变，在两相对表面上产生电压的现象称为正压电效应；而压电材料在外界电场作用下产生形变的现象则称为逆压电效应。正压电效应和逆压电效应统称为压电效应。在自然状态时，压电材料内部的电偶极矩互相抵消，对外呈现电中性，如图 2.6（a）所示；当对压电材料施加外加压力时，材料内部的电偶极矩因受压而变形，下方的两个极矩在垂直方向的分量无法抵消上方的一个极矩，从而材料整体表现为上表面带负电、下表面带正电，如图 2.6（b）所示；当对压电材料施加外加拉力时，材料内部的电偶极矩因受拉而变形，下方的两个极矩在垂直方向的分量大于上方的一个极矩，从而材料整体表现为上表面带正电、下表面带负电，如图 2.6（c）所示。

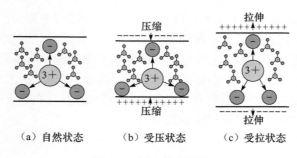

（a）自然状态　　　（b）受压状态　　　（c）受拉状态

图 2.6　压电效应原理

逆压电效应的作用原理正好相反，当在材料表面施加电压时，材料内部处于电场当中,电场会导致电偶极矩沿着平行于电场的方向变形,导致材料沿电场方向伸长,如图 2.7 所示。

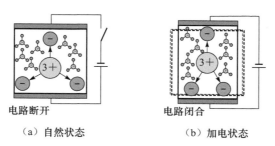

电路断开　　　　　　　　　　　电路闭合

（a）自然状态　　　　　　　　　　（b）加电状态

图 2.7　逆压电效应原理

　　压电材料可以大块使用,也可以小块分散使用,既可以作为传感器,又可以作为驱动器。作为驱动器时,其激励功率小,响应速度快,是形状记忆合金的 1 万倍,且可以做得很小很薄。压电材料除了石英晶体外,还有压电陶瓷、压电高分子材料和压电半导体等。压电陶瓷的化学惰性、机械稳定性、热传导性和热膨胀特性使其成为 MEMS 的主要衬底材料。由于压电陶瓷具有微小位移和高精度的突出优势,被广泛用于制作微致动器。常用的压电陶瓷有钛酸钡(BT)、锆钛酸铅(PZT)等。

　　机械能到电能转换时,效率可通过机电耦合系数(electromechanical coupling coefficient)k 衡量,其定义如下:

$$k = \sqrt{\frac{\mathrm{MechanicalEnergyStored}}{\mathrm{ElectricalEnergyApplied}}} \tag{2.3}$$

或

$$k = \sqrt{\frac{\mathrm{ElectricalEnergyStored}}{\mathrm{MechanicalEnergyApplied}}}$$

　　一些简化的公式可用于单向承载情况下压电换能器的设计。应力产生的电场可根据下式确定:

$$E = g\sigma \tag{2.4}$$

式中,E 为电场强度(单位:V/m);σ 为应力(单位:Pa);g 为电压系数(voltage constant,也叫 g 系数)。电场产生的应变可根据下式确定:

$$\varepsilon = dE \tag{2.5}$$

式中,ε 为应变;d 为应变系数(strain constant,也叫 d 系数)。表 2.4 给出了常用压电材料的应变系数。

表 2.4　常用压电材料的应变系数[3]

压电材料	应变系数 $d/(10^{-12}\text{m/V})$	机电耦合系数 k
石英	2.3	0.1
BT	100～190	0.49
PZT	480	0.72
$PbZrTiO_6$	250	N/A
$PbNb_2O_6$	80	N/A
罗舍耳盐($NaKC_4H_4O_6\text{-}4H_2O$)	350	0.78
PVDF	18	0.116

注:N/A 为未知。

综合公式(2.4)和公式(2.5),可知应变系数和电压系数有如下关系:

$$\frac{1}{gd} = Y \qquad\qquad (2.6)$$

式中,Y 为压电材料的杨氏模量。

2.5　形状记忆合金

1932 年,瑞典科学家 Olander 发现了金镉(AuCd)合金的形状记忆效应(shape memory effect,SME)。1961 年,美国科学家又发现了镍钛(TiNi)合金的形状记忆效应。到目前为止,人们已经发现了几十种形状记忆材料,大部分都含有镍。形状记忆效应是指在转变温度(transmission temperature)以下(马氏体状态,martensite),材料非常柔软,容易在较小的外力作用下发生塑性变形;而当温度升高到转变温度以上(奥氏体状态,austenite)时,材料能自动恢复到变形前的原有形状。具有这种效应的合金材料称为形状记忆合金。以镍钛合金为例,其转变温度约为 40℃,在转变温度以上,镍钛合金很坚硬,强度很高;而在转变温度以下,它相当柔软,强度低,可以很方便地制作成各种形状。除上述形状记忆效应外,这种合金的另一个独特性质是在高温(奥氏体状态)下发生的"超弹性"(super elasticity)行为,其能表现出比一般金属大几倍甚至几十倍的弹性应变。形状记忆合金的记忆行为随合金材料的不同而不同,最大可恢复应变的记忆上限为 15%,即形状变形程度达到原形的 15%时,还能"记住"原先的外形,只要通过加热,形状即可恢复,超过 15%时,"记忆"将不再现[4]。

形状记忆合金的电阻率较大,故常采用电流加热方式。在恢复其记忆形状的过程中,形状记忆合金能发出很大的力,适合于制作微泵、微阀等驱动器或执行器,可以服务于医疗器械、空间技术、电子仪器、汽车部件和机器人等领域。形状记忆合金的种类很多,但目前实用化的只有镍钛系合金、铜基合金(ZnAlCu、NiAlCu

等)和铁基合金。镍钛合金是高性能形状记忆材料,具有良好的耐疲劳特性、抗腐蚀特性及较大的可恢复应变量(8%～10%),自 20 世纪 70 年代初进入工业应用以来,至今已有二十多年的发展历史,是 MEMS 最有发展潜力的致动材料之一,但因其价格昂贵、加工工艺性差、相变温度难以控制,大量推广应用还存在一定困难。铜基合金的成本低(约为镍钛合金的 1/5),但其最大可恢复应变只有 4%,存在晶粒粗大、抗疲劳性较差和形状记忆效应的时效稳定性差等缺点,其推广应用也受到很大限制。近年来,低成本(为镍钛合金的 1/10)、高强度、易冶炼加工的铁基合金受到国内外研究者的特别关注,尤以加入铬、镍后的改良耐蚀 Fe-Mn-Si-Cr-Ni 合金更是成为最近研究的热点。形状记忆合金的最大缺点是需要热源辅助工作,长期使用会产生蠕变,使用寿命有限(若干万次)。

　　图 2.8 给出了金属马氏体相变过程中的 4 个转变温度,即马氏体转变开始温度(M_s)、马氏体转变终了温度(M_f)、奥氏体转变开始温度(A_s)和奥氏体转变终了温度(A_f)。在金属的马氏体相变中,根据马氏体相变、逆相变的温度滞后大小(即 $A_s \sim M_s$)及长大方式,其大致分为热弹性马氏体相变(thermoelastic martensitic transformation)和非热弹性马氏体相变。普通铁碳合金的马氏体相变为非热弹性马氏体相变,其相变温度滞后非常大,约为几百摄氏度,各个马氏体片几乎是在瞬间就长到最终大小,且不会因温度降低而再长大。而形状记忆合金的马氏体相变属于热弹性马氏体相变,其相变温度滞后比非热弹性马氏体相变小一个数量级以上,有的形状记忆合金只有几度的温度滞后。冷却过程中形成的马氏体会随着温度的变化而继续长大或收缩。在热弹性马氏体相变过程中,晶体不是出现滑移形变,而是出现孪生形变,即晶体原子排列沿一个公共晶面构成镜面对称的位向关系。

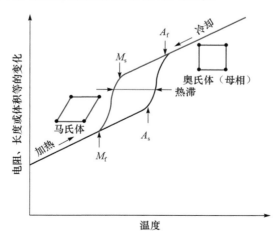

图 2.8　金属马氏体相变过程中的 4 个转变温度

形状记忆合金的独特性质源于其内部发生的热弹性马氏体相变。记忆元件随温度变化而改变形状的过程就是材料内部马氏体相随温度的降低和升高连续生长和消减的过程（即热弹性相变过程）。一般认为，呈现形状记忆效应的合金必须具有以下特点：①马氏体是热弹性的；②形变是通过孪生而不是滑移发生的；③马氏体是由有序的母相形成的。

　　形状记忆合金在冷-热循环过程中的内部相变如图 2.9 所示。形状记忆合金的高温相（或叫做母相或奥氏体相）具有较高的结构对称性，通常为有序立方结构，如图 2.9（a）所示；在 M_s 温度以下，单一取向的高温相转变成具有不同取向的马氏体变体，如图 2.9（b）所示；当在 M_s 温度以下施加应力使这种材料变形以制成元件时，材料内出现对孪生应变体之间相互吞并现象，与应力方向相左的马氏体变体不断消减，相同的则不断生长。式样不断变形直至所有变体形成可带来最大形变的对应变体，成为具有单一取向的有序马氏体的元件，如图 2.9（c）所示；如再度加热到 A_s 点以上，这种对称性低、单一取向的马氏体发生逆转变时，按照对应变体和母相之间的点阵对应关系，每个对应变体分别形成位向完全与变形前相同的母相。对应于这种微观结构的可逆性转变，元件便恢复了高温时的宏观形状。

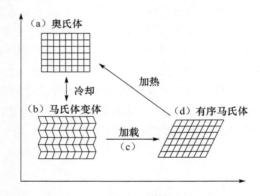

图 2.9　形状记忆合金在冷-热循环过程中的相变

　　根据不同的记忆功能，形状记忆合金可分为单程、双程和全程形状记忆合金。

　　（1）单程形状记忆（one way shape memory）。单程形状记忆只在加热到 A_f 以上，马氏体逆转变成奥氏体，发生形状回复的现象，才显示出记忆原来形状的能力。但当温度再次冷却到低于 M_f 时，却不能恢复到升温前的形状。以图 2.10 演

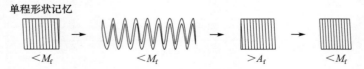

图 2.10　形状记忆合金弹簧演示的单程形状记忆
（图片来源于四川大学赖丽提供的教学资料）

示的形状记忆合金弹簧为例,在低于 M_f 时,把压紧弹簧拉长,当将其加热到 A_f 以上时,弹簧就会收缩到原来的形状,当弹簧温度再次冷却到低于 M_f 时,压紧螺旋弹簧并不改变形状。

（2）双程形状记忆（two way shape memory）。加热时恢复高温相形状,冷却时又能恢复低温相形状,称为双程形状记忆效应。双程形状记忆如图 2.11 所示。加热温度超过 A_f 时,压紧弹簧伸长;冷却到低于 M_f 时,其又自动收缩;再加热时,其再次伸长。这个过程可以反复进行,弹簧显示出能分别记忆冷和热状态下原有形状的能力。双程形状记忆需要对合金进行一定训练后才能得到,也就是把记忆合金制作的元件在外加应力作用下反复加热和冷却。当合金恢复到原来形状时,即可输出力而做功。通常,可用这种合金制成各种驱动器。

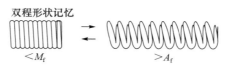

图 2.11　形状记忆合金弹簧演示的双程形状记忆
（图片来源于四川大学赖丽提供的教学资料）

（3）全程形状记忆（all-round way shape memory）。加热时恢复高温相形状,冷却时变为形状相同而取向相反的低温相形状,称为全程形状记忆效应。富镍的镍钛合金经约束时效就会出现这种反常记忆效应,其本质与双程形状记忆效应类似,但变形更明显、强烈,如图 2.12 中所示。合金首先做 1273K、1 小时固溶处理,然后在奥氏体相将合金约束成图 2.12(a)中的形状,当其冷却时就会变成图 2.12(b)、(c)的形状,如继续冷却,形状又会向相反方向变形,如图 2.12(d)、(e)所示,如再加热至 A_f 以上,便会恢复到图 2.12(a)中的原样。由于这种相反方向的变形均能恢复到原形,故称为全程形状记忆。

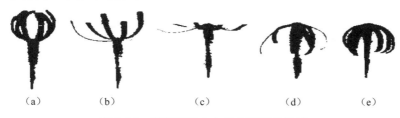

（a）　　　　（b）　　　　（c）　　　　（d）　　　　（e）

图 2.12　形状记忆合金的全程形状记忆
（图片来源于四川大学赖丽提供的教学资料）

除了形状记忆合金以外,另一类形状记忆材料是形状记忆高分子聚合物,其属于弹性记忆材料。当温度达到相变温度时,材料从玻璃态转变为橡胶态,相应的弹性模量变动较大并伴随产生很大变形。随温度增加,材料会变得柔软,容易加工变形;当温度下降时,材料逐渐硬化,变成持续可塑的新形状。

2.6　超磁致伸缩材料

在磁场作用下,某些晶体,特别是铁磁体,其体积发生微小改变的现象称为磁致伸缩现象。在室温和低磁场下能获得大的磁致伸缩现象的材料称为超磁致伸缩材料。稀土金属具有非常大的磁致伸缩性,但居里点^①很低。为了提高居里点,经常将稀土金属与铁、镍、钴构成金属化合物来进行研究,但这种2元系材料的磁致伸缩要求有强的磁场。为了在低磁场下获得大的磁致伸缩,Tb-Dy-Fe系和Tb-Ho-Fe系等3元素材料(如 Tb0.5Dy0.7Fe2.0 等)已经被研制开发出来。

超磁致伸缩材料具有以下优点:

(1) 变形量大。

(2) 随着材料的不同,正磁致伸缩(沿外部磁场方向伸长)和负磁致伸缩(沿外部磁场方向收缩)可以变化。

(3) 居里点高(380℃),故可在高温下使用。

(4) 可以低电压驱动。

(5) 因为是通过施加磁场来驱动,故可以在高温下使用。

(6) 产生应力大。

(7) 磁滞损耗小,并且可调。

(8) 响应速度快。

(9) 磁致伸缩量的温度特性可调。

实验表明,即使薄膜化后,上述优点依然存在。超磁致伸缩材料在智能结构或系统中常用作传感器和执行器。压电材料、磁致伸缩材料和形状记忆合金应用在执行器中时的性能对比如表 2.5 所示。

表 2.5　三类执行器材料的性能比较

材料	输出力	输出位移	输出频率	功耗
压电材料	中	小	高	小
磁致伸缩材料	小	中	高	小
形状记忆合金	大	大	低	中

2.7　电流变/磁流变体

电流变体(electro-rheologic fluids,ERF)属于一种很有发展潜力的仿生智能

---

① 居里点(Curie temperature),又称为居里温度,指材料可以在铁磁体和顺磁体之间改变的温度。温度低于居里点时,该物质成为铁磁体,此时和材料有关的磁场很难改变;温度高于居里点时,该物质成为顺磁体,磁体的磁场很容易随周围磁场的改变而改变。

材料,一般情况下,其呈现悬浊液状态,但黏度可以随外加电场强度的增减而增减,并能在液态和固态之间进行快速可逆的转换。电流变体对电压的响应时间很短,可以小于 1ms。外加电场在电流变体内部形成的电流密度很小,所以实际消耗功率极小。

电流变体的悬浮液主要包括悬浮微粒分散相和分散介质,此外通常还包含活性剂和稳定剂等。表 2.6 为典型的电流变体组成。

表 2.6　典型电流变体的组成相

分散相	分散介质	添加剂
SiO_2	矿物油、硅油、二甲苯	水和丙三醇等
SiO_2	石油馏出物、变压器油、硅油	水、水加丙三醇或表面活性剂
Al_2O_3	矿物油	聚丁基琥珀酰亚胺

不施加电场时,分散相粒子的正负电荷中心重合,没有固有电偶极矩或电偶极矩为零,电流变体呈现液态;施加电场后,分散相粒子将产生电偶极矩,并在电场方向形成连接两极的链结构,而无数条链又会交织成网状结构,从而在垂直于电场方向表现出较强的抗剪切强度,使材料的外观黏性显著增加,可呈现固体状态;电场取消时,电流变体又可以迅速恢复成液态。

电流变体主要用于制造各种力学器件,如减震器、离合器、微执行器和液压阀等。由于响应快速、连续可调和能耗极低等优点,电流变体的广泛应用将给一些传统的液压设备、机械器件与控制系统等带来革命性的变化,同时为 MEMS 与智能控制等新学科的发展注入活力。

与电流变体相似,磁流变体(magetorheologic fluids,MRF)在外加磁场作用下也可以从液态向固态转变。磁流变体的分散相粒子在磁场的作用下产生磁偶矩形成链结构,从而可以显著增加材料强度。与电流变体相比,磁流变体的强度更高,其抗剪切强度可达纯铝水平,但响应频率较低。目前,实用化的磁流变体的抗剪切强度可以达到 90kPa。磁流变体的用途也很广,如用于大尺寸镜头的超精密研磨,制造磁液驱动装置、制作各种传感器和执行器等。

2.8　有机聚合物材料

由于硅、玻璃、陶瓷和金属等传统衬底材料的硬度和脆性大,可弯曲的角度很小,难以制备出具备柔性变形能力、能够贴装在高曲率表面的微器件。有机聚合物材料可以吸收应力,具有良好的机械强度和可弯曲性能,质量轻,也已经成为 MEMS 制造材料中的重要组成部分。有机聚合物材料主要是高碳聚合物,包括聚酰亚胺(polyimide,PI)、聚二甲基硅氧烷(polydimethylsiloxane,PDMS)和聚甲基丙烯酸甲酯(polymethy lmethacrylate,PMMA)等。表 2.7 列出了 MEMS 常用聚合物材料的制备方法和典型应用。

表 2.7　MEMS 领域在中使用的典型聚合物材料[5]

材料	制备方法	应用
帕利灵 (parylene)	气相沉积	器件保护膜,电介质材料,微泵,微阀,剪应力传感器,微飞行器机翼,BioMEMS(生物兼容性好)
PI	旋涂,挤压成型	传感器衬底,微流体器件,柔性衬底
PMMA	微复制成型,机械加工	微流体通道,模具
PDMS	微复制成型	微流体通道,微泵,微阀,触觉传感器,BioMEMS(生物兼容性好)
SU-8 胶	旋涂	高深宽比微器件

2.8.1　PI

PI 是指主链上含有酰亚胺环的一类聚合物,其是耐高温聚合物,热膨胀系数为 $2\times10^{-5}\sim3\times10^{-5}/℃$,开始分解温度一般都在 500℃ 左右,在 550℃ 能短期保持主要的物理性能,可长期在接近 330℃ 下使用,且可耐极低温,在 -269℃ 的液态氢中不会脆裂。PI 具有优良的尺寸和氧化稳定性、耐化学药品性和耐辐射性能,以及良好的韧性和柔性,还具有良好的介电性能,相对介电常数为 3.4 左右,介电损耗为 10^{-3},介电强度为 $10^5 V/mm$,有良好的绝缘性。同时,PI 在高真空下放气量很少,可用作需要真空封装器件的衬底。图 2.13 是在 PI 衬底上制备的热敏传感器阵列,由于具有良好的韧性和柔性,其可以直接贴装在飞机蒙皮、舰船和水下兵器外壳等曲面表面,在风洞试验和水洞试验中在线测量壁面剪应力。

图 2.13　PI 衬底上的柔性热敏传感器阵列
(图片来源于西北工业大学空天微纳教育部重点实验室)

PI 难燃,耐油,耐酸和有机溶剂(不耐碱性溶液),生物兼容性好,机械强度高,成型后收缩小,抗疲劳特性好,是目前大部分柔性 MEMS 器件的衬底材料。

2.8.2　PDMS

PDMS 也叫硅橡胶,其分子式为

$$
\begin{array}{ccc}
& CH_3 & CH_3 \\
& | & | \\
-O- & Si-O-Si- & \\
& | & | \\
& CH_3 & CH_3
\end{array}
$$

PDMS 是由—$[Si(CH_3)_2-O]$—组成的高分子聚合物,具有良好的弹性、电绝缘性、化学稳定性和生物兼容性,使用温度宽($-60\sim250℃$),价格便宜,加工方法简单。PDMS 和玻璃的透光率对比如图 2.14 所示,可见 PDMS 比玻璃的透光波长范围更宽。

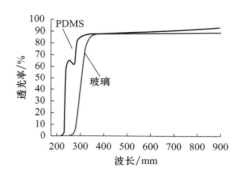

图 2.14　PDMS 和玻璃的透光率对比

　　由于 PDMS 无毒、无味、能经受苛刻的消毒条件,经常用于制备生物微器件,但其抗张强度和抗撕裂强度等机械性能较差,不适合单独作为机械材料使用,需要与其他材料配合共同组成机械结构。表 2.8 是常用的道康宁 184 产品的一些基本参数。

表 2.8　道康宁 184 的产品性能参数

性能	参数说明
光学性能	透明;吸收光波长小于 300nm
电学性能	绝缘;击穿电压为 $2\times10^7 V/m$
机械性能	具有弹性;可调杨氏模量约为 750kPa;密度为 1.08g/mm³
界面性质	很低的表面自由能,约为 20erg/cm
通透性	不透于水溶液;对气体和有机溶剂通透
反应活性	惰性;表面可被氧等离子体刻蚀或其他方法改性
热学性能	热导率为 0.18W/m·K;热扩散系数为 310μm/m·C
其他性能	无毒性;黏度为 3900mPa·S;玻璃花温度为 150K;保质期 2 年

　　在 PDMS 上制作微结构主要使用微复制成型(软光刻法的一种,见第 4 章)。PDMS 有预聚体(base)和固化剂(curing agent)两种液态组分,使用时将两者以一

定的质量配比混合,搅拌均匀并排气之后倒入模具,在一定的温度下加热固化,将其从模具上剥离便形成弹性、透明的结构。理想的模具材料应该与 PDMS 之间黏附力小,易于脱模。通常使用玻璃、硅片和 PMMA 来制作模具。在玻璃和硅片上制备微结构的工艺比较成熟规范,但剥离不易,而 PMMA 则容易剥离,但机械强度不够,可重复利用率低。因为 PDMS 疏水表面,所以,在脱模后需要对 PDMS 进行氧等离子等亲水性处理以便于键合。

采用 PDMS 制备的微流体芯片接口和制备过程中使用的 PMMA 模具实物如图 2.15 所示。

（a）PMMA模具　　　　　　　　　　　（b）PDMS接口

图 2.15　PDMS 制备的微流体芯片接口

（图片来源于西北工业大学空天微纳教育部重点实验室）

PDMS 预聚体和固化剂的比例一般为 10∶1,增加固化剂会使交联的结构增多,导致形成的弹性体硬度增大,减少固化剂的作用则相反,如表 2.9 所示。

表 2.9　不同混合比下 PDMS 的密度和杨氏模量[6]

固化剂/预聚体	密度/(kg/m³)	杨氏模量/Pa
PDMS　1∶5	9.52×10^2	8.68×10^5
PDMS　1∶7.5	9.18×10^2	8.26×10^5
PDMS　1∶10	9.20×10^2	7.50×10^5
PDMS　1∶12.5	9.27×10^2	5.49×10^5
PDMS　1∶15	9.87×10^2	3.60×10^5

经过氧等离子表面处理的 PDMS 可以与 PDMS、玻璃、硅、氮化硅和某些塑料材料键合在一起,但由于其在空气中很快由亲水性变为憎水性(图 2.16),对于 PDMS 制备的微沟道,一旦 PDMS 变为憎水性,液体很难进入沟道,使得 PDMS 虽然在微流体研究领域应用十分广泛,但其商业领域的应用却一直没有取得突破。

图 2.16　PDMS 的亲水和憎水表面改性

2.8.3　PMMA

PMMA 是由甲基丙烯酸甲酯加聚而成的一种高聚物,分子量从几十万到一百万以上,密度为 $1.18g/mm^3$,仅为普通玻璃的一半。PMMA 在英文中还被称为 acrylic,音译中文名称为亚克力,其实就是有机玻璃。PMMA 树脂是无毒环保的材料,可用于生产餐具、卫生洁具等,具有良好的化学稳定性。

PMMA 是一种光敏聚合物,具有良好的综合力学性能,拉伸强度可达到 $50\sim77MPa$,弯曲强度可达到 $90\sim130MPa$,属于硬而脆的塑料。PMMA 的耐热性不高,其玻璃化温度为 $104℃$,具有一定的耐寒性,脆化温度约 $9.2℃$。PMMA 具有良好的介电和电绝缘性能,还具有一定的耐化学腐蚀能力,但随温度升高而减弱,其可耐较稀的无机酸,常温下可耐碱类,不溶于水、甲醇、丙三醇等,但可吸收醇类溶胀,并产生应力开裂。PMMA 是目前最优良的高分子透明材料,能透过普通光线的 $90\%\sim92\%$、紫外线的 $73\%\sim76\%$(普通无机玻璃只能透过 0.6%)。

PMMA 不仅能采用车、铣、钻等传统机械加工方法成型,还能采用挤压、注射和压制等塑料加工方法成型,而且能用丙酮、氯仿等黏结成各种形状的器具。在 PMMA 板材上利用数控铣床铣制浅槽,利用 CO_2 激光烧蚀制备通孔形成的微网筛结构如图 2.17 所示。

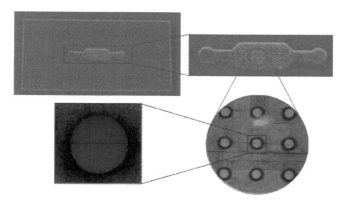

图 2.17　PMMA 通过数控铣和激光烧孔工艺制备的微网筛结构

(图片来源于西北工业大学空天微纳教育部重点实验室)

2.9 聚合物前驱体陶瓷

MEMS 的一些特种应用场合,如航空/航天发动机、化学品容器等,要求 MEMS 器件具有耐高温或耐腐蚀的能力,而传统的硅、聚合物和金属等则无法满足这样的要求。陶瓷材料具有耐高温、耐腐蚀、耐磨损、抗氧化和低密度的优良性能,是制造耐高温传感器和执行器的理想材料,但由于其制备和微加工比较困难,一直没有在 MEMS 领域获得广泛应用。传统的陶瓷制备方法是化学气相沉积方法和粉末烧结法,以碳化硅陶瓷材料为例,其化学气相沉积工艺缓慢,设备昂贵,只能进行表面沉积,不适用于高深宽比三维微结构制备;而粉末烧结法的烧结温度在1500℃以上,烧结过程中形成的孔洞或裂纹会影响陶瓷的机械性能,并且烧结过程中的结构收缩会造成较大的尺寸误差,无法精确控制几何尺寸。

聚合物前驱体陶瓷(polymer derived ceramics)是使用有机聚合物前驱体通过浇铸、交联和热分解工艺制备的陶瓷。仍以碳化硅陶瓷为例,其聚合物前驱体交联和热解温度都在 1000℃以下,前驱体是液态聚合物,容易通过浇铸加工成各种复杂微结构,其制造成本和制造难度都显著降低,通过使用不同的聚合物前驱体配方可以生成 SiCO 和 SiCN 等复杂成分的陶瓷。

美国 Colorado 大学的 Raj 课题组最早尝试使用聚合物前驱体陶瓷制备复杂 MEMS 三维器件。目前,常用的几种聚合物前驱体陶瓷有碳化硅、氮化硅和 SiCN 陶瓷,其力学和热学性能如表 2.10 所示,其中,SiCN 基陶瓷具有更好的力学和热学性能,其耐氧化特性和耐温度冲击特性尤其突出,目前得到了广泛关注和研究。

表 2.10　几种不同陶瓷的力学和热学性能对比[7]

性能	SiCN	碳化硅	氮化硅
密度/(kg/m³)	2.35	3.17	3.19
杨氏模量/GPa	140~170	405	314
泊松比	0.17	0.14	0.24
热膨胀系数/($\times 10^{-6}$/K)	3	3.8	2.5
硬度/GPa	25	30	28
断裂强度/MPa	500~1200	418	700
断裂韧性/(MPa·m$^{1/2}$)	3.5	4~6	5~8
抗热冲击性(FOM)	1100~5000	270	890

注:FOM=断裂强度/(杨氏模量×热膨胀系数)。

目前,有注塑(micro casting)法和光聚合(photopoly merization)法两种常用的聚合物前驱体陶瓷制备方法,下面以 SiCN 陶瓷为例分别进行介绍。

（1）注塑法。注塑法的工艺流程图如图 2.18 所示[8]。首先使用 SU-8 胶通过近紫外光刻制备高深宽比的模具，然后将液态的聚合物前驱体倒入模具中，在 250℃下进行热固化后，先通过抛光对表面进行平整化，然后在施加均衡压力的情况下进行 400℃热处理实现交联，最终在 1000℃下热处理实现聚合物和光刻胶的热解而得到具有高深宽比结构的陶瓷材料。

（a）涂胶、光刻并显影形成光刻胶模具

（b）注入液态聚合物前驱体并热固化

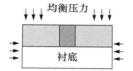

（c）表面抛光后在均衡压力下进行热交联

（d）高温热分解，形成陶瓷并去除光刻胶

图 2.18　注塑法制备聚合物前驱体陶瓷工艺流程

Raj 课题组采用注塑法制备的聚合物前驱体陶瓷齿轮如图 2.19 所示。

（a）SU-8 模具

（b）热分解后得到的陶瓷齿轮

图 2.19　采用注塑法制备的聚合物前驱体陶瓷齿轮

（2）光聚合法。光聚合法的原理与激光快速成型比较接近，其工艺流程如图 2.20 所示[9]。首先通过旋涂法将液态聚合物前驱体涂布在衬底上，液态前驱体中加入光敏剂，能够在紫外线照射的时候固化；然后进行紫外光刻，被紫外线照射的地方前驱体固化为固态,而其他部位的前驱体保持为液态;再去除未固化的液态前驱体;最后经过 400℃交联热处理和 1000℃热解,形成具有特定高深宽比结构的陶瓷。

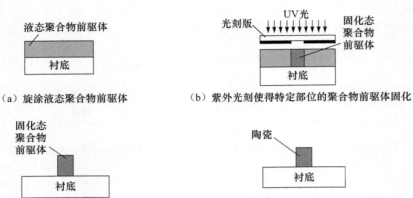

（a）旋涂液态聚合物前驱体 　　　（b）紫外光刻使得特定部位的聚合物前驱体固化

（c）去除未固化的聚合物前驱体 　　（d）交联和高温热分解,形成陶瓷

图 2.20　光聚合法制备聚合物前驱体陶瓷工艺流程

光聚合法可以像多层套刻一样通过多次光刻制备出多层陶瓷结构。Raj 课题组通过光聚合法制备的两层陶瓷 MEMS 结构如图 2.21 所示。

图 2.21　光聚合法制备的两层陶瓷结构

参 考 文 献

[1]　姜岩峰. 硅微机械加工技术. 北京:化学工业出版社,2006.

[2]　Madou M. Fundamentals of MicroFabrication. New York:CRC Press,1997.

[3]　王晓浩. MEMS 和微系统——设计与制造. 北京:机械工业出版社,2004.

[4]　刘广玉,樊尚春,周浩敏. 微机械电子系统及其应用. 北京:北京航天航空大学出版社,2003.

[5]　Liu C. Recent developments in polymer MEMS. Advanced Materials,2007,19:3783－3790.

[6]　张峰. 用于细胞分选的微网筛结构设计与制作工艺研究. 西安:西北工业大学硕士学位论

文,2011.

[7]　Liew L A,Zhang W G,An L N,et al. Ceramic MEMS:New materials,innovative processing and future applications. American Ceramic Society Bulletin,2001,80:25—30.

[8]　Liew L A,Zhang W,Bright V M,et al. Fabrication of SiCN ceramic MEMS using injectable polymer-precusor technique. Sensors and Actuators,2001,89:64—70.

[9]　Liew L A,Liu Y,Luo R,et al. Fabrication of SiCN MEMS by photopolymerization of pre-ceramic polyer. Sensors and Actuators,2002,95:120—134.

第 3 章　MEMS 制造中的沾污及洁净技术

3.1　MEMS 制造中的沾污

沾污是影响 MEMS 制造工艺成品率的重要因素。MEMS 制造过程中的沾污主要来源于硅片盒、硅片操作、工艺设备、光刻胶或其他有机物、金属腐蚀、溶剂和化学试剂、空气、衣服、电荷积聚、家具和操作人员,可以划分为以下几类:

(1) 颗粒污染。人体静止时每分钟产生 10^5 个颗粒,走动时产生 10^6 个颗粒。人类肉眼可见直径为 $50\mu m$ 的颗粒,人类头发的直径为 $75\sim100\mu m$,烟雾的直径是 $0.01\sim1\mu m$,而红细胞的直径为 $4\sim9\mu m$。在 MEMS 制造过程中,可以接受的颗粒尺寸应该小于最小器件特征尺寸的一半。对于关键尺寸为 $5\mu m$ 的微器件,可以忍受颗粒的直径为 $2.5\mu m$。

(2) 金属沾污。金属离子在半导体材料中是高度活性的,被称为可动离子污染(movable ion contamination,MIC)。当 MIC 引入到硅片中后,在整个硅片中移动,严重损害器件电学性能和长期可靠性。未经处理过的化学品中的钠是典型的、最为普遍的 MIC 之一,人充当了它的运送者(人体以液态形式包含了高浓度的钠,如唾液、眼泪和汗液)。硅片加工中应该严格控制钠污染。

(3) 有机沾污。有机物污染是指那些包含碳的物质,几乎总是碳自身同氢结合在一起。有机物污染主要来源于细菌、润滑剂、蒸汽、清洁剂、溶剂和潮气等。用于 MEMS 制造的加工设备应该尽量避免使用润滑剂。

(4) 自然氧化层。如果暴露于室温下的空气中或含有溶解氧(dissolved oxygen,DO)的去离子水中,硅片的表面将被氧化,这一薄层氧化层称为自然氧化层。当硅片表面暴露在空气中时,一秒之内就有几十层水分子吸附在硅片上,并向硅片内部渗透,使得硅表面在室温下发生氧化。自然氧化层的厚度随暴露时间的增长而增加,其妨碍其他工艺步骤,增加接触电阻,减小甚至阻止电流流过,同时,它也包含一些金属杂质,金属杂质向硅中扩散会引起电学缺陷。

(5) 静电电荷。静电积累电荷的总量通常很小(纳库仑级别),但可以形成高达数万伏的高压,当静电电荷从一个物体向另一个物体未经控制地转移时,可能在几纳秒的时间内产生超过 1A 的峰值电流,甚至可以蒸发金属连线和击穿氧化层,导致微器件损坏。静电电荷的另外一个问题就是其产生的电场能吸引带电颗粒或极化并吸引中性颗粒到硅表面,产生致命缺陷。

MEMS 制造中,人员穿戴洁净服并将 MEMS 制造工艺线布置在洁净间中,可消除颗粒污染;将杀菌、过滤和去离子的去离子水作为工艺用水,可消除有机物和金属离子污染;控制洁净间温湿度,采用静电消耗性的洁净间材料并通过接地和空气电离,可消除静电污染。

然而,一旦硅片表面发生沾污,必须通过清洗来排除。清洗的目的是去除硅片表面所有污染物,它贯穿整个 MEMS 制造工艺的始终。为了提高 MEMS 制造的成品率,必须采用一定的洁净技术在沾污发生前预防沾污,并进一步在沾污发生后去除沾污。本节主要介绍 MEMS 制造过程中的洁净间技术、去离子水技术和防静电技术等沾污预防技术,以及去有机清洗、去颗粒清洗、去金属清洗和去自然氧化层清洗等沾污去除技术。

3.1.1 洁净间技术

控制沾污最有效的方式是防止沾污。MEMS 制造中,采用人员穿戴洁净服并将工艺线布置在洁净间中的方式可消除颗粒污染。洁净间按照空气中含尘(颗粒)量的多少可以划分为多个等级。在众多的洁净间分级标准中,美国联邦 209 标准是目前世界上最通行、最著名的洁净间标准,其具体定义及其与 ISO 标准的对应关系如表 3.1 所示。虽然 ISO 已经制定出相应的标准来替代它,但 209 标准至今仍然被广泛采用。

表 3.1 洁净间等级划分(美国联邦 209 标准)

等级	♯0.5 μm/ft³	♯5.0 μm/ft³	每小时换气次数	天花板高效覆盖率/%	气流流速/fpm	温度偏差/°F	RH 偏差/%	对应 ISO 标准
办公室			12～18					
100000	100000	650	18～30	10				ISO8
10000	10000	65	40～60	30	10	±3.0	±5	ISO7
1000	1000	6.5	150～300	50	30～50	±2.0	±5	ISO6
100	100	0.65	400～540	80～100	75～90	±1.0	±5	ISO5
10	10	0.065	540～600	100	75～90	±0.5	±3	ISO4
1	1	0.006 5	540～600	100	90～100	±0.3	±2	ISO3
0.5	0.5	0.003 3	540～600	100	100～110	±0.1	±1	

注:♯0.5 μm 代表每立方英尺(ft³)体积中,直径大于等于 0.5 μm 的颗粒数量;♯5.0 μm 代表每立方英尺体积中,直径大于等于 5.0 μm 的颗粒数量;fpm 代表英尺/分;1ft=3.048×10⁻¹ m;°F 为华氏温度,与摄氏温度的换算关系为:$F=9C/5+32$;RH(relative humidity)为相对湿度,指空气中实际所含水蒸气密度和同温度下饱和水蒸气密度的百分比值。

典型洁净间的送回风系统如图 3.1 所示。100 级及以下(如 10 级)洁净间的气流形式是层流(laminar flow)方式,空气以均匀的断面速度沿平行流线流动,回风形式采用高架地板的格栅地面回风,或采用相对两侧墙下置回风,其具有效果完全、运转迅速稳定、粉尘堆集与再飘浮极少及管理容易等优点,但设备造价和维护费用很高。100级以上(如1000级)洁净间采用混流或乱流方式(turbulent flow),即空气以不均匀的速度呈不平行流线流动。1000级洁净间应采用相对两侧墙下置回风口回风,而10000级及以上净化间应采用单侧墙下部布置回风口回风。100级以上洁净间,因为空气中的气流很容易产生涡流,净化效果依次变差,而制造成本则可显著降低。为了防止灰尘存积及便于清洁,所有级别洁净间的墙壁和天花板都应该使用洁净岩棉彩钢壁板或顶板围护,并将板材之间的接缝采用密封胶密封。从非洁净区进入洁净区之前,必须使用更衣室进行缓冲,更衣室也应该具有一定的洁净等级(如100000级),然后穿戴洁净服并经过风淋室吹扫之后方可进入。洁净间必须维持一定的正压。洁净区与非洁净区的静压差应不小于10Pa。如果同时存在互通的多个不同等级的洁净区,则按照净化级别的高低,应依次存在不小于5Pa的静压差(如10级洁净间应相对1000级洁净间具有10Pa正压)。

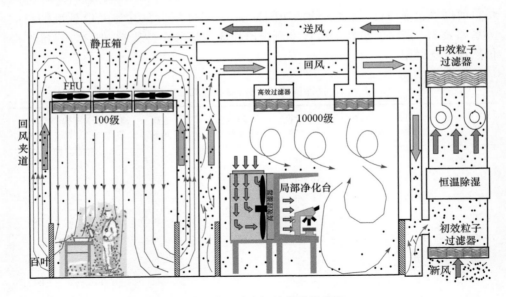

图3.1　典型洁净间的送回风系统

　　为了节约建设成本,MEMS制造工艺普遍采用100级和10000级净化间。100级洁净间一般用于光刻和阳极键合,而10000级净化间一般用于薄膜淀积、干法刻蚀、湿法腐蚀、清洗、划片、封装和测试等。100级洁净间采用遍布于天花板上的风机过滤器机组(fan filter unit,FFU)对空气进行最终过滤。FFU有初效过滤器和高效过滤器(high efficiency particulate air filter, HEPA filter)两级过滤。风机从 FFU 顶部将空气吸入并经过初、高效过滤器过滤,过滤后的洁净空气在整个出风面可以以 0.45m/s±20% 的风速均匀送出。10000 级洁净间采用高级过滤器对空气进行最终过滤,由于没有像 FFU 那样使用风机进行增压,其出风口的压力要小于 100 级洁净间。10000 级洁净间天花板的高效过滤器覆盖率远远低于 100 级洁净间,即只需达到 30% 即可。在某些特殊场合,要在 10000 级洁净间构建具备的 100 级环境,只需要在万级间中增设 100 级局部净化台即可。

除了对颗粒的要求之外,洁净间对噪声和振动作出了限制[1]。在动态测试时,洁净室内的噪声级不应超过 70dB。空态测试时,乱流洁净室的噪声级不宜大于 60dB,层流洁净室的噪声级不应大于 65dB。为了控制洁净间的噪声,应对洁净室内的送、回风系统采取隔声、消声、隔声振等减噪措施。其中,总送/回风管风速为 6~10m/s,无送、回风口的支风管风速为 6~8m/s,有送、回风口的大风管风速为 3~6m/s。

对于 MEMS 制造工艺中常用的光刻机、台阶仪、表面轮廓仪、原子力仪和多普勒激光测振仪等精密加工和测量设备,应当尽量布置在远离空气压缩机、恒温恒湿空调机、PCVD 炉、反应离子刻蚀机、高密度等离子刻蚀机和溅射台等装备有泵体的制造设备,并尽量采用独立地基或空气弹簧(气囊)隔振台、座等方式来隔离振源。

3.1.2　去离子水技术

去离子水也叫超纯水,即将水中的导电介质几乎完全去除,又将水中不离解的胶体物质、气体及有机物均去除至很低程度的水,其电阻率大于 18MΩ·cm,或接近 18.3MΩ·cm 极限值,是去掉了钠、钙、铁、铜等元素的阳离子及氯、溴等元素的阴离子后的水。这意味着除了 H_3O^+ 和 OH^- 外,去离子水中不含有其他任何离子成分,但仍可能有一些有机物以非离子形态存在于其中。这里,要注意去离子水与蒸馏水的区别。蒸馏水就是将水蒸馏再冷凝得到的水,蒸二次的叫重蒸水,三次的叫三蒸水。有时候为了特殊目的,在蒸前会加入适当试剂,如为得到无氨水,会在水中加酸,为得到低耗氧量的水,加入高锰酸钾与酸等。蒸馏水只能除电解质及与水沸点相差较大的非电解质,无法去除与水沸点相当的非电解质,水的纯度一般没有去离子水高。

去离子水可通过离子交换分离等过程生产。我国国标 GB/T 11446.1—1997[2] 定义的电子级去离子水(electronic grade water)对去离子水在电阻率、颗粒杂质、细菌、阴、阳离子含量、总有机碳(total organic carbon, TOC)和溶解氧等方面提出的具体指标如表 3.2 所示。

表 3.2 电子级水标准(GB/T 11446.1—1997)

项目级别	电阻率/MΩ·cm@25℃	全硅≤ μg/L	>1μm微粒数/(个/mL)	细菌数/(个/mL)	铜≤ μg/L	锌≤ μg/L	镍≤ μg/L	钠≤ μg/L	钾≤ μg/L	溶解氧≤ μg/L	硝酸根≤ μg/L	磷酸根≤ μg/L	硫酸根≤ μg/L	TOC μg/L
EW-Ⅰ	18(95%的时间不低于17)	2	0.1	0.01	0.2	0.2	0.1	0.5	0.5	1	1	1	1	20
EW-Ⅱ	15(95%的时间不低于13)	10	5	0.1	1	1	1	2	2	1	1	1	1	100
EW-Ⅲ	12	50	10	10	2	5	2	5	5	10	5	5	5	200
EW-Ⅳ	0.5	1000	500	100	500	500	500	1000	500	1000	500	500	500	1000

自来水中含有多种杂质,如悬浮物、胶体、有机物和无机盐等,为了去除这些杂质,必须采用过滤、软化、反渗透(reverse osmosis,RO)、pH 调节和离子交换等一系列过程。典型的去离子水装置如图 3.2 所示。去离子水制备的整个流程如下:

(1) 预处理。通过多介质过滤器(石英砂)滤除原水中带来的细小颗粒、悬浮物、胶体等杂质,过滤后,原水的污染指数(silt density index,SDI)值可以达到反渗透装置进水条件。而后,通过活性炭过滤器吸附前级过滤中无法去除的余氯以防止反渗透膜受其氧化,同时还吸附从多介质过滤器泄漏过来的小分子有机物等污染性物质,对水中重金属离子有较明显的吸附去除作用,并可进一步降低前级过滤水的 SDI 值,改善反渗透装置的进水水质。经多介质过滤和活性炭过滤之后的水,已经满足反渗透装置的进水要求(SDI15[①]≤5,Cl_2≤0.1mg/L)。最后,通过软水器使用钠离子替代钙、镁等易结垢离子,将水的硬度降低到 0.5mmol/L($CaCO_3$:50mg/L[②])以下。

(2) 反渗透。反渗透装置是在外压作用下使原水中某些组分选择性透过反渗透膜,从而达到淡化、净化或浓缩分离目的的一种装置,其可以去除水中 95%~98%的离子,同时还可以除去水中的微细颗粒、细菌及有机物等各种杂质。为了保护反渗透膜,应该在每一级反渗透前设立 5μm 保安过滤器。为使出水满足后续电去离子(electrodeionization,EDI)装置工艺进水要求,一般应该采用两级反渗透装

---

① SDI15 中的数字 15 表示 15 分钟,具体的定义及测定方法请参考美国试验与材料协会(ASTM)制定的水的淤泥密度指数的试验方法:ASTM D4189—95(2002)或 ASTM D4189—07。

② 对于 $CaCO_3$ 来说,1mol/L=1000mmol/L=100000mg/L。

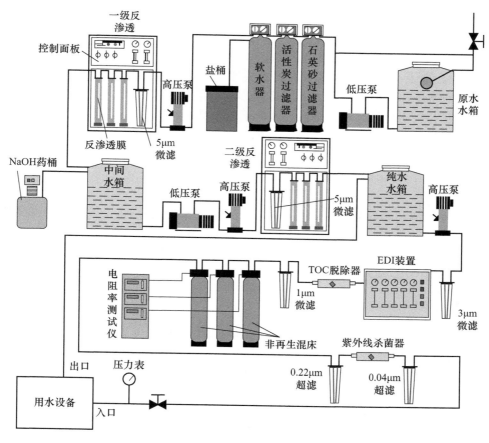

图 3.2　典型去离子水制备系统示意图

置以有效去除水中离子。经两级反渗透装置处理后,水的电导率可以达到 $5\mu S/cm$($0.2M\Omega\cdot cm$),甚至更低。为去除水中的二氧化碳,在两级反渗透装置之间设立 NaOH 投药装置,以调节一级反渗透装置出水的 pH,使处理后的水偏弱碱性(pH 为 7.83 左右)。

(3)电去离子。EDI 装置应用电再生离子交换除盐工艺,通过离子交换树脂及选择性离子膜达到高脱盐效果,是一种离子交换技术和电渗析相结合来制备高纯水的技术,利用离子交换树脂、阴阳离子交换膜,在直流电场的作用下达到净化水的目的。EDI 装置利用离子交换树脂能深度脱盐来克服电渗析因为极化而脱盐不彻底,又利用电渗析极化作用发生的电离作用能产生 OH^- 和 H^+ 实现树脂自动再生来克服树脂失效后通过化学药剂再生的缺陷。EDI 装置与反渗透装置结合的产水水质可达 $10\sim 17M\Omega\cdot cm$,甚至可以接近理论纯水的电阻率水平。

（4）TOC 脱除。TOC 脱除器采用波长为 184nm 的紫外线照射，可以分解水中高分子有机物，从而降低 TOC。

（5）混床。反渗透装置加 EDI 装置的系统可制备电阻率在 $10\sim17M\Omega\cdot cm$ 以上的去离子水，为获得电子、医药或其他行业用电阻率为 $18M\Omega\cdot cm$ 的去离子水，通常还需经抛光混床进行最终精处理。混床又叫混合离子交换柱，是把一定比例的阳、阴离子交换树脂混合装填于同一交换装置中，对流体中的离子进行交换、脱除。由于阳树脂的比重比阴树脂大，所以，在混床内，阴树脂在上，阳树脂在下。当原水通过离子交换柱时，水中的阳离子和阴离子（HCO^- 等离子）与交换柱中的阳树脂的 H^+ 离子和阴树脂的 OH^- 离子进行交换，从而达到脱盐的目的。

（6）灭菌。紫外杀菌器采用波长为 254nm 的紫外线照射，杀死水中的细菌和病毒。为了防止管道造成污染，从原水到 EDI 装置之前的去离子水系统管道应该使用 U-PVC 或 C-PVC 塑料，EDI 装置之后到用水设备之间的去离子水系统管道应该使用 PVDF 塑料。

3.1.3　防静电技术

静电主要是由于摩擦、感应和传导引起的，是在生产、生活中普遍存在的一种自然现象。静电释放（electrostatic discharge，ESD）就是一定数量的静电荷从一个物体（如人体）传送到另外一个物体（如芯片）的过程，这个过程可导致在极短的时间内有一个非常高的电流通过芯片，35%以上的芯片损坏都可以归咎于此。因此，在半导体制造行业里保护芯片免受静电释放的损害是非常重要的。

通常，人体对地电容一般为 $50\sim250pF$，设为 100pF（80%的人体在 100pF 左右，故工程上取值为 100pF），假设人体带电为 $0.2\mu C$，根据下式，在任意时间 t，人体对地电容电压 $u(t)$ 与人体带电量 $q(t)$ 和人体对地电容 C 的计算关系为

$$u(t) = \frac{q(t)}{C} \tag{3.1}$$

则可计算人体对地电压为 2kV。有时，人体所带电荷远远超过 $0.2\mu C$，则将产生更高的电压。在实际过程中，由于相互摩擦，人体在充电过程中较为缓慢，且充电电流极低，感觉不到被充电而带上了电荷；但放电则不同，人体电阻一般为 $1\sim5k\Omega$，则放电电流 I 为安培量级，电流指数衰减所需要时间为微秒量级。当放电电压低于 3kV 时，静电释放过程会发生但不会被人体所察觉，电压大于 3kV 时，人体有轻微麻痹感，当电压大于 6kV 时，能听到"劈啪"的放电声，而当电压大于 8kV 时，还会伴随快速的电弧火花出现[3]。由于人体静电聚积的能量有限，整个放电过程极为短暂，甚至不能为人体所感知。但对于半导体电路来说，放电电压为 $30\sim7000V$ 的静电释放将对其产生致命危害。

　　由于人体对静电的感知电压较高,静电危害具有较强的隐蔽性。早在 20 世纪 50 年代初,欧美各国已经开始在半导体器件生产中对静电释放加以防范,我国在 60 年代末期才开始注意,80 年代初真正用在半导体器件生产中。静电可以吸附灰尘,降低器件的绝缘电阻;静电释放形成的高电流可以击穿器件而造成大量报废;静电释放产生的电磁场会对电子设备造成电磁干扰甚至损坏。

　　静电防护的基本原则是:①抑制静电荷的积聚;②迅速、安全、有效地消除已经产生的静电荷。

　　静电防护技术可以分为以下三类:

　　(1) 接地。接地就是直接将静电通过一条导线的连接泄放到大地,这是防静电措施中最直接有效的方法。常用的接地方法有:①人体通过手腕带接地;②人体通过防静电鞋(或鞋带)和防静电地板接地;③工作台面接地;④测试仪器、工具夹、烙铁接地;⑤防静电地板、地(台)垫接地;⑥防静电周转车、箱、架接地;⑦防静电椅接地。

　　(2) 静电屏蔽。静电敏感元件在储存或运输过程中会暴露于有静电的区域中,用静电屏蔽的方法可削弱外界静电对电子元件的影响,最通常的方法是用静电屏蔽袋和防静电周转箱作为保护。另外,防静电衣对人体的衣服具有一定的屏蔽作用。

　　(3) 离子中和。绝缘体往往容易产生静电,消除绝缘体静电用接地方法是无效的,通常采用的方法是离子中和(部分采用屏蔽),即在工作环境中用离子风机等提供等电位的工作区域。

　　现有的防静电材料和防静电设施均是按上述三种技术派生出来的产品,可分为防静电仪表、接地系统类防静电产品、屏蔽类防静电包装、运输及储存防静电材料、中和类静电消除设备及其他防静电用品。我国于 1994 年发布了《电子设备制造防静电技术要求》(SJ/T 10533—94),对电子设备研制生产过程中,静电敏感器件的采购、检测、存储、运输和装联过程中防静电器材基本配置作出了规定[4],如表 3.3 所示。

表 3.3　防静电器材基本配置表

器材名称	元器件待检	元器件检验及老化筛选	元器件库房	元器件预处理	设计工艺实验室	装配	调试	机房	维修	外场维修	运输
防静电元件存放架	●	●	●								●
防静电识别标签	●	●	●	●	●	●					●
防静电元件盒(袋)	●	●	●	●	●	●				●	●
防静电桌垫	●	●	●	●	●	●	●	●	●	●	

续表

配置部位及配置项目　　器材名称	元器件待检	元器件检验及老化筛选	元器件库房	元器件预处理	设计工艺实验室	装配	调试	机房	维修	外场维修	运输
防静电地垫		○			○	○		●			
防静电周转箱	●	●	○		●	●					●
防静电运输车	○	●	●		●	●				○	●
防静电工作服	●	●	●		●	●			●	○	●
防静电腕带	●	●	●		●	●	●	●	●	●	
腕带监视器		○			●	●	●	●			
导电鞋束		○			●	●	●	●	●	○	
防静电工作鞋		○			●	●	●	●	●	○	
防静电手套	●	●	●		●	●	●	●	●	●	○
防静电烙铁					●	●	●	●	●	●	
防静电吸锡器					●	●	●	●	●	●	
防静电印制板架					●	●	●	●	●		
防静电电压表		○		●	●	●	●	○	●		
离子风静电消除器					●	●	●	●	●		
防静电维修箱(包)									●	●	
防静电海绵泡沫		○			●	●	●	●	○		●
防静电接大地线(带)	●	●	●		●	●	●	●	●	●	●
防静电工作区标志牌	●	●	●		●	●	●	●	●		
防静电文件袋	●	●	●		●	●	●	●	●	○	
抗静电剂(溶液)	○	○	○		○	○	○	○	○		
静电监测设备					●	●	●	●			

注:●表示必须配置项目;○表示需要时配置项目或局部区域配置项目。

国际电工委员会(International Electrotechnical Commission,IEC)静电学分技术委员会在 1995 年制定的《电子器件防护规范一般要求》国际标准草案 IEC/SC15D/47/CD(标准编号为 IEC1340—5—1)中对各种防静电组成件在电阻值规格上作了规定,如表 3.4 所示。

表 3.4　防静电组成件的静电性能要求

防静电组成件	指标要求
接地	接地电阻小于 10Ω,独立可靠的接地装置
防静电台垫	① $7.5\times10^{5}\,\Omega\leqslant$表面电阻$\leqslant1\times10^{10}\,\Omega$; ② $7.5\times10^{5}\,\Omega\leqslant$对地电阻$\leqslant1\times10^{10}\,\Omega$
存板架	同上

续表

防静电组成件	指标要求
防静电地板(地垫)	① 表面电阻≤$1×10^{10}$Ω； ② 对地电阻≤$1×10^{10}$Ω； ③ 当鞋袜/地板系统作为人体主要接地手段时,系统综合电阻不应超过 $3.5×10^{7}$Ω； ④表面电阻和接地电阻的最小值由相关的安全标准确定
防静电腕带	$7.5×10^{5}$Ω≤对地电阻≤$3.5×10^{7}$Ω
防静电工鞋	① 站在金属板上穿着鞋的总对地电阻≥$5×10^{4}$Ω(每只鞋≥$1×10^{5}$Ω)； ② 当鞋袜/地板系统作为人体主要接地手段时,系统综合电阻不应超过 $3.5×10^{7}$Ω
离子中和器	防护区域内能中和任意极性的静电荷,剩余电压应小于 100V
防静电真空吸锡器	① 可能接触敏感元器件的非绝缘部分应接地； ② 当接地电阻大于 $1×10^{10}$Ω,电荷衰减至初始值的 10%的时间小于 2s； ③ 对地电阻≤$1×10^{11}$Ω,对地电阻的最小值由相关安全标准确定
低压自动恒温电烙铁	① 应安装接地焊头,在焊头和地之间的电阻不应该超过 5Ω； ② 当接地电阻大于 $1×10^{10}$Ω,电荷衰减至初始值的 10%的时间小于 2s； ③ 对地电阻≤$1×10^{11}$Ω,对地电阻的最小值由相关安全标准确定
接地线	$7.5×10^{5}$Ω≤端对端电阻≤$5×10^{6}$Ω
防静电工作服	① 表面电阻和对地电阻≤$1×10^{11}$Ω； ② 表面电阻和对地电阻的最小值由相关的安全标准确定； ③ 当表面电阻或接地电阻大于 $1×10^{10}$Ω,电荷衰减至初始值的 10%的时间小于 2s
防静电手套/指套	① $7.5×10^{5}$Ω≤对地电阻≤$1×10^{11}$Ω； ② 当对地电阻大于 $1×10^{10}$Ω,电荷衰减至初始值的 10%的时间小于 2s
防静电工作椅	① 对地电阻≤$1×10^{9}$Ω

　　防静电容器、元件架、运输车等器材上应有明显的防静电识别标签。防静电工作区域应有图 3.3(a)所示的黄黑相间或黄白相间的斜条纹带予以区别。防静电容器、元件架、运输车等器材上应有如图 3.3(b)或如图 3.3(c)的标签。

　（a）

　（b）

　（c）

图 3.3　防静电识别标签

3.2　MEMS 制造中的清洗

　　一旦硅片表面发生沾污,必须通过清洗来排除。清洗的目的是去除硅片表面所有污染物,它贯穿整个 MEMS 制造工艺的始终。在进行高温工艺之前(如氧化、LPCVD、快速热退火、扩散等),必须要先进行清洗。清洗方法可分为湿法清洗和干法清洗两种。干法清洗主要是利用等离子体的化学反应和物理轰击作用去除硅片表面的沾污,用途局限于干法去胶和去有机沾污,本书将在干法刻蚀部分对此进行介绍。湿法清洗是硅片清洗技术的主流,它是利用溶剂、各种酸碱、表面活性剂和水通过腐蚀、溶解和化学反应等方法去除硅片表面的沾污。因为清洗液可以多次使用,为防止清洗液被污染,切记不能使用清洗来替代湿法去胶或金属湿法腐蚀工艺。硅片表面的沾污类型及其对应的湿法清洗原理如下:

　　(1) 有机沾污。可通过有机试剂的溶解作用结合超声波清洗技术来去除,或者使用脱水剂将有机杂质脱水碳化,并配合强氧化剂与碳化物反应生成二氧化碳气体脱出。

　　(2) 颗粒沾污。运用物理方法,采用机械擦洗或超声波清洗技术来去除粒径大于等于 $0.4\mu m$ 颗粒,利用兆声波去除大于等于 $0.2\mu m$ 颗粒,或运用化学方法,通过硅片表面的氧化和腐蚀将颗粒下方的硅片表层去除而实现颗粒和硅片分离。

　　(3) 金属沾污。使用强氧化剂(如 H_2O_2)将附着到硅表面的金属氧化成金属离子,并溶解在清洗液中或吸附在硅片表面。用无害的小直径强正离子(如 H^+,可由 HCl 来提供)替代吸附在硅片表面的金属离子,使之溶解于清洗液中,最后用大量去离子水进行超声波清洗,以排除溶液中的金属离子。

　　没有任何一种清洗液可以适用于所有的清洗要求,但湿法清洗已形成了典型的清洗工艺组合。本节对目前常用的单步清洗工艺逐个介绍,并按照微加工的清洗特点,将其按照一定的顺序组合成标准清洗流程。

3.2.1　SPM 清洗

　　SPM(sulfuric peroxide mixture)清洗一般使用多槽浸泡式清洗机作为清洗装置,其清洗液是 H_2SO_4/H_2O_2(浓硫酸/双氧水)按照 4:1 体积比配置,并加热到 $120\sim150℃$ 的一种混合液,主要用于去有机沾污清洗或者湿法去胶。SPM 清洗液又叫做 piranha,具有很强的氧化能力,可将金属氧化后溶于清洗液中,并能把有机物氧化生成 CO_2 和 H_2O。用 SPM 清洗硅片可去除硅片表面的重有机沾污和部分金属,但当有机物沾污特别严重时,会使有机物碳化而难以去除。

3.2.2　RCA 清洗

工业标准湿法清洗工艺称为 RCA 清洗工艺,由美国无线电公司(Radio Corporation of America,RCA)的 Kern 和 Puotinen 于 20 世纪 60 年代提出,首次发表于 1970 年,是通过多道清洗去除硅片表面的颗粒物质和金属离子的标准清洗流程。RCA 清洗一般使用多槽浸泡式清洗机作为清洗装置,是一种典型的、至今仍为最普遍使用的湿式化学清洗法。该清洗法包括以下两种清洗液:

(1) RCA-1 清洗。RCA-1 清洗又叫做 APM(ammonia peroxide mixture)清洗,或者 SC-1 清洗,一般使用多槽浸泡式清洗机作为清洗装置。RCA-1 清洗液是 $NH_4OH/H_2O_2/H_2O$(氨水/双氧水/水)按照 1∶1∶5 的体积比配置的混合液,其使用温度为 75~85℃,存放时间为 10~20 分钟。H_2O_2 会将硅片表面氧化形成一层氧化膜(SiO_2),呈亲水性,硅片表面和粒子之间可被清洗液浸透。由于 NH_4OH 能够腐蚀二氧化硅,附着在硅片表面的颗粒便随着二氧化硅的腐蚀而落入清洗液中,从而达到去除颗粒沾污的目的。在 NH_4OH 腐蚀硅片表面的同时,H_2O_2 又在氧化硅片表面形成新的氧化膜,从而实现不断往复。

通过 H_2O_2 的强氧化和 NH_4OH 的溶解作用,RCA-1 清洗液还使有机沾污变成水溶性化合物,并随去离子水的冲洗而被排除;同时,RCA-1 清洗液具有强氧化性和络合性,能氧化铬、铜、锌、银、镍、钴、钙、铁、镁等金属,使其变为高价离子,然后进一步与碱作用,生成可溶性络合物而随去离子水的冲洗而被去除。因此,用 RCA-1 清洗液清洗既能去除颗粒沾污,又能去除有机沾污和某些金属沾污。在 RCA-1 清洗槽中加入超声波或兆声波可获得更好的清洗效果。

由于 NH_4OH 的腐蚀作用,RCA-1 清洗会造成硅片表面损伤。清洗后,硅片表面的 R_a(轮廓算术平均偏差)变化量与清洗液的 NH_4OH 组成比有关,组成比例越大,R_a 越大。R_a 为 0.2nm 的硅片在 NH_4OH∶H_2O_2∶H_2O＝1∶1∶5 的 RCA-1 中清洗后,R_a 可增大至 0.5nm。可以通过降低 NH_4OH 组成比的方法(如采用 0.5∶1∶5 的比例)来减小损伤。

(2) RCA-2 清洗。RCA-2 清洗又叫做 HPM(hydrochloric acid peroxide mixture)清洗,或者 SC-2 清洗,一般使用多槽浸泡式清洗机作为清洗装置。RCA-2 清洗液是 $HCl/H_2O_2/H_2O$(盐酸/双氧水/水)按照 1∶1∶6 的体积比配置的混合液,其使用温度为 75~85℃,存放时间为 10~20 分钟。RCA-2 用于去除硅片表面的钠、铁、镁等金属沾污。在室温下,RCA-2 能除去铁和锌。另外,RCA-2 是 H_2O_2 和 HCl 的酸性溶液,具有极强的氧化性和络合性,也能与金属原子作用生成盐并随去离子水冲洗而被去除,也能与金属离子作用生成的可溶性络合物并随去离子水冲洗而被去除。

3.2.3　DHF清洗

DHF(diluted hydro fluoric)清洗液一般是氢氟酸和去离子水按照 20：1～100：1体积比配置的混合液,使用温度范围为 20～25℃,时间为数十秒,具体根据 DHF 清洗液的配比而定。自然氧化膜的厚度一般为 0.6～2nm,具体厚度由暴露在空气中的时间和空气的相对湿度决定。DHF 清洗可以去除硅片表面的自然氧化膜,因此,附着在自然氧化膜上的金属将被溶解到清洗液中,同时,DHF 抑制了氧化膜的形成。因此,可以很容易地去除硅片表面的铝、铁、锌、镍等金属,也可以去除附着在自然氧化膜上的金属氢氧化物。用 DHF 清洗时,自然氧化膜被腐蚀掉,而硅片表面的硅几乎不被损伤。

硅片经过 RCA-1 和 RCA-2 清洗后,由于双氧水的强氧化能力,在硅片表面也会生成一层氧化层。为了不对后续的工艺造成影响,这层氧化层必须在硅片清洗后使用 DHF 清洗加以去除。在去除氧化层的同时,还在硅片表面形成硅氢键,呈现疏水性(hydrophobic)。

3.2.4　超声/兆声清洗

频率高于人类听觉上限频率(约 20kHz)的声波称为超声波。超声清洗并不是一种单独存在的清洗方式,而是指在清洗液(如 RCA 清洗液或去离子水)中加入超声波,利用超声波的空化效应来进行清洗的技术[5]。超声清洗的原理如图 3.4 所示。当施加超声波(频率为 20～170kHz)且声强高于清洗液的空化阈值

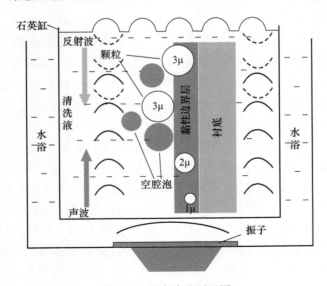

图 3.4　超声清洗原理图

时,液体内部会产生疏部和密部,疏部产生近乎真空的空腔泡,当空腔泡消失的瞬间,其附近便产生强大的局部压力,产生空化效应,使沾污杂质克服范德瓦耳斯(van der Waals)的吸引而脱离衬底,实现衬底表面颗粒的解吸。空化效应同时还能产生局部高温和高压,促进化学反应的发生。超声清洗的效果与超声条件(如温度、压力、超声频率、功率等)有关,而且提高超声波功率往往有利于清洗效果的提高。超声波由声源向液面传播时,在液体和气体的交界面会反射回来而形成驻波,驻波会导致液体空间的某些地方声压最小,而另外一些地方声压最大,造成清洗不均匀的现象。

　　空腔泡的大小与声波的频率有关。如图 3.5 所示,随着声波频率的提高,空化现象减弱,空腔泡的直径变小,空腔泡的清洗作用逐渐减弱,当声波频率上升到兆声段时,空腔泡的清洗作用逐渐被微冲流(acoustic streaming)所替代。

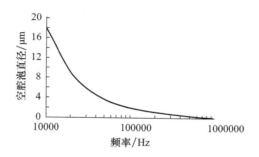

图 3.5　空腔泡直径和声波频率的关系

　　兆声清洗的原理如图 3.6 所示,其是将频率为 400～1000kHz 的高能声波施加到清洗液中的清洗技术。兆声清洗时,不形成大量超声波清洗那样的空腔泡,而主要以高速的流体波连续冲击硅片表面(微冲流),使硅片表面附着的污染物和微粒被强制除去并进入到清洗液中。不同于会产生驻波的超声波清洗,兆声清洗具有以下三个特点:

　　(1) 不会产生强烈的空化效应,不产生局部高温和局部高压,不会造成硅片表面损伤。

　　(2) 能高效率地除去吸附在硅片表面上小到 $0.15\mu m$ 的微小颗粒,而超声清洗则适合于去除直径大于 $0.2\mu m$ 的颗粒。

　　(3) 具有较强的方向性,兆声能量衰减比较快,不会产生驻波,硅片只有面向换能器、被兆声束直接辐射到的一边才能被清洗,而不像超声清洗中,只要浸入清洗液的部分都能得到清洗。

　　在声波清洗过程中,清洗液体会在声波的激励下快速流过被清洗衬底的表面。由于流体摩擦的影响,液体和衬底之间会产生一个液体薄层,薄层内液体的流速要远远小于清洗液本体的流速,此薄层称为黏性边界层(viscous boundary layer)。

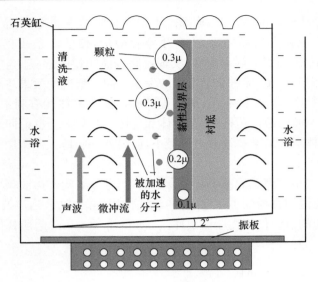

图 3.6　兆声清洗原理图

不同超声/兆声频率下,硅片与清洗液之间黏性边界层的厚度如图 3.7(a)所示。边界层厚度随着声波频率的增加而减小,而良好的清洗效果则需要边界层厚度小于需要去除颗粒的直径,以使得清洗液能够更加接近被清洗衬底,去除更小的颗粒。在不同的频率下,不同直径颗粒清洗后的去除效率如图 3.7(b)所示,可见低频的超声波对去除大直径颗粒比较有效,而高频的兆声则对去除小直径的颗粒比较有效。不同频率的声波与其适合去除颗粒直径的对应关系如表 3.5 所示。

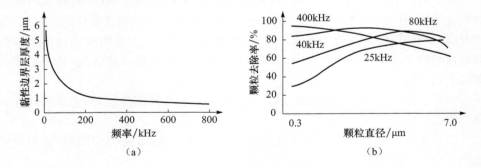

图 3.7　超声/兆声清洗效果与频率关系

表 3.5　声波频率与适合去除的颗粒直径

	类型	声波频率/kHz	黏性边界层厚度/μm	适合去除颗粒直径/μm
超声	喇叭式振子	25	3.5	大于5
		40	2.82	2~50

类型		声波频率/kHz	黏性边界层厚度/μm	适合去除颗粒直径/μm
超声	喇叭式振子	80	2.2	1～5
		120	1.75	0.5～3
		170	1.4	0.2～1.5
兆声	片式振子	400	0.89	0.2～0.8
		750	0.61	0.1～0.3
		950	0.43	0.1～0.3

3.2.5　其他清洗

随着半导体器件关键线宽的不断减小,已经衍生出如臭氧清洗等面向 0.13μm 以下线宽的新式清洗工艺,但 MEMS 器件的线宽多为亚微米到毫米量级,而传统的 SPM 清洗、RCA 清洗和 DHF 清洗等浸泡式清洗已经完全能够满足线宽为 0.25μm 以上的半导体工艺需求,故本书不再对其他清洗工艺进行介绍。

3.2.6　标准清洗流程

MEMS 制造清洗的一般思路是:首先去除硅片表面的有机沾污,因为有机物会遮盖部分硅片,形成憎水表面,从而使后续的清洗液无法接触硅片表面;然后去除自然氧化层,防止氧化层形成沾污陷阱;最后去除颗粒、金属等沾污,同时使硅片表面钝化。湿法清洗台(wet bench)是常用的清洗设备。典型的湿法清洗台一般包括以下清洗装备:

(1) SPM 槽。槽体为石英缸,采用外贴膜加热或氟塑加热,用于 SPM 清洗。

(2) RCA-1 槽。槽体为石英缸,采用外贴膜加热或氟塑加热,用于 RCA-1 清洗,根据清洗要求,可选装超声发生器。

(3) RCA-2 槽。槽体为石英缸,采用外贴膜加热或氟塑加热,用于 RCA-2 清洗。

(4) DHF 槽。槽体为 NPP 塑料缸,无加热装置,用于 DHF 清洗。

(5) QDR 槽。即快排冲水槽(quick dump rinse),槽体为 NPP 塑料缸,具有上喷淋、下注水和氮气鼓泡功能,在气动阀控制下,能够快注、快排,用于清洗后去除残留清洗液。

(6) 喷淋槽。槽体为 NPP 塑料缸,具有上喷淋功能,用于清洗后去除残留清洗液。

(7) 氮气枪。NPP 塑料材质,提供硅片表面吹扫用高纯氮气。

（8）水枪。NPP 塑料材质，提供槽外台面或其他物品冲洗用的去离子水。

在清洗槽中进行清洗时，硅片放置在硅片花篮中，单次可处理 25 片。标准清洗缸的容积约为 8000mL，以配置 SPM 清洗液为例，需 8 瓶 500mL 浓硫酸和 2 瓶 500mL 双氧水方可浸没标准花篮。花篮进入和离开清洗液需要通过提梁进行。如果施加超声或兆声，需要将盛放清洗液的石英缸放置在不锈钢容器中水浴，将超声/兆声施加在不锈钢容器中，以水溶液作为媒介，将声波传递到石英缸中。由于塑料容器对声波能量的衰减比较大，一般不能将硅片放置在塑料容器中施加超声/兆声。

图 3.8(a)是一台五槽清洗台。五个清洗槽位于靠近排风口的内侧，其中，三个是石英清洗缸，两个是 NPP 清洗缸。与五个清洗槽对应的是五个冲洗槽，位于靠近操作者的外侧，其中一个是 QDR 槽，四个是普通喷淋槽。图 3.8(b)是一个典型的 4 英寸硅片清洗花篮，花篮配有可快速装拆的提梁，方便在化学清洗液中取放花篮。

（a）五槽湿法清洗台　　　　　　　　　　　（b）硅片清洗花篮及提梁

图 3.8　湿法清洗设施

（图片来源于西北工业大学空天微纳教育部重点实验室）

完整的 MEMS 制造清洗流程如图 3.9 所示，可根据不同的后续工艺进行适当删减。

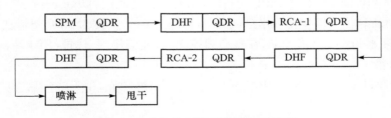

图 3.9　完整的 MEMS 制造清洗流程

　　具体的清洗步骤可根据清洗的目的在标准流程的基础上作出适当删减。例如,热氧化前清洗可省略 RCA-1 之后的 DHF 步骤;注入前清洗则可省略 RCA-1 和 RCA-2 之后的 DHF 步骤。

参 考 文 献

［1］　中国电力工程设计院. GB50073—2013. 洁净厂房设计规范. 北京:中国计划出版社,2013.

［2］　中国电子技术标准化研究院. GB/T 11446.1—1997. 电子级水. 北京:中国标准出版社, 2004.

［3］　鲜飞. 浅谈电子制造过程中的静电及静电防护. 电子工业专用设备,2008,6:52—57.

［4］　国营前锋无线电仪器厂,等. SJ/T 10533—1994. 电子设备制造防静电技术要求. 北京:电子工业出版社,1994.

［5］　鲍善惠,陈玲. 超声清洗的原理及最新进展. 陕西师范大学继续教育学报,2004,21:107—109.

第 4 章　图 形 转 移

4.1　引　　言

图形转移(pattern transfer)又叫图形传递,就是将结构设计从电脑中的 CAD 图案转移到块体或薄膜材料上成为真正的几何结构。一个微纳结构从我们头脑中的构想到转化为真正的物理存在,需要经过多次图形转移,可以说图形转移是每一次微纳加工的开始和关键,其质量好坏决定了整个微纳加工的成败。除了占据统治地位的光刻技术以外,还存在其他 7 种被称作软光刻的图形传递方法,本章将分别予以介绍。

4.2　光　刻　技　术

1965 年,也就是集成电路发明之后不久,美国人摩尔曾预言晶体管的集成密度将 18 个月增长一倍,后来他又将其修正为每隔两年翻一倍,这就是著名的摩尔定律。摩尔定律并非数学、物理定律,而是对半导体技术发展趋势的一种分析预测。如图 4.1 所示,在微处理器方面,从 1979 年的 8086 和 8088,到 1982 年的 80286,1985 年的 80386,1989 年的 80486,1993 年的 Pentium,1996 年的 PentiumPro,1997 年的 PentiumII,功能越来越强,每一次更新换代都是摩尔定律的直接结果。

由图 4.1 可以看出,摩尔定律成立的原动力实际上是光刻技术的发展,只有光刻技术不断取得突破,元器件的密度才会相应提高。因此,光刻工艺被认为是整个半导体工业的关键,也是摩尔定律问世的技术基础。如果没有光刻技术的进步,集成电路就不可能从微米进入深亚微米及纳米时代。

4.2.1　光刻基本原理

光刻是将制作在光刻掩膜上的图形转移到衬底的表面上。无论加工何种微器件,微加工工艺都可以分解成薄膜淀积、光刻和刻蚀这三个工艺步骤的一个或者多个循环,如图 4.2 所示。与半导体工艺相比,MEMS 制造对光刻技术的要求要相对简单。复杂集成电路的制造过程中需要经过数十次光刻,关键线宽为亚微米到数十纳米量级,而 MEMS 制造过程中一般只需要数次光刻,关键线宽也仅为微米到亚微米量级。尽管如此,光刻仍然在 MEMS 制造过程中位于首要地位,其图形分辨率、套刻精度、光刻胶侧壁形貌、光刻胶缺陷和光刻胶抗刻蚀能力等性能都直接影响到后续工艺的成败。

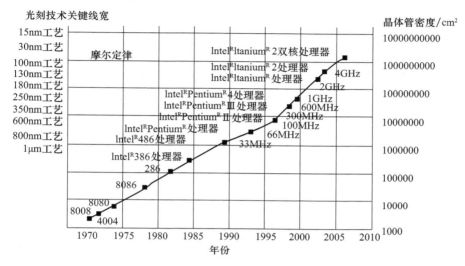

图 4.1　摩尔定律

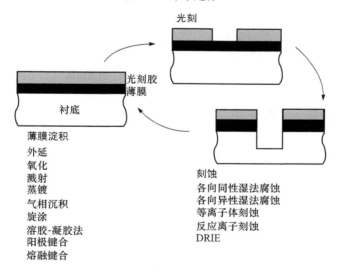

图 4.2　MEMS 制造工艺的基本组成

　　光刻的基本原理如图 4.3 所示。需要转移到衬底上的图形首先是制作在光刻掩膜版上的。光刻掩膜版以透明的石英或玻璃为本体,表面溅射或蒸镀一层不透光的铬金属,并根据所制备图形的需要将铬腐蚀形成对应的透光区。曝光时,在衬底表面涂覆光刻胶(光致抗蚀剂),将掩膜版覆盖在衬底上面,并使得有铬金属的一面朝下以减小衍射对图形传递准确度的影响。当紫外光透过掩膜版照射在光刻胶上时,正胶(positive)受到光照的部分化学性质改变,能够被碱性显影液所溶解,留下被铬金属所掩蔽的部分形成图形;而负胶(negative)则恰恰相反,受到照射的部分不容易被显影液所溶解,留下未被铬金属所掩蔽的部分形成图形。显影后,光刻掩膜版上的图形被传递到衬底的光刻胶上。具有图形的光刻胶在坚膜后具有一定的抗刻蚀性,可以用作湿法腐蚀或干法刻蚀的掩蔽层,将自身的图形再进一步传递到衬底或其他薄膜材料上。未坚膜的光刻胶可用于剥离(lift-off)工艺,即直接在光刻胶图形上溅射或蒸镀金属,再浸泡在适当的化学试剂(如正胶用丙酮)中将胶溶解。这样,附着在衬底上的金属被保留下来,而附着在光刻胶上的金属则随着光刻胶的溶解而与衬底脱离,衬底上就形成和光刻胶图形相反的金属图形。

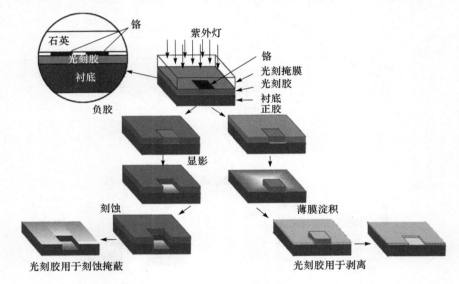

图 4.3　光刻基本原理

光刻分为脱水烘加打底膜(vapor prime)、涂胶(spin coat)、软烘(soft bake)、对准(alignment)、曝光(exposure)、中烘(post-exposure bake)、显影(develop)、坚膜(hard bake)和镜检(develop inspect)等多个步骤,如图 4.4 所示。为了避免颗粒污染光刻胶线条,微加工的光刻需要在 100 级洁净间环境下进行,并全程使用黄光照明以避免光刻胶失效。下面将对光刻的每个步骤进行详细介绍。

4.2.2　制版

微器件设计者首先使用计算机辅助设计软件(如 L-Edit 或 AutoCad)设计出微器件加工所需要的版图文件。通过计算机绘制的版图是一组复合图,是由分布在不同图层(layout)的图形叠合而成,而每一个图层则对应一张光刻掩膜版。制版的目的就是根据版图数据产生一套分层的光刻掩膜版,为光刻做准备。

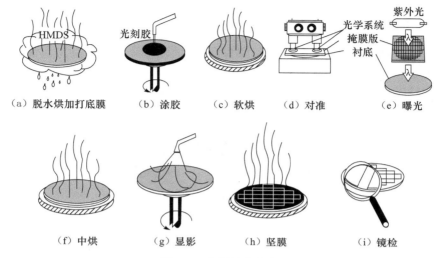

图 4.4　光刻基本流程

　　制版单位将版图数据进行矩形分割——将版图文件中各种图形实体都分割为图形发生器可识别的曝光矩形，称为 PG（pattern generator）数据。图形发生器将版图数据转移到掩膜版上（为涂有感光材料的优质玻璃板或石英板），并通过分步重复技术，产生具有一定行数和列数的重复图形阵列，形成最终的掩膜版。通常，MEMS 制造的一套掩膜版有一张到数张。MEMS 制造过程的复杂程度和制作周期在很大程度上与掩膜版的多少有关。

　　图 4.5 给出了版图图形的版图设计、制版和硅片在加工过程中不同的存在形态。图 4.5(a)是计算机中以数据文件形式存放的版图图形，制版单位根据版图文件制作出如图 4.5(b)所示的光刻掩膜版，然后使用此掩膜版，对淀积了氮化硅的硅片进行涂胶、光刻，并以光刻胶为刻蚀掩蔽层，使用反应离子刻蚀机对氮化硅进行刻蚀，结果如图 4.5(c)所示。

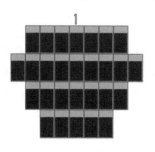

　（a）版图文件　　　　　　　　（b）光刻掩膜版　　　　　　　（c）硅片上的图形

图 4.5　版图图形的不同存在形态

（图片来源于西北工业大学空天微纳教育部重点实验室）

4.2.3　脱水烘

脱水烘通常伴随打底膜工艺,目的是为了增强衬底与光刻胶之间的黏附性。衬底表面的水汽会大大降低光刻胶的黏附性,如图 4.6 所示。如果不脱水,则光刻胶是和衬底表面的水膜接触,而不是和衬底接触,黏附效果就比较差。由于黏附效果差而在显影后产生的浮胶现象如图 4.7 所示。

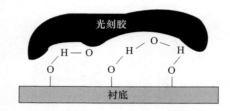

图 4.6　衬底表面有水汽时的涂胶效果示意图

（a）线条部分脱落发生漂移　　　　　（b）线条完全脱落

图 4.7　由于黏附性差而在显影后产生的浮胶现象

脱水烘可以通过热板、对流烘箱、真空烘箱或管式炉进行,时间一般为 30~60 分钟。以硅基衬底为例(单晶硅、多晶硅、二氧化硅和氮化硅),羟基(—OH)与硅原子之间结合成牢固的硅烷醇基(SiOH),温度为 100~200℃的脱水烘可以去除大部分水分,但无法破坏硅烷醇基;温度为 400℃的脱水烘能够破坏部分比较薄弱的硅烷醇基;而温度 600℃以上的脱水烘才能够完全去除表面的硅烷醇基水膜。脱水的过程是可逆的,脱水之后,如果长时间放置在潮湿环境中,衬底表面的水膜会重新形成,故脱水烘之后的冷却必须在真空或者干燥气体的保护下进行,并且在冷却完毕后立即进行后续的涂胶工艺。在热氧化工艺和 LP(V_1)等高温工艺完成之后,如果立即进行涂胶工艺,则可以省略脱水烘步骤。

采用温度 600℃以上的脱水烘可以实现较好的脱水效果,但较高的温度不仅需要大量的热预算,且可能引起 pn 结移位或引入 MIC,但脱水效果并不持久。为了降低脱水烘焙的温度并巩固脱水效果,可先采用较低的温度脱水烘,然后立即在衬底表面涂覆一层增黏剂,增黏剂可与硅烷醇基发生化学反应,利用与光刻胶具有良好黏附性的有机官能团(organic functional group)取代与光刻胶黏附性不好的羟基,实现脱水和增黏附的目的。涂覆增黏剂的过程称作打底膜工艺,微加工常用的增黏剂是六甲基二硅胺烷[HMDS,分子式为$(CH_3)_3SiNHSi(CH_3)_3$]。图 4.8演示了 HMDS 与硅片表面的硅烷醇基发生化学反应,利用有机官能团取代羟基,使硅衬底表面由亲水表面改性为憎水表面的过程。

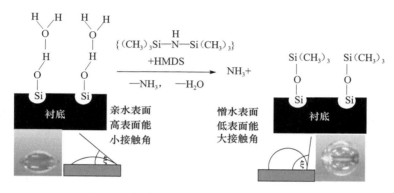

图 4.8　打底膜工艺对衬底表面的化学改性

可以采用浸泡法、旋涂法和蒸汽法三种方式使用 HMDS 对衬底进行增黏附处理。浸泡法得到的 HDMS 膜较厚,不易干燥,且比较浪费 HMDS;旋涂法打底通过涂胶机进行,比较容易与涂胶步骤集成并实现自动化;而蒸汽法则使用对流烘箱或真空烘箱进行,能够在脱水烘工艺之后马上进行,避免衬底在脱水烘后冷却的过程中重新吸附水汽。图 4.9 给出了采用对流烘箱和真空烘箱进行蒸汽打底的工作原理。

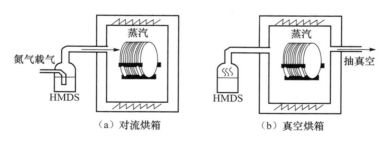

图 4.9　两种打底膜方法

4.2.4　涂胶

脱水烘完成后,硅片要立即采用旋涂法涂上光刻胶。涂胶时,硅片被固定在一个真空吸盘上,将一定数量的光刻胶滴在硅片的中心,然后硅片旋转得到一层均匀的光刻胶涂层，如图 4.10 所示。

涂胶时，转速的变化基本分为 4 个过程，如图 4.11 所示。

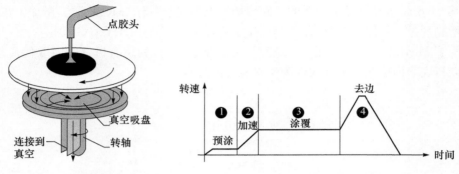

图 4.10　涂胶机结构原理　　　　　图 4.11　涂胶转速曲线

（1）预涂（spread）。预涂的目的是将光刻胶在硅片上匀开，其转速较低，一般在数百转/分钟（rpm）左右，在这个过程中，光刻胶中大约 65％～85％的溶剂挥发掉。

（2）加速（ramp）。通常在零点几秒的时间加速到数千转/分钟，多余的胶被甩离衬底，此步骤对于旋涂厚度的均匀性非常关键。

（3）涂覆（spin）。此过程形成干燥、均匀的光刻胶薄膜，其转速约数千转/分钟，时间为数十秒，转速决定最终的胶厚，时间决定残余溶剂的百分比含量，在涂覆步骤完成后，胶膜中大约还有 20％～30％的溶剂残留。

（4）去边。此步骤是可选的，去边的转速是涂覆时的数倍，在一定程度上消除边珠（edge bead）。边珠是指黏度较大的胶在旋涂过程中沿衬底边缘形成的厚度突然增加的一圈光刻胶。边珠附近光刻胶的厚度是正常厚度的 20～30 倍，可以通过合理设计旋涂程序，在衬底边缘倒角或旋涂结束时使用去边珠试剂来去除。

光刻胶数据表中的厚度-转速曲线所指的转速一般是指涂覆转速，其他如预涂转速、加速度和去边转速等需要结合具体的设备试验摸索。

一般，购买光刻胶所附带的数据表中会给出光刻胶的涂覆转速和厚度的关系曲线供使用者参考。国产正胶 BP212、BP218 和进口正胶 AZ1518[1]、AZ4620 的涂覆曲线如图 4.12 所示。在图 4.12 中，光刻胶型号后跟随的数字为胶的黏度，单位 cP① 表示动力黏度，单位 cSt② 则表示运动黏度。一般来说，在相同的转速下，黏度越高的胶，其涂覆所得到的胶膜厚度越大；对于同一种胶，涂覆转速提高，胶厚

---

① cP 为英文 centipoise 的缩写，动力黏度的单位，中文名称为厘泊，换算成国际单位为 10^{-3} Pa·s，为非法定计量单位，目前仍有部分光刻胶以此为单位来表示黏度。

② cSt 为英文 centistokes 的缩写，运动黏度单位，中文名称为厘斯，换算成国际单位为 mm²/s，其值为相同温度下液体的动力黏度与其密度之比。

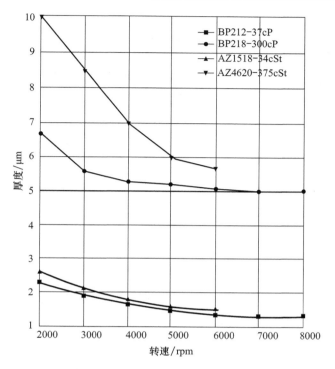

图 4.12 胶厚与涂覆转速的关系曲线

变小,但到一定程度之后,变小的幅度越来越小,直至与转速无关,涂覆转速降低,胶厚提高,但厚度均匀性变差,所以,不能无限降低转速来提高胶厚。

借助于涂覆曲线,可以根据所需要的胶厚确定涂覆转速,并通过一定的试验确定预涂转速、加速度和涂覆时间。本书给出了国产 BP212 和 BP218 系列正胶的涂胶参数(表 4.1),供读者参考。

表 4.1 国产 BP 系列的涂胶参数

步骤	预涂			涂覆			去边		
	加速度 /(rpm/s)	转速 /rpm	时间 /s	加速度 /(rpm/s)	转速 /rpm	时间 /s	加速度 /(rpm/s)	转速 /rpm	时间 /s
BP212	250	500	15	30000	4000	60	0	0	0
BP218	200	1000	10	30000	5000	90	30000	6000	5

涂胶过程中常见的缺陷如图 4.13 所示,每种缺陷的成因和可能的解决措施如下:

(1) 气泡(air bubbles)。滴胶时产生的气泡在涂胶后不能消散。滴胶应该将滴管吸满,防止滴胶时半空气/半胶的混合物形成气泡。

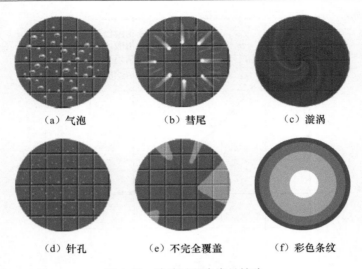

(a) 气泡　　　　　　　　(b) 彗尾　　　　　　　　(c) 漩涡

(d) 针孔　　　　　　(e) 不完全覆盖　　　　　　(f) 彩色条纹

图 4.13　涂胶过程中常见缺陷

(2) 彗尾(comets)。涂胶速度或加速度过高,涂胶罩(spinbowl)内的排气速率太快,滴胶和涂胶之间的时间间隔太长,或是涂胶前硅片上有厚度大于胶厚的颗粒。

(3) 漩涡(swirl)。涂胶罩内的排气量过大,涂胶速度或加速度过高。

(4) 针孔(pin holes)。胶中或硅片上有杂质。每次滴胶完毕后,避免将滴管上的余胶抹在胶瓶瓶口,以免其干燥脱落后在胶中形成杂质。

(5) 不完全覆盖(uncoated area)。滴胶量过少。

(6) 彩色条纹(striation)。光刻胶溶剂挥发速率沿硅片径向分布不均匀,造成光刻胶厚度在径向上不均匀分布,需要优化涂胶速度和加速度来改善。

相对于传统的半导体制造技术,MEMS 制造技术给光刻工艺带来高深宽比结构上涂胶的新挑战。在 MEMS 制造过程中,KOH 湿法腐蚀和 DRIE 会形成深度为几十微米到几百微米、具有陡直或倾斜侧壁的高深宽比结构。在此结构上涂胶时,如果采用旋涂的方式,高速旋转下所产生的离心力会在高深宽比结构突变处引起胶膜厚度分布不均。如图 4.14 所示,高深宽比结构是对(100)硅湿法腐蚀后,在(111)自停止面上形成的与水平面成 54.74°夹角的 V 形槽,当采用旋涂方式涂胶时,V 形槽斜坡底部的光刻胶很厚,而斜坡顶部则几乎没有光刻胶,这样的光刻胶在进行图形传递时是无法作为刻蚀掩蔽层的。为了解决高深宽比结构涂胶问题,MEMS 制造中引入了喷涂(喷雾涂胶)的方式进行涂胶。喷涂系统的实物图和原理图如图 4.15 所示。喷涂时,超声波喷嘴以振动产生平均直径 $20\mu m$ 的微小光刻胶液滴,均匀附着在低速旋转(50rpm 或 100rpm)的衬底上。低转速可以防止附着在衬底上的光刻胶在离心力的作用下流动而重新分布,不会在结构突变处产生堆积，从而在整个结构表面得到厚度均匀的光刻胶薄膜。

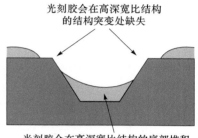

图 4.14　高深宽比结构旋涂涂胶时光刻胶在剖面上的分布情况[2]

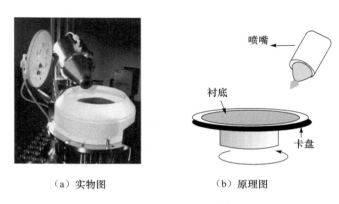

（a）实物图　　　　　　　　（b）原理图

图 4.15　喷涂系统[3]

使用喷涂工艺涂胶具有以下三个方面的优点：

（1）可以在高深宽比结构表面得到厚度均匀的胶膜。图 4.16 比较了高深宽比结构上分别采用旋涂和喷涂涂胶的不同效果，可以看出，采用喷涂方法后，斜坡

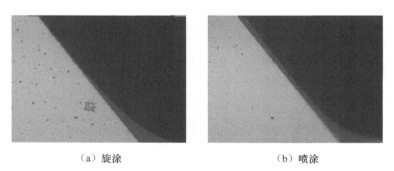

（a）旋涂　　　　　　　　　　　（b）喷涂

图 4.16　KOH 湿法腐蚀形成的高深宽比微结构侧壁上分别采用旋涂
和喷涂所得到的胶膜厚度均匀性对比[4]

上光刻胶的厚度均匀性得到明显提高。图 4.17 是在 KOH 刻蚀形成的 V 形深槽表面采用喷涂方式涂胶并光刻后得到的光刻胶图形。图 4.17（b）是在深度为 $200\mu m$ 的 V 形槽上制备的线宽为 $50\mu m$、间距为 $150\mu m$ 的光刻胶线条。

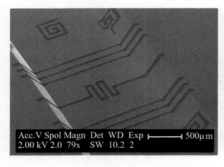 

（a）TU Delft DIMES 的喷涂光刻图形　　　（b）SUSS MicroTec 的喷涂光刻图形

图 4.17　采用喷涂方式涂胶在高深宽比结构表面光刻得到的图形

（2）可以节约光刻胶用量。使用表 4.2 所示的 AZ4562 旋涂胶和 AZ4823 喷涂胶各 1L，相应进行旋涂和喷涂，在给定的胶厚下所能生产的衬底数如图 4.18 所示，可以看出，1L AZ4823 喷涂胶所能完成的涂胶片数是 1L AZ4562 旋涂胶的三倍，即采用喷涂法涂胶需要的胶量更小、更经济。因为 AZ4562 旋涂胶的黏度比较大，为使用喷涂法对此胶进行涂覆，使用 MEK（丁酮）溶剂对 AZ4823 进行稀释，使其黏度下降到喷涂所能接受的范围后（小于 20cSt）实施喷涂，结果显示，1L AZ4562 稀释后所能喷涂的片数也大于其稀释前的旋涂片数。

表 4.2　光刻胶性能参数

光刻胶名称	黏度（25℃）/cSt	固态物含量/%	原本溶剂	稀释溶剂
AZ4823	5	15	PGMEA	
AZ4562	440	39.5	PGMEA	
AZ4562-MEK	<20	5~15	PGMEA	MEK

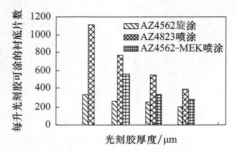

图 4.18　喷涂法和旋涂法涂胶所消耗的胶量对比

（3）无需真空吸盘固定衬底。因为喷涂时衬底的转速很低（50rpm 或 100rpm），不需要将衬底像旋涂那样通过真空吸盘固定，能够在具有通孔的衬底上涂胶。同时，由于转速低，也可以在不规则的衬底上涂胶，而不必担心不对称结构会在高速旋转下剧烈震动而破碎。

4.2.5　软烘

软烘能将光刻胶中的溶剂含量由 20%～30% 降低到 4%～7%，光刻胶的厚度会减少 10%～25%。软烘温度和时间的控制不但会影响光刻胶的固化，更会影响光刻胶曝光及显影的结果。烘烤不够时，除了光刻胶黏附性较差以外，曝光的精确度也会因为溶剂含量过高使光刻胶对光不敏感而变差。太高的溶剂浓度将使得显影液对曝光与未曝光的光刻胶选择性下降，致使曝光的区域不能在显影时完全去除，如图 4.19 所示。烘烤过度时，则会使光刻胶变脆而使黏附性降低，同时会使部分感光剂发生反应，使光刻胶在曝光时对光的敏感度变差，并使得显影延长甚至变得较为困难。

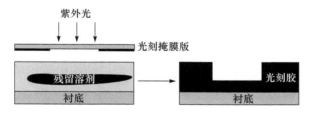

图 4.19　软烘不足引起的显影不彻底

软烘的作用如下：①将光刻胶的溶剂去除；②增强光刻胶的黏附性以防止在显影的时候脱落；③缓和在光刻胶旋涂过程中产生的内应力，并使光刻胶回流平坦化；④防止光刻胶粘到光刻机或光刻版上（保持器械洁净）。

如果不经过软烘直接曝光，则容易出现以下问题：①光刻胶发黏而易受颗粒污染；②旋涂造成的内应力导致黏附力差；③溶剂含量过高导致显影时的溶解差异不明显，很难区分曝光和未曝光的光刻胶；④光刻胶散发的气体可能会玷污光学系统透镜。

软烘可以采用热板或对流烘箱进行。热板软烘的温度通常为 80～90℃，时间一般为 1 分钟。热量自下向上传导，更加彻底地挥发胶膜内溶剂，需时更少，更利于实现自动化。图 4.20 给出使用热板进行软烘时的三种不同接触方式：

（1）软接触（soft contact）。靠重力将衬底落在热板上，传热不均匀，适合于比较平整的衬底。

（2）硬接触（hard contact）。靠真空吸附力将衬底吸附在热板上，传热均匀，适合于比较平整的衬底。

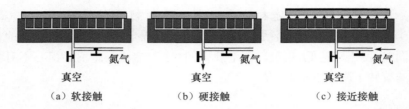

（a）软接触	（b）硬接触	（c）接近接触

图 4.20　热板软烘时三种不同的接触方式

（3）接近接触（proximity）。使用氮气将衬底托起到距离热板 $25\sim100\mu m$ 的高度,适合于不平整衬底、背面有图形的衬底或厚胶需要缓慢加热的软烘。

对流烘箱软烘温度为 $90\sim100℃$,时间要数分钟到数十分钟。采用对流烘箱软烘时,表层光刻胶的溶剂先挥发,会在胶膜表面形成一层硬膜,导致内部的溶剂不易逸出,故必须缓慢加热以免挥发不出的溶剂形成气泡并破裂。由于对流烘箱内存在温度梯度,加热均匀性较差,现在已经较少采用它作为软烘的设备。

4.2.6　对准

大部分的微器件都比较复杂,包含多层结构或需要进行键合和双面刻蚀,这就必然需要使用多张光刻掩膜版进行多次光刻。后步光刻的掩膜版必须与衬底上已经由前步工艺形成的图形精确对准,才能保证多层结构很准确地套刻在一起形成预期结构。

合理设计的对准标记是实现精确对准的关键。在介绍对准标记之前,首先来了解一下明场版、暗场版和阳版、阴版的概念。如图 4.21 所示,当所制作的光刻掩膜版大面积不透光时,称该版为暗场版,当大面积透光时,称该版为明场版。当在计算机上使用 L-Edit 软件绘制图形的区域为所制光刻掩膜版上的不透光区域时,称该版为阳版,当绘制图形的区域为所制光刻掩膜版上的透光区域时,称该版为阴版。简单来说,暗场版和明场版是由版上透明区域和不透光区域的面积对比定义的,透光面积大于 50% 的称为明场版,反之则为暗场版;阳版和阴版则是由版图设计软件中所绘制图形与最终光刻掩膜版上图形的对应关系决定的,如果绘制为不

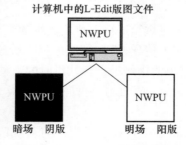

图 4.21　暗场版、明场版、阳版和阴版的定义示意图

透光区域的地方制成光刻版也为不透光,为阳版,反之则为阴版。

因为光刻时是掩膜版在上、衬底在下,故设计对准标记的原则就是透过掩膜版上的对准标记看到衬底上的对准标记。图 4.22 给出了一个需要进行 3 次光刻的工艺中 3 张掩膜版上对准标记的大小和相对位置示例。在衬底上首次进行光刻的时候,因为衬底上还没有任何图形,此时不需要对准,只需要借助于衬底上的主参考面和光刻机衬底托盘上的 3 个定位销将衬底放置在固定位置即可(图 4.23)。首次光刻时使用的 1♯掩膜版为阳版,光刻后进行干法刻蚀或湿法腐蚀之后会在衬底上留下两个小十字,为后面的两次光刻提供对准基准。2♯掩膜版和 3♯掩膜版皆为阴版(即有图形的地方为透光区),在制成的掩膜版上会形成透光的大十字,透过这些大十字,可以看到衬底上由 1♯掩膜版生成的小十字,从而实施对准。

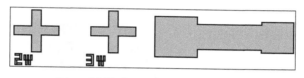

(a) 1#光刻掩膜版上对准标记及微结构版图

(b) 2#光刻掩膜版上对准标记及微结构版图

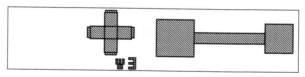

(c) 3#光刻掩膜版上对准标记及微结构版图

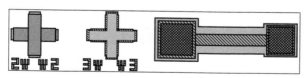

(d) 三层版图图形文件叠加显示的效果

图 4.22 一个 3 次光刻工艺中 3 张掩膜版上的对准标记和微结构版图

单面对准是通过光刻机上的顶视显微镜实现的,原理如图 4.24 所示。光刻机的顶视显微镜是双视场显微镜,两个镜筒相距 70mm,可以在小范围内调节。对准时,将光刻掩膜版和衬底前后分别放入掩膜版托盘和衬底托盘中。由于衬底和光刻版上的每个微结构单元中都有一组对准标记(图 4.23),通过适当调节顶视显微

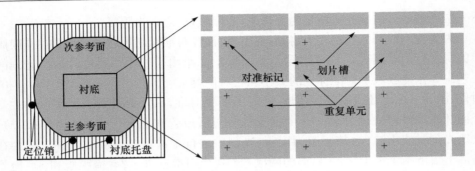

图 4.23　衬底托盘上的 3 个定位销

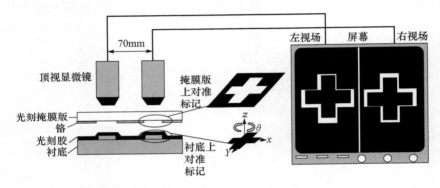

图 4.24　单面光刻对准原理示意图

镜两个镜筒的间距,可以在两个视场中同时看到两个不同单元上的对准标记。首先旋转掩膜版托盘,将掩膜版上两个不同单元内的对准标记调整到一条水平线上,再通过旋转、左右平移和上下平移衬底托盘的位置,实现衬底上对准标记和掩膜版上对准标记的对准。

　　在某些微器件的加工过程中,需要在衬底的正反两面都制备微结构,这就需要用到双面对准工艺。与单面对准不同的是,双面对准需要分为两步进行,且只需用到底视显微镜。双面对准第一步的原理示意图如图 4.25 所示。首先将光刻掩膜版放入掩膜版托盘,调节两个底视 CCD 的位置,保证两个 CCD 的视场中同时看到光刻版上两个不同单元内的对准标记,并通过旋转掩膜版托盘,将掩膜版上两个不同单元内的对准标记调整到一条水平线上,将此时两个 CCD 所拍摄内容保存为静态图像显示在屏幕上。双面对准的第二步原理示意图如图 4.26 所示。将衬底已经做过结构的一面朝下,放入衬底托盘。此时,通过底视 CCD 可以看到衬底上的对准标记,通过旋转、左右平移和上下平移衬底托盘的位置,可以在显示屏上实现衬底上对准标记和掩膜版对准标记静态图像的对准,并对衬底的另外一面进行光刻。双面对准与单面对准最大的不同是:双面对准是衬底上对准标记实物和掩膜版上对准标记图像的对准,只能在显示屏上进行;而单面对准则是底上对准标记实物和掩膜版上对准标记实物的对准,既可以通过显示屏进行,也可以通过顶视显微镜目镜进行。

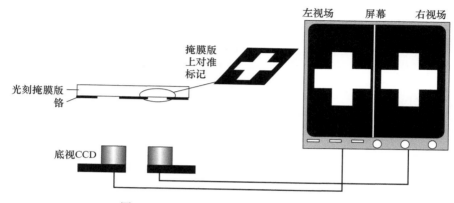

图 4.25 双面光刻对准第一步原理示意图

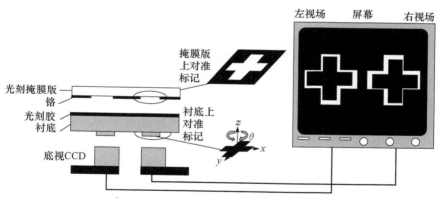

图 4.26 双面光刻对准第二步原理示意图

4.2.7 曝光

完成光刻掩膜版和衬底的对准之后,一般使用紫外灯作为曝光源,当光线经过掩膜版照射到光刻胶上时,使光刻胶未被掩膜版所遮蔽部分的感光剂产生高分子聚合(负胶)或分解(正胶),达到图形转移的目的。20 世纪 70 年代中期以前,负胶一直在光刻工艺中占主导地位。虽然负胶的黏附力强且曝光速度快,但其容易产生针孔缺陷,需要使用污染环境的有机显影剂,故到 20 世纪 80 年代,具有更好的台阶覆盖性且使用水溶性显影剂的正胶得到广泛应用并替代负胶。由于微器件的关键线宽都在微米级,故微加工对光刻胶分辨率的要求要远低于微电子工艺,其常用正胶和负胶的性能对比如表 4.3 所示。

表 4.3　微加工常用正、负光刻胶性能对比

性能	正胶	负胶
黏附力	一般	优良
显影剂	水溶性	有机
分辨率	$0.5\mu m$	$2\mu m$
台阶保形覆盖	好	差
抗干法刻蚀能力	优良	一般
抗湿法腐蚀能力	一般	优良
对微尘颗粒的敏感度	不敏感	易造成针孔
热稳定性	优良	一般
曝光速度	慢	快
能否用于剥离工艺	适合	不适合
显影后残留	少见	常见

正胶通常分为 DQN 和 PMMA 两类。DQN 属于双成分正胶,分别为重氮萘醌(DQ)和酚醛树脂(N)。因为溶剂和其他添加物只改变胶的黏度和物理形态,并不与胶的感光反应发生直接关系,所以,它们不计入胶的成分。在 DQN 正胶中,重氮萘醌为感光剂,酚醛树脂为基体材料。酚醛树脂是碱性可溶物,但当胶中重氮萘醌的重量比为 20%～50% 时,会抑制酚醛树脂的溶解。未经曝光之前,重氮萘醌不溶于显影剂,同时也会阻止酚醛树脂溶解。在曝光过程中,重氮萘醌发生光化学反应,成为乙烯酮,而化学性质不稳定的乙烯酮会进一步水解为羧酸,羧酸在碱性溶剂中的溶解度是未感光重氮萘醌的 10 倍以上,同时还能促进酚醛树脂溶解,从而实现感光/未感光光刻胶对碱性溶液的不同溶解度,完成图形转移。DQN 正胶在曝光过程中发生的化学反应如图 4.27(a)所示。DQN 正胶的光吸收区间为 400nm 左右,是一种典型的近紫外正胶,365nm、405nm 和 436nm 波长的曝光宜使用 DQN 正胶。DQN 正胶的优点在于其未曝光区域能够很好地抵制显影液,精确控制线条的宽度和形状。此外,由于酚醛树脂抵抗化学侵蚀的能力较强,DQN 正胶也是干法刻蚀中优良的刻蚀掩蔽材料。

PMMA 中文名称为聚甲基丙烯酸甲酯,第 2 章已经介绍过,它除了可以作为 MEMS 的结构材料以外,还是一种单成分正胶,其中的树脂成分既为基体材料,又为感光剂,但感光反应非常缓慢。PMMA 在深紫外光照下,聚合物结合链断开,易溶解;其对波长 220nm 的光最为敏感,而对波长高于 240nm 的光完全不敏感。PMMA 要求曝光剂量大于 $250mJ/cm^2$,初期的深紫外曝光时间要求 10 分钟。通过添加光敏剂,如 t-丁基苯酸,PMMA 的紫外光谱吸收率增加,可获得 $150mJ/cm^2$

（a）正胶

（b）负胶

图 4.27 光刻胶曝光化学过程的示意图

的灵敏度。PMMA 常用于电子束光刻，也用于离子束光刻和 X 射线光刻；其抵制
干法刻蚀的能力比较差，用作刻蚀掩蔽层时，选择比较差。同时，PMMA 的分解产
物还会在等离子环境中产生残留物淀积在衬底表面。

负胶的优点是与衬底的黏附性能，机械性能和抵抗化学腐蚀的性能都比较好，
但去胶困难，需要使用有机显影剂，显影的过程中容易发生膨胀，无法精确控制线
条尺寸，只适合于关键线宽 $2\mu m$ 以上的场合。负胶的类型比较多，以环化橡
胶——双叠氮型紫外负型光刻胶为例，该系列负胶以带双键基团的环化橡胶为成
膜树脂，以含两个叠氮基团的化合物作为交联剂。在紫外线照射下，叠氮基团分解
形成氮宾，氮宾在树脂分子骨架上吸收氢而产生碳自由基，使不同成膜树脂分子间
产生"桥"而交联。负胶曝光化学过程的示意图如图 4.27(b)所示。

微加工中用到的一种特别的负胶是 SU-8 胶[5,6]。SU-8 胶的黏度非常大，其涂
覆厚度范围非常宽广，最小可到 $1\mu m$，最大则可到 2mm；它的敏感波长为 365nm，在
紫外波段的穿透性很好，可以用来制作深宽比高达 25、厚度高达数百微米并具有垂
直侧壁的微结构。SU-8 胶具备良好的机械性能，可以直接替代硅基材料制备微结
构[5]。直接采用 SU-8 胶作为结构材料制备的两种微结构如图 4.28 所示。

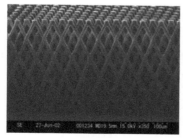

（a）微过滤网[6]

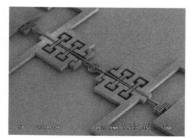

（b）微光开关（图片来源于国立台湾
师范大学机电科技学系）

图 4.28 使用 SU-8 胶制备的微结构

按照曝光过程中光刻掩膜版和衬底之间的距离关系和缩放比例,曝光可以划分为如图 4.29 所示的三种方式,其定义和优缺点如下:

(1) 接触式(contact)曝光。光刻掩膜版和光刻胶直接接触,光刻掩膜版和衬底上的图形为 1∶1 转移,优点是系统简单,价格便宜,分辨率高,缺点是光刻掩膜版容易被光刻胶沾污,缺陷密度比较高。

(2) 接近式(proximity)曝光。光刻掩膜版与光刻胶之间有数微米的距离,优点是不会损伤掩膜版,缺点是分辨率低,无法得到数微米以下的线宽(X 光系统除外)。

(3) 投影式(projection)曝光。以投射方式将光刻掩膜版上图形转移到衬底上,掩膜版上的图形要比衬底上的大,通常有 5 倍和 10 倍两种缩放倍数的光路设计,分辨率介于接触式和接近式之间,优点是掩膜版的制造成本低,无掩膜版损伤,缺陷密度低,缺点是设备造价昂贵(高达数百万美元),通常配置有步进系统,完成整个衬底曝光所花费的时间较长。

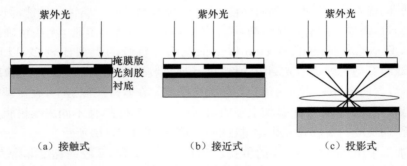

图 4.29　三种曝光方式

如图 4.30 所示,当掩膜版和衬底之间有一定间隙时,由于衍射的影响,紫外光透过掩膜版之后会在光刻胶上形成一个衍射斑,使得曝光能量超越掩膜版所限定的区域分散到更大的面积上去,降低极限分辨率。对于接触式曝光机,由于光刻胶上颗粒沾污、涂胶时产生的边珠和衬底初始弯曲变形等因素的影响,掩膜版和光刻胶也不能实现完美的紧密接触,仍然有可能存在一定的间隙。对于接触式和接近式曝光,其理论极限分辨率和曝光波长 λ、掩膜版/衬底间距 s 和光刻胶厚度 t 的关系可以表示为

$$w = \frac{3}{2}\left[\lambda(s+0.5t)\right]^{1/2} \tag{4.1}$$

由公式(4.1)可见,曝光光源的波长越短,掩膜版/衬底间的距离越小,光刻胶的厚度越小,接触式和接近式曝光的理论极限分辨率越高。常用的曝光波长及其光源如表 4.4 所示。

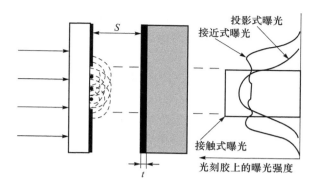

图 4.30 三种曝光方式下光刻胶上的曝光强度分布

表 4.4 常用曝光波长及其光源

紫外波长/nm	名称	光源	目标分辨率/μm
436	G 线	汞灯	>0.5
405	H 线	汞灯	0.35~0.5
365	I 线	汞灯	0.25~0.35
248	深紫外(DUV)	KrF 准分子激光	0.15~0.25
193	深紫外(DUV)	ArF 准分子激光	0.13~0.18
157	真空紫外(VUV)	F₂ 准分子激光	0.1~0.13

除了分辨率外,光刻胶另外一个重要曝光指标是对比度。对比度是指光刻胶从曝光区到非曝光区过渡的陡度。对比度越好,形成图形的侧壁越陡直,分辨率越好。在如图 4.31 所示的光刻胶曝光曲线中,D_0 和 D_r 的值越接近,曝光曲线就越陡直,图形转移越准确。

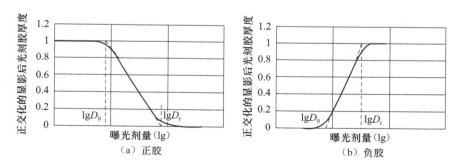

图 4.31 光刻胶的曝光曲线

光刻胶对比度由以下公式定义:

$$\gamma = \frac{1}{\lg(D_r/D_0)} \tag{4.2}$$

　　对比度实际上就是曝光曲线直线部分的斜率，对比度越大，曝光曲线就越陡直。一般来说，正胶的对比度为 3～10，负胶的对比度为 1～3。

　　由于曝光曲线不可能完全陡直，所以，正胶和负胶曝光并显影后所得到的侧壁也不完全陡直，正胶会得到倒梯形（或称为倒八字形）的侧壁形貌，而负胶则会得到正梯形（或称为正八字形）的侧壁形貌，如图 4.32 所示。光刻胶的侧壁形貌对曝光剂量比较敏感，额定的曝光剂量一般在光刻胶的数据表上给出（单位：mJ/cm²），曝光时需要根据光刻机汞灯光源的光强（单位：mW/cm²）和额定曝光剂量计算所需要的曝光时间。图 4.33 给出了 Shipley 1822 正胶在表 4.5 所示的涂胶、软烘和显

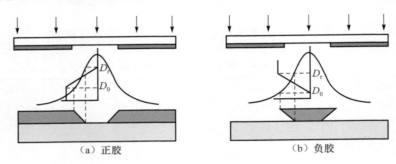

（a）正胶　　　　　　　　　　　　　　　（b）负胶

图 4.32　光刻胶曝光并显影后的侧壁形貌

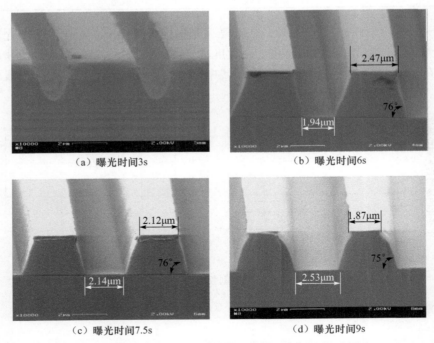

（a）曝光时间3s　　　　　　　　　　　　（b）曝光时间6s

（c）曝光时间7.5s　　　　　　　　　　　（d）曝光时间9s

图 4.33　曝光时间对 Shipley 1822 正胶侧壁形貌的影响（胶厚为 3μm）

影条件下采用不同曝光剂量所得到的侧壁形貌。从图 4.33 可以看出,最佳曝光时间是 6s,而过曝光和欠曝光都无法得到良好的线条。

表 4.5　Shipley 1822 正胶的光刻条件

光刻胶名称	旋涂转速/rpm	旋涂时间/s	软烘温度/℃	软烘时间/s	曝光光强/(mW/cm²)	显影液	显影时间/s
Shipley 1822	4000	40	115	180	25	CD-30	60

4.2.8　中烘

中烘即是曝光后烘烤,是在曝光和显影之间进行的烘烤,其温度一般略高于软烘,时间大约需要 1 分钟(热板)。中烘的目的主要是消除驻波[7],但不是每一种光刻胶都必须有的步骤。驻波现象是光刻中反射和干涉作用的结果。驻波形成的机理如图 4.34 所示,入射光照到光刻胶并通过光刻胶层后被衬底反射,反射光和入射光之间发生干涉,在波峰叠加处,光刻胶过曝光,而在波谷叠加处,光刻胶欠曝光,光刻胶侧壁由过曝光和欠曝光而形成条纹。驻波降低了光刻胶成像分辨率,在某些光刻胶的光刻中需要进行控制。除了在显影后进行中烘以减少光刻胶驻波条纹的宽度以外,使用抗反射涂层(anti reflection coating, ARC)直接涂于衬底的表面也可减小光刻胶的驻波效应。图 4.35 给出了 Shipley 1813 光刻胶曝光后无中烘和有中烘时光刻胶的侧壁形貌。

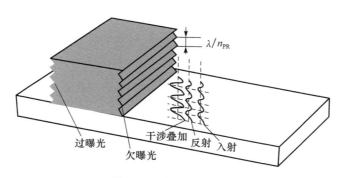

图 4.34　驻波形成机理

4.2.9　显影

显影就是用化学显影液溶解掉由曝光造成的光刻胶的可溶解区域,主要目的是把掩膜版图形准确复制到光刻胶中。由于显影液对光刻胶有溶解作用(特别是对正胶),必须控制好显影时间,即最好控制在 1 分钟以内。为了避免曝光后的光刻胶因为其他副反应而改变化学结构,曝光后应尽快进行显影。

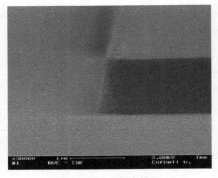

　　　（a）无中烘　　　　　　　　（b）115℃热板中烘60s

图 4.35　中烘对消除驻波的作用[8]

　　正胶和负胶使用不同的显影液和显影后清洗,分别为:

　　（1）正胶显影液一般是碱性溶液,如 TMAH、NaOH 和 KOH,显影完成后用去离子水冲洗 5 分钟左右。

　　（2）负胶显影液一般是有机溶剂(如二甲苯),显影完成后必须采用有机溶剂进行冲洗(如乙醇),切忌不能用水冲洗。

　　显影一般采用以下两种方式进行:

　　（1）浸没式。将一花篮硅片浸没在显影液中,不适合高密度集成电路制作。

　　（2）喷雾式。用喷雾显影设备将显影液连续喷淋到旋转的单片衬底上(固定在真空吸片台上)。

　　控制显影的主要条件是显影剂浓度、显影剂温度和显影时间。显影过程中经常出现的问题如图 4.36 所示。

　　　　显影不足　　不完全显影　　正常显影　　过显影

图 4.36　光刻胶显影过程中存在的问题

　　（1）显影不足。线条比正常线条宽且侧面有斜坡,可能是由于曝光不足、显影时间或显影液浓度不够引起。

　　（2）不完全显影。在衬底上留下了应该显影掉的剩余光刻胶,可能是由于软烘不足、曝光不足、显影液浓度或显影时间不够引起的。

　　（3）过显影。除去了太多的光刻胶,引起图形变窄和图形残缺,可能是由于过曝光、显影液浓度或显影时间过高引起的。

4.2.10　坚膜

坚膜是为了进一步去除光刻胶溶剂和消除显影和显影后喷淋引入到胶中的水分,增加黏附力和增强对酸和等离子的抵抗能力,并引起光刻胶回流,使边缘平滑,减少缺陷。为使光刻胶容易去除,用于剥离工艺中的光刻胶不需要进行坚膜。坚膜的温度要略高于软烘温度,在使用热板进行坚膜时,正胶的坚膜温度一般为110～130℃,负胶的坚膜温度一般为130～150℃,时间一般为60～90s。在坚膜过程中,光刻胶会变软并发生流动,从而造成光刻图形变形,故坚膜的温度和时间需要进行严格地控制。

4.2.11　镜检

镜检通常是光学显微镜对光刻的对准精度、线条的关键线宽和线条的完整性进行检查。镜检中发现问题的衬底不会进入下一步的金属溅射或干、湿法刻蚀等工艺,可以避免不必要的材料和工时浪费。为便于检查关键线宽,在设计微器件版图时,应在对准标记附近设立胖瘦标记,如图 4.37 所示,胖瘦标记由 5 个矩形排布成字母“W”的形状,矩形的宽度应设计成器件的关键线宽大小(大多数微器件为5～10μm)。在进行镜检时,在1000X 的光学显微镜下(目镜10X,物镜100X),显微镜标尺的一个刻度对应 1μm,通过显微镜标尺的读数可以直接测量出实际胖瘦标记的宽度,从而确定是否存在线宽损失。

胖瘦标记

图 4.37　胖瘦标记版图

4.2.12　去胶

光刻将图形由光刻掩膜版转移到光刻胶上,再由光刻胶作为掩蔽层,经过干法刻蚀、湿法腐蚀、金属剥离或注入等后续工艺,将图形转移到衬底上,如图 4.38 所示。

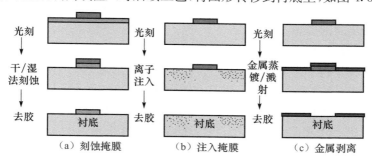

图 4.38　光刻胶作为图形转移媒介的三种作用

在后续工艺之后，为了进行新一轮的图形传递，需要将光刻胶去除以为下一次光刻作准备。去除光刻胶的方法有湿法和干法两种：

（1）湿法去胶。分为有机和无机两种：①有机溶剂主要利用丙酮或芳香族溶剂破坏光刻胶结构，使其溶解在有机溶剂中，对未坚膜的光刻胶比较有效；②无机溶剂（如 SPM 清洗液）靠浓硫酸将光刻胶脱水碳化，靠双氧水将碳化后的产物氧化为二氧化碳。

（2）干法去胶。干法去胶（也叫灰化，plasma ashing）主要应用于关键线宽小于 $1\mu m$ 的工艺中，其使用等离子去胶机产生的氧等离子与光刻胶里的碳氢化合物反应生成一氧化碳、二氧化碳和水，并由真空系统抽离反应室而去胶。干法去胶的优点是不需要使用化学试剂，对金属无腐蚀，缺点是离子带有一定能量，可能会造成衬底的晶格损伤，降低电学性能。

为了避免干法去胶生成的聚合物颗粒残留在衬底上，使去胶效果更彻底，通常将干法和湿法去胶组合使用。除了通用的湿法去胶方法外，光刻胶厂商针对正胶和负胶都有对应的去胶液进行去胶，一般来说，正胶比较容易去除，可以采用 SPM清洗液进行去胶，而负胶比较难以去除，最好使用厂商专用的去胶液进行去胶。

4.3　剥　　离

如果需要在衬底上制备金属图形，常规的方法是先溅射或蒸镀金属薄膜，再在金属薄膜上涂胶并光刻，并以光刻胶为掩蔽层，对金属进行湿法或干法刻蚀。但是，相当一部分金属很难进行刻蚀，或者只能进行湿法腐蚀而无法准确得到细微的线条，特别是在制备金属电极时，需要对多层金属形成的复合膜图形化，此时使用常规方法就需要多次光刻并使用不同的腐蚀液多次腐蚀，很不方便。剥离工艺即是首先在衬底上涂胶并光刻，然后再制备金属薄膜，在有光刻胶的地方，金属薄膜形成在光刻胶上，而没有光刻胶的地方，金属薄膜就直接形成在衬底上。当使用溶剂去除衬底上的光刻胶时，不需要的金属就随着光刻胶的溶解而脱落在溶剂中，而直接形成在衬底上的金属部分则保留下来形成图形。剥离通常用于于铂、金、硅化物和难熔金属的图形化。

为了实现良好的金属剥离，金属膜厚不能超过胶厚的 2/3[9]，同时，光刻窗口的剖面必须整齐且形成下宽上窄的正八字图形，如图 4.39（c）所示，其目的为：人为设置沉积膜时的"死角"造成金属膜在图形边缘过渡区的不连续性，使得剥离液能够很容易地渗透到光刻胶，顺利完成剥离。为便于使用有机溶剂进行剥离，通常使用正胶进行剥离工艺。但是，正胶的曝光曲线决定其只能形成 75°～85° 的倒八字或接近垂直的侧壁，如图 4.39（a）、（b）所示，使得金属溅射或蒸镀时，淀积在光刻胶上的金属和淀积在衬底上的金属会形成连续的薄膜，导致剥离时有机溶剂无法接触并溶解光刻胶[图 4.39(a)]或在金属的边缘发生撕裂而产生毛刺[图 4.39(b)]。

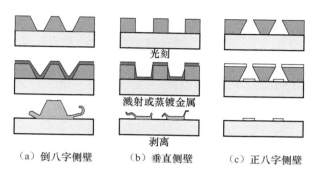

图 4.39 光刻胶侧壁形貌对剥离效果的影响

为使正胶形成正八字侧壁形貌,剥离工艺中一般采用单层胶氯苯处理法、双层胶法和图形反转胶法等三类方法,本节将分别予以介绍。

4.3.1 单层胶氯苯处理法

单层胶氯苯处理法是指在正胶曝光前或曝光后(但一定在显影之前)将衬底放在氯苯或甲苯中浸泡 5~15 分钟,氯苯或甲苯扩散入光刻胶的上层,使得光刻胶上层强化,在显影液中的溶解速度下降,而下层没有强化,其在显影液中的溶解速度相对较快,从而在显影过程中在光刻胶侧壁上形成底切,实现八字形结构,整个工艺流程如图 4.40 所示。由于氯苯有毒,单层胶氯苯处理法现在已经不再被广泛采用了。

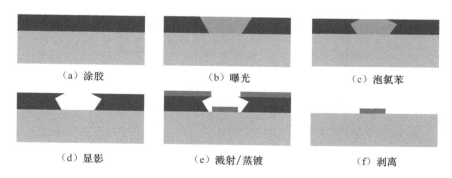

图 4.40 单层胶氯苯处理剥离工艺流程

4.3.2 双层胶法

双层胶法是指在涂光刻胶前,先在基底上涂一层对紫外不光敏又可以被碱性溶液腐蚀的聚合物薄膜(如专门为双层胶法剥离设计的 Shipley LOL1000 或 Shipley LOL2000)。当显影时,由于碱性溶液对这层薄膜的腐蚀,光刻胶根部发生底切而形成 T 形侧壁,有利于剥离的进行。双层胶法的剥离流程如图 4.41 所示。

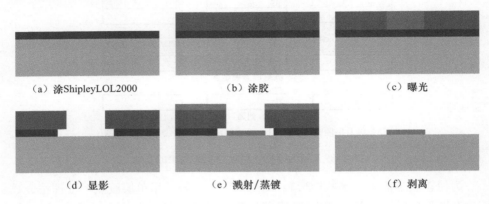

(a) 涂ShipleyLOL2000　　　　(b) 涂胶　　　　(c) 曝光

(d) 显影　　　　(e) 溅射/蒸镀　　　　(f) 剥离

图 4.41　双层胶剥离工艺流程

Shipley LOL1000 和 Shipley LOL2000 的作用相当于牺牲层,其旋涂的厚度和软烘温度、时间对其在碱性溶液中溶解速度的影响如图 4.42 所示[10]。采用 Shipley LOL1000 辅助光刻胶制备的 T 形光刻胶侧壁如图 4.43 所示。

4.3.3　图形反转胶法

图形反转胶是一种特殊的正胶(如 AZ5214E 光刻胶),由于其反转特性,它既可以当做普通正胶来使用(不进行反转烘),又可以当做负特性胶来使用(进行反转烘)。图形反转胶作用的原理来源其内部一种特别的交连剂成分,这种交连剂在曝光后,如果其烘烤温度超过 110℃ 就会起作用,将原本曝光后能够溶于显影剂的

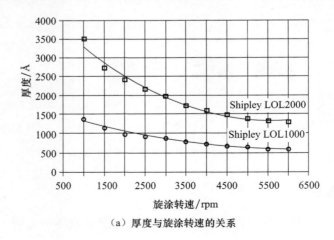

(a) 厚度与旋涂转速的关系

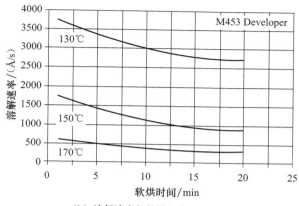

（b）溶解速率与软烘温度、软烘时间的关系

图 4.42 LOL 胶特性

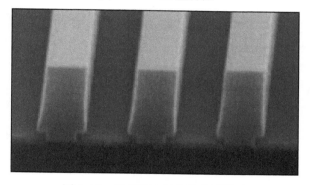

图 4.43 双层胶法制备的 T 形侧壁

区域变为不溶解区域,称为图形反转,而未曝光的区域则依然保持其原有的正胶性能。以 AZ5214E 光刻胶为例,其用于金属剥离的工艺过程如图 4.44 所示。AZ5214E 对反转烘的温度非常敏感,要求温度精度达到 ±1℃。在整个剥离过程中,AZ5214E 要经过两次曝光过程。第一次是在反转烘之前,用掩膜版曝光,使得需要图形反转的地方接受紫外光照射;第二次是在反转烘之后,不使用掩膜版进行泛曝光(flood exposure,光刻机本身具有的一项功能),在第二次曝光中,已经图形反转的光刻胶部分不再发生变化,而在第一次曝光中没有被紫外线照射的部分则发生感光反应,能够被碱性显影液所溶解。

4.3.4 其他方法

除了以上三种通用方法外,还存在其他一些特有方法。例如,韩国 Lee 等[11]提出在曝光光路中加入散光器,无需对光刻胶进行其他处理即可使用正胶得到正八字形侧壁,如图 4.45 所示。

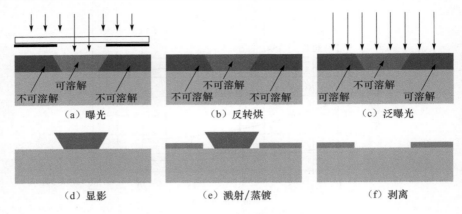

（a）曝光　　　　　　　　　（b）反转烘　　　　　　　　（c）泛曝光

（d）显影　　　　　　　　（e）溅射/蒸镀　　　　　　　　（f）剥离

图 4.44　图形反转胶剥离工艺流程

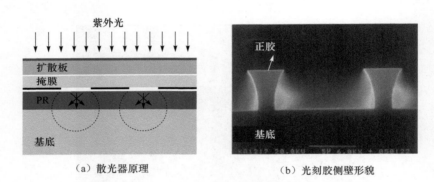

（a）散光器原理　　　　　　　　　　　（b）光刻胶侧壁形貌

图 4.45　散光器剥离工艺

　　而 Motorola 公司半导体产品部的 Redd 等则直接与光刻胶厂商 Clariant 合作研究出不需要进行氯苯处理就可以实现正八字侧壁的单层光刻胶剥离工艺，其原理类似于氯苯处理工艺，是在 AZ6210 光刻胶软烘前使用 TMAH 进行浸泡，在光刻胶表面形成一层显影抑制层，如图 4.46 所示。

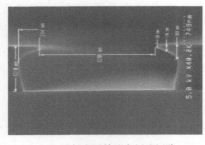
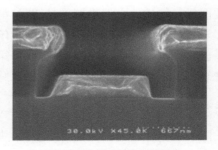

（a）溅射金属前的光刻胶侧壁　　　　　　（b）溅射金属后的光刻胶侧壁

图 4.46　TMAH 浸泡剥离法

4.4　软光刻技术

光刻技术可以在光刻胶上批量制造微纳图形,目前在图形传递领域仍然占据统治地位,但由于光刻技术设备昂贵,适用的材料有限,存在衍射极限且只能在平面上应用,其并不是适合于所有应用场合的最好选择。随着低成本射频标签等印刷电子产品和大尺寸平板显示器、电子纸、太阳能帆等宏电子产品领域的发展,要在大面积、可弯折的衬底上大批量、高效率制备微/纳结构,传统的基于光刻、薄膜沉积、湿法腐蚀和干法刻蚀的微加工工艺在满足这方面的要求时则存在一定的限制:

(1) 薄膜沉积的温度超过大部分柔性衬底的玻璃态转变温度(小于200℃),会使衬底发生软化和翘曲。

(2) 目前,基于硅基半导体工艺的微纳制造成本为 $1.0\sim10$ 美元/cm^2,高于宏电子产品工业界能够承受的 $0.1\sim1$ 美元/cm^2 范围,不能经济地生产宏电子产品。

(3) 基于圆片的生产方式在生产比圆片小得多的芯片时是具备批量化优势的,但在生产与圆片相同尺寸等级的宏电子产品时,这种以离散圆片为单位的生产效率无法满足要求。

印刷电子和宏电子技术一般用作显示器和感应器,不需要复杂的互连和多层结构,特征尺寸一般都在数十微米量级,这些特点决定了印刷电子产品生产工艺并不需要很高的图形分辨率,但应具备低温、连续、高效的特点,以满足大幅面、高产能和低成本的要求。

嵌段共聚物自组装、微压印和毛细力模塑等其他图形传递方式可以不使用硬性掩膜版掩蔽下的曝光方式,而利用材料本身物理、化学特性或母模翻印的方式,不需要紫外光或其他高能粒子束,就可以在光敏/非光敏等广泛材料上实现图形传递。因为不涉及射线或能量粒子,其他图形传递方式又被统称为软光刻。软光刻技术由嵌段共聚物自组装、微复制成形(replica molding,REM)、微转印成形(microtransfer molding,μTM)、微接触印刷(microcontact printing,μCP)、毛细管微成形(micromolding in capillaries,MIMIC)、溶剂辅助微成形(solvent assisted micromolding,SAMIM)和电诱导微成形(electrically induced microstructuring,EIM)等 7 类组成。7 类软光刻技术适用的尺度范围和应用对象如图 4.47 所示。

4.4.1　嵌段共聚物自组装

纳米结构在整个微纳米科技中有着重要意义,如何低成本、大规模地实现纳米结构一直是纳米加工中的热点问题。纳米结构分为 top-down 和 bottom-up 两种制造途径。top-down 途径将宏观的块体或薄膜材料通过腐蚀和刻蚀工艺去除多余部分,或通过薄膜沉积和分子束外延等工艺增加额外部分,通过光刻实现图形传

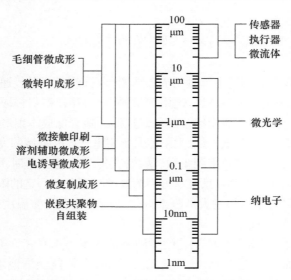

图 4.47　软光刻适用的尺度范围和应用对象

递,是微尺度加工技术向纳尺度的延伸,适合于需要将纳尺度结构与各种微尺度或其他尺度结构集成的场合,在纳米探针、高频谐振器和纳米膜压力传感器等纳机电器件制造过程中获得广泛应用。但是,基于光学光刻的图形传递方式的分辨率无法超越光的衍射极限,无论是采用深紫外光来缩短波长,还是采用浸没式镜头来提高数值孔径,百纳米量级已经被广泛认为是光学光刻的极限。而采用电子束光刻技术虽然可以实现 10nm 的特征尺寸,但因为其聚焦扫描曝光方式速度慢,生产效率低,很难成为主流的生产方式。bottom-up 途径则是借助原子操纵和化学合成的方式,把纳尺度的物质单元组装成纳米结构,不需要光刻套刻即可以实现。基于原子操纵的 bottom-up 组装效率极低,目前还没有明显的应用价值,而能够实现化学自组装的嵌段共聚物则为 bottom-up 组装的大规模实现提供了一种高效途径。嵌段共聚物是由物理、化学性质不同且较短的高分子链段通过共价键连接形成的大分子聚合物,按照嵌段链数量的不同,可以分为双嵌段链共聚物、三嵌段链共聚物和多嵌段链共聚物,按照嵌段连接方式的不同,可分为线形嵌段共聚物和星形嵌段共聚物。不同类型的嵌段共聚物如图 4.48 所示。

　　嵌段共聚物的嵌段之间由于热力学不相容而互相排斥,但由于化学键的约束而只能发生微相分离,形成球状(sphere)、柱状(cylinder)、双螺旋状(double gyroid)和层状(lamellae)等各种有序的微相结构,由微相分离而生成的周期性的微相结构尺度通常为 5～100nm,且在热力学上是稳定的,微相分离可以产生复杂的纳米有序结构,其形状和尺寸取决于共聚物中各嵌段体积比、嵌段性质、嵌段设计、添加剂、外加力和电磁场。对于 AB 线性嵌段共聚物,其自组装微相结构可以依照

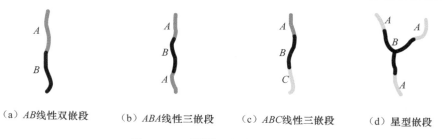

（a）AB线性双嵌段　　　（b）ABA线性三嵌段　　　（c）ABC线性三嵌段　　　（d）星型嵌段

图 4.48　不同类型的嵌段共聚物

嵌段的体积比进行预测。如图 4.49 所示，当 A 嵌段的体积比由低到高变化时，分别形成 B 嵌段围绕下的 A 球状相、B 嵌段围绕下的 A 柱状相、B 嵌段围绕下的 A 双螺旋状相、A、B 分层状相、A 嵌段围绕下的 B 双螺旋状相、A 嵌段围绕下的 B 柱状相和 A 嵌段围绕下的 B 球状相。以 PS-PMMA 线性双嵌段共聚物（其中，PS 代表聚苯乙烯）为例，当 PMMA 体积比小于 20％时，微相分离后的结构是 PS 环绕下的 PMMA 微球阵列，当 PMMA 体积比超过 30％时，微相分离后的结构是 PS 环绕下的 PMMA 圆柱阵列，当 PMMA 体积比为 50％时，微相分离后的结构是 PS 和 PMMA 交替的分层结构阵列。

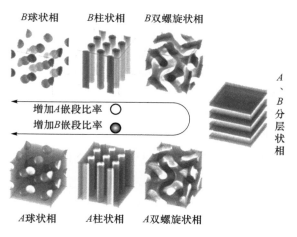

图 4.49　嵌段体积比对自组装微相结构的影响

　　嵌段共聚物可自组装形成丰富的有序微结构，这些微结构可拥有各种不同的几何形态、晶体结构及宽泛的尺寸变化范围，具有良好的可操纵性和低的加工成本，可制备传统技术难以获取的纳米结构，并可以作为干法刻蚀的模版，在其他材料上制备规整的人工纳米结构阵列。Bai 等[12]以 PS-PMMA 嵌段共聚物自组装形成的纳米阵列作为干法刻蚀的模版，制备了石墨烯纳米网版，其制备工艺如图 4.50 所示。

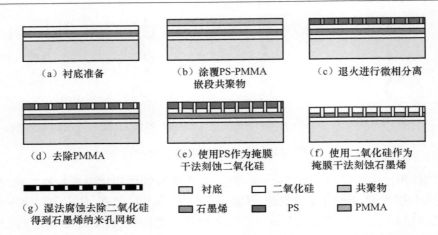

（a）衬底准备　　　　　　（b）涂覆PS-PMMA　　　　　（c）退火进行微相分离
　　　　　　　　　　　　　　　嵌段共聚物

（d）去除PMMA　　　　　（e）使用PS作为掩膜　　　　　（f）使用二氧化硅作为
　　　　　　　　　　　　　　　干法刻蚀二氧化硅　　　　　　掩膜干法刻蚀石墨烯

（g）湿法腐蚀去除二氧化硅　　　　□ 衬底　　□ 二氧化硅　　▨ 共聚物
　　　得到石墨烯纳米孔网板　　　　▨ 石墨烯　　■ PS　　　▨ PMMA

图 4.50　以嵌段共聚物自组装纳米阵列作为刻蚀掩膜制备石墨烯纳米网

　　首先对衬底进行氧化形成氧化层表面,然后将石墨烯薄片放置在衬底上,再溅射一层 10nm 左右的氧化层,形成上下两层氧化层夹石墨烯层的三明治结构,如图 4.50(a)所示;涂覆 PS-PMMS 嵌段共聚物如图 4.50(b)所示;在 200℃下的真空、氮气或氩气氛围中退火,实现微相分离,如图 4.50(c)所示;在微相分离完成后进行紫外曝光分解 PMMA,然后使用醋酸作为显影液去除曝光的 PMMA,留下 PS 纳米孔阵列,如图 4.50(d)所示;使用 PS 纳米孔阵列作为干法刻蚀的掩膜,使用 CHF$_3$ 气体对下面的二氧化硅进行反应离子刻蚀,形成二氧化硅纳米孔阵列,如图 4.50(e)所示;去除 PS,使用二氧化硅纳米孔阵列作为掩膜,使用氧气对下面的石墨烯进行反应离子刻蚀,形成石墨烯纳米孔阵列,如图 4.50(f)所示;使用氢氧酸腐蚀去除氧化层,形成石墨烯纳米孔网板,如图 4.50(g)所示。所制备生成的 PS 纳米孔阵列、二氧化硅纳米孔阵列和石墨烯纳米孔阵列的 SEM 照片分别如图 4.51(a)、(b)、(c)所示。

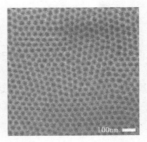
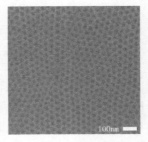

（a）去除PMMA后的　　　　（b）使用PS为掩膜干法刻蚀　　　（c）使用二氧化硅为掩膜干法
　　PS纳米孔阵　　　　　　　　得到的二氧化硅纳米孔阵　　　　刻蚀得到的石墨烯纳米孔阵图

图 4.51　自组装嵌段共聚物纳米刻蚀掩膜 SEM 图

4.4.2　微复制成形

将液态高分子聚合物（如 PDMS）灌注在母模中，固化脱模后即可得到与母模相对应的结构。脱模后的高分子结构可以作为印章进行微米或纳米压印，或以其为母模再次进行翻模，实现低成本的大批量重复制作。以使用康宁 184 型 PDMS 为例，一个完整的微复制成形工艺如图 4.52 所示。

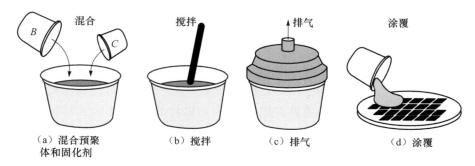

图 4.52　微复制成形工艺

首先将预聚体和固化剂按照 10：1 的质量比倒入塑料杯，使用塑料棒充分搅拌几分钟，放入真空排气装置排除搅拌过程中引入的气体。因为排气过程中 PDMS 会产生大量气泡而呈现泡沫状，所以，每次塑料杯中不能配置太多 PDMS，要为泡沫造成的体积膨胀留出足够的冗余以防止溢出。将排气后的无色、透明液体倒在硅或其他材料制成的母模上，在倒的过程中，塑料杯要尽量靠近母模以防止混入空气，完毕后以较小的角度来回倾斜母模，使 PDMS 在母模上均匀分布后静置 1 分钟，得到厚度均匀的 PDMS 薄层。将涂覆了 PDMS 的母模放入烘箱加热烘烤，烘烤的温度决定了 PDMS 结构成形后的收缩率，如在 140℃ 下烘烤 15 分钟后会造成 3% 的收缩。从烘箱中取出冷却后，使用尖头镊子将 PDMS 薄膜从边缘缓缓剥离，便得到 PDMS 印章。制备好的 PDMS 印章表面是憎水的，15s 的氧等离子处理可以使其变得亲水，亲水处理后的 PDMS 印章可以比较容易地与玻璃、硅片或其他 PDMS 薄膜（两片 PDMS 键合时，只需对其中一片作氧等离子处理）键合在一起形成坚固的连接。

PDMS 的杨氏模量只有 1MPa 左右（其他聚合物材料的杨氏模量通常都在 GPa 量级），杨氏模量小使得 PDMS 容易通过微复制成形，但也带来了其他诸多不利之处。PDMS 微复制成形的三个主要缺点如图 4.53 所示。

如图 4.53（a）所示，当采用 PDMS 微复制制备高深宽比的结构时，组成狭缝的两个相邻 PDMS 会互相黏连在一起，使得 PDMS 微复制不能制备非常精细的结构。而当使用 PDMS 键合制备宽阔的沟道时，由于 PDMS 杨氏模量太小，非常容易在自身重量的作用下向下塌陷而与衬底接触，发生松垂，如图 4.53（b）所示。最

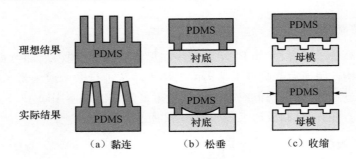

理想结果　　　　　PDMS　　　　　PDMS

实际结果

（a）黏连　　　　　（b）松垂　　　　　（c）收缩

图 4.53　PDMS 微复制成形工艺缺点

后一个缺点是 PDMS 在剥离后会收缩，使其尺寸和母模尺寸存在偏差，无法实现精确复型，如图 4.53（c）所示。

　　PDMS 的弹性和塑性也有其有用的一面，可以将 PDMS 模具预先弯曲后再进行翻模，即可以得到具有一定曲率的模具，这是传统光刻技术难以实现的。图 4.54 是弯曲变形的 PDMS 模具，而图 4.55 给出了使用弯曲的 PDMS 模具，采用聚氨酯（PU）浆料通过微转印成形在曲率表面制备微结构的工艺示意图和得到的 PU 结构 SEM 照片。

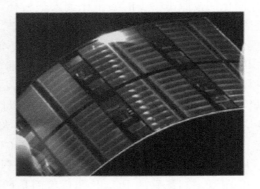

图 4.54　柔性可弯曲的 PDMS 模版

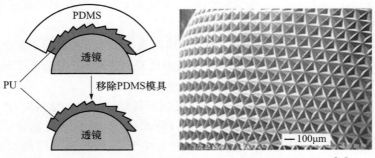

图 4.55　使用柔性 PDMS 模具在曲率表面微转印制备结构[13]

4.4.3 微转印成形

微复制成形是指同时形成衬底和结构,而微转印成形则是在已有衬底上形成结构。一个典型的微转印成形工艺如图 4.56 所示。

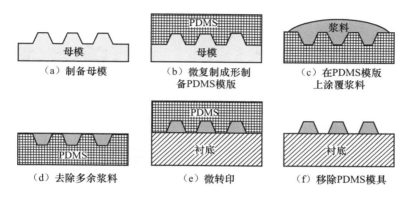

（a）制备母模　　（b）微复制成形制备PDMS模版　　（c）在PDMS模版上涂覆浆料

（d）去除多余浆料　　（e）微转印　　（f）移除PDMS模具

图 4.56　微转印成形工艺流程示意图

首先采用硅或 PMMA 制备母模,然后利用微复制成形制备 PDMS 模具,在 PDMS 模具上注入浆料,待浆料充满模具后,使用刮刀或吹氮气将多余浆料去除,反扣在衬底上。利用 PDMS 的透光性,通过曝光使得具有负性光敏特性的浆料固化(非光敏材料也可以采用加热的方式固化),移除 PDMS 模具后即可得到转印的微/纳结构。通过多次微转印成形可以得到多层三维结构,如图 4.57 所示[14]。

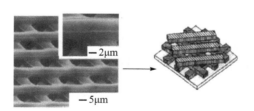

图 4.57　多次微转印成形得到的多层三维结构

LaFratta 等[15]利用薄膜辅助微转印成形(membrane assisted microtransfer molding,MA-μTM),通过一次微转印即可实现闭合的三维微结构,工艺过程如图 4.58 所示。首先通过多光子吸收聚合(multiphoton absorption polymerization,MAP)[16]或者 LIGA 工艺制备中间带隔膜的桥,然后使用此结构作为母模,翻模得到 PDMS 模具。因为母模上薄膜的存在,所形成的 PDMS 模具不是闭合结构,而是存在一个很窄的狭缝,但因为前面提到的 PDMS 的自黏连问题,狭缝两边的 PDMS 会黏合在一起形成闭合结构,使得浆料无法进入狭缝,在使用这种 PDMS 模具实施微转印时,即可以形成闭合的桥形结构,而因为 PDMS 印章狭缝两边部分的黏合脱模时在脱模力下重新打开,可以顺利实现脱模,从而通过单次微转印实现三维闭合结构。

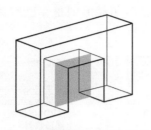

（a）中间有膜的母模结构示意图

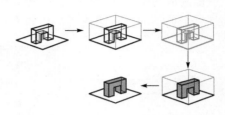

（b）MA-μTM工艺流程示意图

（c）中间有膜母模结构SEM照片

（d）PDMS印章微转印工艺后实现的
三维闭合结构SEM照片

图 4.58　单次微转印实现三维闭合结构

4.4.4　微接触印刷

典型的微接触印刷工艺流程如图 4.59 所示。与微转印成形不同的是,微接触印刷中,浆料是沾染在 PDMS 模具凸起的部分而不是凹陷的部分,即最终衬底上

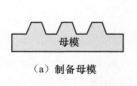

（a）制备母模

（b）微复制制备PDMS模版

（c）使用浆料沾湿PDMS印章

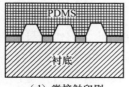

（d）微接触印刷

（e）移除PDMS模版

图 4.59　微接触印刷工艺流程示意图

的图形是由 PDMS 模具上凸起部分定义的。因为微接触印刷和盖印章的过程类似,所以在微接触印刷中,浆料又被称为墨水,而 PDMS 模具又被称为印章。

微接触印刷可以采用多种材料作为墨水,具有广泛的用途。Briseno 等[17] 报道了一种采用微接触印刷工艺制备单晶有机半导体晶体管阵列的方法。如图 4.60 所示,厚度 13nm 左右的十八烷基三氯硅烷(OTS)图形通过 PDMS 弹性印章微接触印刷工艺制备到二氧化硅/硅衬底上,然后以 OTS 图形为种子层,通过气相方法生长多种 p 型有机半导体材料(红荧烯、并五苯、并四苯)和 n 型有机半导体材料(C_{60}、F16CuPc、TCNQ)的单晶体。

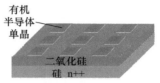

(a) PDMS印章准备　　　(b) 微接触印刷压印形　　(c) 以OTS图形为种子层气相
　　　　　　　　　　　　　　成OTS平面图形　　　　　成长形成有机半导体单晶结构

图 4.60　微接触印刷工艺制备有机半导体单晶阵列

微接触印刷工艺可以用于制备 DNA、蛋白质等生物材料图形。Lange 等[18] 首先在硅衬底上刻蚀 600nm 深的阵列作为母版模具,倒入道康宁 184PDMS,固化脱模后得到 PDMS 弹性印章模版。氧等离子清洗后,将 PDMS 印章进行表面硅烷化处理,再滴上 DNA 酸性水溶液后培养 45 分钟,用去离子水清洗并吹干。最后将印章在同样做过硅烷化处理的玻璃片表面进行 15s 的微接触印刷,即可将 DNA 图形传递到玻璃片上。最终得到的 DNA 阵列荧光照片如图 4.61 所示。

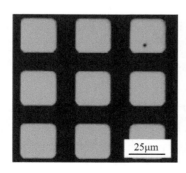

图 4.61　微接触印刷工艺制备的 DNA 阵列荧光照片

微接触印刷工艺还可以对自组装单分子膜(self assembled monolayer,SAM)图形化。自组装单分子膜是利用固体表面在溶液中通过固-液界面间的化学吸附或化学反应形成化学键连接的、取向规整且紧密排列的二维有序单层分子膜。如

图 4.62 所示,自组装单分子膜从组成结构上可以分为三部分:①头部。它与衬底表面以共价键(如 Si—O 或 Au—S 键)或离子键(—CO₂—Ag⁺)结合,这是一个放热反应,活性分子会尽可能占据衬底表面。②中部。通常是分子的烷基链,链与链之间靠范德瓦耳斯力(范德瓦耳斯力的作用能为几十个 kJ/mol,远小于化学键)使活性分子在固体表面有序且紧密地排列。③尾部。如—CH₃、—COOH、—OH、—NH₂、—SH、—CH＝CH₂ 等,选择不同的尾部可以获得不同的物理化学能界面或借助其反应活性构筑多层膜。

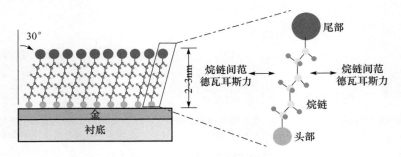

图 4.62　自组装单分子膜三段结构

　　由于硫-金体系的自组装单分子膜成膜容易、制备简单,而且稳定性和有序性高,所以,目前其研究工作多集中于此类。烷基硫醇是一种典型的烷基硫-金体系自组装单分子膜,其和金发生化学吸附的原理为

$$X(CH_2)_nSH + Au^0 \longrightarrow X(CH_2)_nS^-Au^+ + 1/2H_2$$

　　有两种力驱使烷基硫醇分子在金表面自组织:①金和硫之间的吸引力,它们之间能够形成一种半化学键连接,连接强度约为 188kJ/mol;②烷链之间的范德瓦耳斯力,这个力使得烷链倾斜成 30°角,使得链与链之间的界面力最大,以降低表面能。通过改变尾部,自组装单分子层的表面可以是憎水的、亲水的、抗蛋白质的、耐磨损、耐化学腐蚀的或具有较强化学活性的,这使得研究人员可以灵活地设计以满足不同的应用需求。

　　使用微接触印刷工艺制备自组装单分子膜的流程如图 4.63 所示。首先使用图形化的硅母版制备 PDMS 弹性印章,将 PDMS 印章用烷基硫醇的无水乙醇溶液沾湿,以印章表面沾染上的烷基硫醇作为浆料(墨水),在溅射金的硅衬底表面进行微接触印刷,从而将烷基硫醇图形转移到金表面,然后再以烷基硫醇作为腐蚀掩膜,使用氰化钾腐蚀金膜,将图形转移到金上。

　　自组装单分子膜的微接触印刷工艺可以制备具有特殊图形的自组装单分子膜,并用它来进行蛋白质和细胞吸附,使细胞吸附于特定的位置,排列成特定的阵列或形状,为生物化学和细胞工程提供了操纵细胞生长和定位的简便方法。

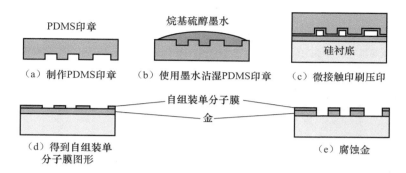

（a）制作PDMS印章 （b）使用墨水沾湿PDMS印章 （c）微接触印刷压印

（d）得到自组装单 分子膜图形 （e）腐蚀金

图 4.63 自组装单分子膜微接触印刷工艺

在采用圆柱辊模具取代平面模具之后,微接触印刷(包括微转印成形技术)可以转化为一种高效率和低成本的微结构成形技术,能够很好地满足大幅面和大批量的要求。将柔性的 PDMS 卷绕在圆柱辊筒实现辊压微接触印刷如图 4.64 所示[19]。厚度为 1mm 左右的 PDMS 印章被卷绕到 4cm 直径的圆辊上,用 $C_{16}H_{33}SH$ 沾湿,经过氮气吹扫干燥后即可以 2cm/s 的速度在衬底上辊压出微米尺度的自组装单分子层膜。完成 3 英寸衬底的辊压只需要 20s,而沾染一次 $C_{16}H_{33}SH$ 墨水可以完成 4~5 次辊压微接触印刷,可以提高微接触印刷的效率。

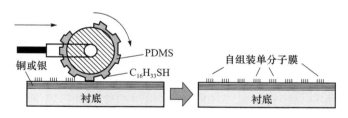

图 4.64 辊压微接触印刷工艺示意图

这种圆辊对平面的微接触印刷仍然是离散的加工技术,更换衬底和沾染墨水需要额外的时间,为了进一步提高加工效率以符合大批量、低成本生产的要求,辊压微接触印刷又可以进一步发展成为图 4.65 所示的卷对卷微接触印刷技术,使用卷材衬底可以连续不间断大批量生产。

使用卷对卷微接触印刷技术制备的有机薄膜晶体管和射频标签两种印刷电子产品如图 4.66 所示。

4.4.5 毛细管微成形

毛细管微成形是一种利用毛细现象使浆料填满模具实现图形传递的技术。先将模具紧密贴合在衬底表面,模具上的沟道被衬底密封后形成毛细管,然后将低黏

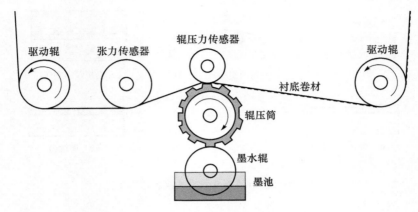

图 4.65　卷对卷微接触印刷工艺示意图

（a）有机薄膜晶体管（日本 AIST 公司）

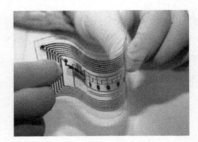

（b）射频标签（韩国 Suncheon 国立大学
化学工程系）

图 4.66　卷对卷微接触印刷制备的印刷电子产品实物

度的浆料放置在模具的开口端,利用毛细作用驱动浆料自行填满沟道。待浆料固化后,移除模具即可得到微/纳结构。毛细管微成形的局限性在于母模必须是互相连通的网络结构,以实现浆料在母模内流动,且浆料的黏度不能太高,结构尺寸不能太大,母模设计不当将导致浆料无法完全填充母模。毛细管微成形的工艺原理如图 4.67 所示。

采用毛细管微成形工艺,以 PDMS 为模具材料、以 PU 为浆料材料制备的微结构 SEM 照片如图 4.68 所示[20]。

（a）准备PDMS模具

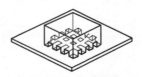

（b）将PDMS模具贴合在衬底表面

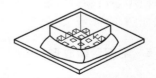

（c）在模具周围倒注浆料

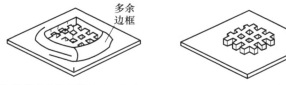

（d）浆料完全填充模具后固化并脱模　　　（e）切除多余边框

图 4.67　毛细管微成形工艺原理示意图

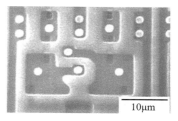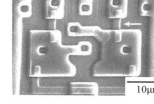

（a）PDMS模具　　　　　　　　　　（b）PU结构

图 4.68　毛细管微成形工艺制备的微结构 SEM 照片

4.4.6　溶剂辅助微成形

利用溶剂与聚合物之间化学反应形成与模具对应的微/纳结构。首先在衬底上涂覆某种高分子聚合物材料,利用被高分子溶剂沾湿的 PDMS 模具与衬底接触,衬底上与模具接触部分的聚合物由于与高分子溶剂反应被移除,最终在衬底上留下与模具对应的图形结构图形。这种技术要求溶剂能够快速地溶解高分子材料,而又不与 PDMS 产生明显的反应。溶剂辅助微成形的工艺原理如图 4.69 所示。

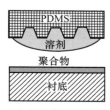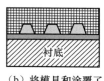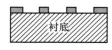

（a）使用溶剂沾湿模具　　（b）将模具和涂覆了　　　（c）移除模具
　　　　　　　　　　　　　　聚合物的衬底贴合

图 4.69　溶剂辅助微成形工艺原理示意图

在溶剂辅助微成形工艺中,一般使用 PDMS 材料制作模具,硅和玻璃为衬底,SU-8 胶或 PMMA 为聚合物,乙醇(溶解 SU-8)或丙酮(溶解 PMMA)为溶剂。使用 PDMS 材料为模具,在 SU-8 胶上制备的直径为 $2\mu m$ 的微孔结构阵列如图 4.70 所示。

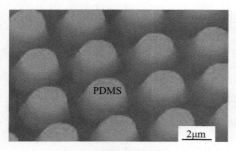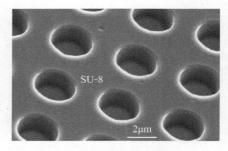

（a）所使用的PDMS模具　　　　　　　　　（b）制备得到的SU-8胶结构图

图 4.70　溶剂辅助微成形工艺制备的 SU-8 胶结构

4.4.7　电诱导微成形

电诱导微成形技术在 2000 年前后由美国普林斯顿大学的 Chou 和德国康斯坦茨大学的 Schäffer 提出,利用高强度静电场激励聚合物薄膜表面的微观热扰动形成具有特定形状和几何尺度的微结构。与其他软光刻技术不同,电诱导微成形技术的模版不与聚合物薄膜接触,避免了留模等成形缺陷和脱模损伤。电诱导微成形既可以使用没有任何微结构的平面模版大面积制作与微观热扰动波长相符合的周期性微结构(如柱阵列或栅线),又可以使用微结构化模版对电场驱动的聚合物自组装进行约束,诱导出与模版一致的微结构。

电诱导微成形的工艺原理如图 4.71 所示。首先将溶解在甲苯中的 PMMA 旋涂在衬底上,然后将带有无图形凸台的平面模版放置在衬底表面,模版和薄膜之间的间距由支架保证,最后实施电诱导的同时升温到 PMMA 的玻璃化温度,微结构成形后冷却至室温。使用平面模版制备的 PMMA 微柱阵列如图 4.72 所示[21]。

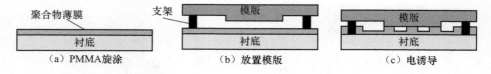

（a）PMMA旋涂　　　　　　（b）放置模版　　　　　　（c）电诱导

图 4.71　电诱导微成形工艺原理

电诱导成形所能得到微结构的高度由模版和聚合物薄膜之间的空气隙决定,由于这个空气隙一般都比较小,所以,微结构的高度一般都局限在数百纳米量级。改变平面模版上凸台的位置和形状,即可以控制形成 PMMA 周期性结构的位置和阵列排布,如图 4.73 所示。

使用结构化的模版进行电诱导微成形的工艺过程与平面模版相同,在模版凸起的微结构下方,聚合物薄膜也是先形成类似于平面模版电诱导时的周期性柱状结构,然后柱状结构在分子间作用力和表面张力的作用下,相邻柱状结构在模版上

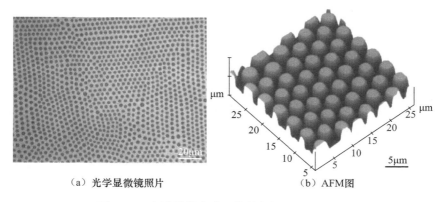

（a）光学显微镜照片　　　　　　　　　（b）AFM图

图 4.72　电诱导微成形工艺制备的 PMMA 微柱

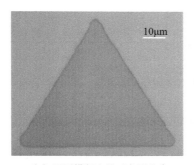　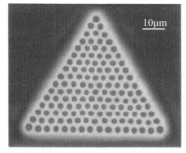

（a）平面模版上的三角形凸台　　　　（b）制备的PMMA柱状结构阵列

图 4.73　电诱导微成形模版上凸台形状和边界走向对制备微结构的影响

微结构的约束下发生侧向融合，从而形成与模版结构一致的图形。韩国汉阳大学的 Lee 等[22]利用微结构化模版诱导出周期性柱状微结构，并且在微结构固化前脱模，利用聚合物的表面张力形成微凸透镜阵列，如图 4.74 所示。

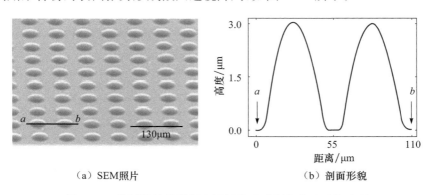

（a）SEM照片　　　　　　　　　　（b）剖面形貌

图 4.74　使用结构化模版电诱导微成形制备的凸透镜阵列

参 考 文 献

[1]　Product Data Sheet of AZ1500 Series Standard Photoresists, 2008.

[2]　Cooper K A, Hamel C, Whitney B. Conformal photoresist coating for high aspect ration features. http://www.suss.com. 2014-02-23.

[3]　Pham N P, Burghartz J N, Sarro P M. Spray coating of photoresist for pattern transfer on high topography surfaces. Journal of Micromechanics and Microengineering, 2005, 15: 691—697.

[4]　Yu L, Lee Y Y, Tay F E H. Spray coating of photoresist for 3D microstructures with different geometries. Journal of Physics, 2006, 34: 937—942.

[5]　Feng R. Influence of processing conditions on the thermal and mechnical properties of SU8 negative photoresist coatings. Journal of Micromechanics and Microengineering, 2003, 13: 80—88.

[6]　Sato H, Kakinuma T, Go J S, et al. In-channel 3-D micromesh structures using maskless multi-angle exposure and their microfilter application. Sensors and Actuators, 2004, 111: 87—92.

[7]　Walker E J. Reduction of photoresist standing-wave effects by post exposure bake. IEEE Transactions on Electron Devices, 1975, 22: 464—466.

[8]　Mircolithography: From computer aided design to patterned substrate. http://seeen.spidergraphics.com/cnf5/doc/Microlithography2004.pdf, 2004-02-23.

[9]　史锡婷. 剥离技术制作金属互连柱及其在 MEMS 中的应用. 半导体技术, 2005, 30: 15—18.

[10]　Data Sheet of Shipley Microposit LOL 1000 and LOL 2000 Lift off Layers, 1998.

[11]　Lee H S, Yoon J B. A simple and effective lift-off with positive photoresist. Journal of Micromechanics and Microengineering, 2005, 15: 2136—2140.

[12]　Bai J W, Zhong X, Jiang S, et al. Graphene nanomesh. Nature Nanotechnology, 2010, 5: 190—194.

[13]　Xia Y N, Whitesides G M. Soft lithography. Angewandte Chemie International Edition, 1998, 37: 550—575.

[14]　Zhao X M, Xia Y N, Whitesides G M. Fabrication of three-dimensional micro-structures: Microtransfer molding. Advanced Materials, 1996, 8: 837—840.

[15]　LaFratta C N, Li L, Fourkas J T. Soft-lithographic replication of 3D microstructures with closed loops. PNAS, 2006, 103: 8589—8594.

[16]　Li L, Fourkas J T. Multiphoton polymerization. Materials Today, 2007, 10: 30—37.

[17]　Briseno A L, Mannsfeld S C B, Ling M M, et al. Patterning organic single-crystal transistor arrays. Nature Nanotechnology, 2006, 444: 913—917.

[18]　Lange S A, Benes V, Kern D P, et al. Microcontact printing of DNA molecules. Analytical Chemistry, 2004, 76: 1641—1647.

[19]　Xia Y N, Qin D, Whitesides G M. Microcontact printing with a cylinder rolling stamp: A

practical step toward automatic manufacturing of patterns with submicrometer sized features. Advanced Materials,1996,8:1015—1017.

[20] Xia Y N,Kim E,Whitesides G M. Micromolding of polymers in capillaries: Application in microfabrication. Chemistry of Materials,1996,8:1558—1567.

[21] Chou S Y,Zhuang L. Lithographically induced self-assembly of periodic polymer micropillar arrays. Journal of Vacuum Science & Technology B,1999,17:3197—3202.

[22] Lee Y J,Kim Y W,Kim Y K,et al. Microlens array fabricated using electrohydrodynamic instability and surface properties. Optics Express,2011,19:10673—10678.

第5章 湿法腐蚀与干法刻蚀

5.1 湿 法 腐 蚀

湿法腐蚀由于其设备简单、可批量生产和选择性好的优点,被广泛应用于制备探针、悬臂梁、V 形槽和薄膜等微结构。使用硅湿法腐蚀制备的三种微结构如图 5.1 所示。

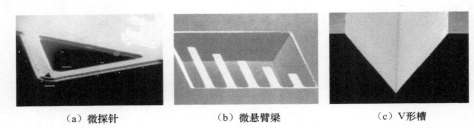

（a）微探针　　　　　　　（b）微悬臂梁　　　　　　　（c）V形槽

图 5.1 使用硅湿法腐蚀制备的微结构

在介绍湿法腐蚀工艺之前,首先介绍深宽比和选择比这两个湿法腐蚀和干法刻蚀工艺中用于衡量工艺特性的指标。如图 5.2 所示,腐蚀过程中的参数有腐蚀深度、侧向腐蚀、过腐蚀和最小腐蚀宽度。

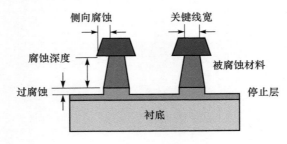

图 5.2 腐蚀参数示意图

腐蚀过程中的选择比定义为

$$selectivity = \frac{etchdepth}{overetch} \tag{5.1}$$

腐蚀过程中的深宽比定义为

$$aspectratio = \frac{etchdepth}{minimumwidth} \tag{5.2}$$

如果过腐蚀远小于腐蚀深度,即腐蚀选择比远大于 1,则腐蚀为选择性的;如果过腐蚀与腐蚀深度相当,则腐蚀是非选择性的。如果侧向腐蚀远小于腐蚀深度,则腐蚀是各向异性的;如果侧向腐蚀与腐蚀深度相当,则腐蚀是各向同性的。对于硅材料,如果使用各向异性腐蚀剂腐蚀,可以得到棱角分明的侧壁,而采用各向同性腐蚀剂腐蚀,侧壁则是平缓的曲面,如图 5.3 所示。

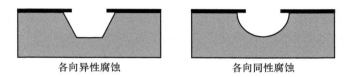

各向异性腐蚀　　　　　　各向同性腐蚀

图 5.3　各向异性和各向同性腐蚀得到的侧壁形貌示意图

各向同性湿法腐蚀的特点如下:①各个方向上的腐蚀速率都是一致的;②侧向腐蚀速率和纵向腐蚀速率是接近的;③最终腐蚀形状与腐蚀掩膜的走向无关。

各向异性湿法腐蚀的特点如下:①腐蚀速率取决于晶向;②侧向腐蚀速率与纵向腐蚀速率差异极其显著;③腐蚀掩膜的形状和走向决定腐蚀最终形状;④可以加工复杂结构;⑤如果掩膜设计不合理或晶向不准确,腐蚀结果可能与预期大为不同。

湿法腐蚀过程包括以下三个过程:①反应剂输送到硅片表面;②在硅片表面发生化学反应;③反应产物输送出硅片表面。

湿法腐蚀过程需要以下三个要素:①氧化剂,如 H_2O_2、硝酸;②能溶解氧化表面的酸或碱,如硫酸、NH_4OH、氢氟酸;③用于输送反应剂和反应产物的稀释剂,如水或醋酸。

硅湿法腐蚀常用的各向同性和各向异性腐蚀剂如表 5.1 所示。

表 5.1　常用的硅湿法腐蚀剂

	HNA	KOH	EDP(EPW)	TMAH
是否各向异性	否	是	是	是
工艺温度/℃	25	70~90	115	90
硅腐蚀速率/(μm/min)	1~20	0.5~2	0.02~1	0.5~1.5
(111)/(110)选择比	无	100:1	35:1	50:1
氮化硅腐蚀速率/(nm/min)	低	<1	0.1	<0.1
二氧化硅腐蚀速率/(nm/min)	10~30	10	0.2	<0.1
P^{++} 自停止	否	是,$>10^{20}/cm^3$	是,$>5×10^{19}/cm^3$	是,$>10^{20}/cm^3$
操作及处理难度	难	易	难	易
毒性	无	无	有	无
腐蚀表面的平整度	多变	佳	极佳	多变
IC工艺兼容性	兼容	不兼容	兼容	兼容

5.1.1　硅的各向同性湿法腐蚀

对硅来说,最常用的各向同性湿法腐蚀液是 HNA,它是由氢氟酸、硝酸和水或醋酸组成的混合溶液,HNA 是英文名称 hydrofluoric acid,nitric acid,acetic acid 的首字母缩写。腐蚀过程中的化学反应式为

$$Si + HNO_3 + 6HF \longrightarrow H_2SiF_6 + HNO_2 + H_2O + H_2 \uparrow \qquad (5.3)$$

硝酸是氧化剂,首先将硅氧化,而氢氟酸则腐蚀二氧化硅形成溶解性的产物,水或醋酸则是输送反应剂和反应产物的稀释剂。HNA 腐蚀的原理如图 5.4 所示。其中,硝酸电解形成的二氧化氮具有强氧化能力,能将硅氧化成为二氧化硅,进而与氢氟酸反应形成水溶性产物。

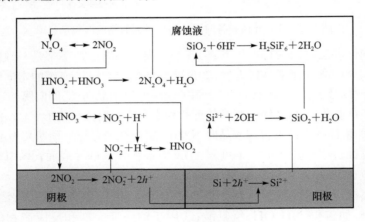

图 5.4　HNA 腐蚀原理

硝酸的氧化势由未电解的硝酸量决定,其电解方程为

$$HNO_3 \longleftrightarrow NO_3^- + H^+ \qquad (5.4)$$

由于醋酸的介电常数(6.15)远远小于水(81),硝酸在醋酸中的电解水平要远远低于水中的电解水平,具有更强的氧化势。此外,醋酸的极性比水弱,有利于在硅片表面形成亲水面,使得反应剂容易输送到硅片表面,所以,在 HNA 腐蚀剂中,一般采用醋酸代替水作为稀释剂。

HNA 腐蚀速率图如图 5.5 所示,图中曲线表示腐蚀速率的等高线,在同一曲线上不同位置的点,虽然对应的腐蚀液配比不同,但其腐蚀速率相同。对于图 5.5 中选中的一点,作平行于三角坐标轴的平行线,其与坐标轴的交点便是三种腐蚀化学剂的体积含量。例如,图 5.5 中给出点对应的氢氟酸:硝酸:水的混合体积比为 3:2:5,其腐蚀速率为 $10 \sim 50 \mu m/min$。HNA 腐蚀速率图可以分为图 5.5 所示的三个区域:

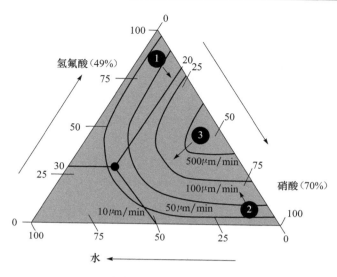

图 5.5　HNA 腐蚀速率图

（1）在区域 1 中，氢氟酸浓度占优，腐蚀速率受硝酸浓度控制，速率曲线平行于硝酸轴坐标刻度。

（2）在区域 2 中，硝酸浓度占优，腐蚀速率受氢氟酸浓度控制，速率曲线平行于氢氟酸轴坐标刻度。

（3）在区域 3 中，初始腐蚀速率对水的量不敏感，只有当水量增加到某个程度之后，腐蚀速率迅速减小。

　　HNA 可以采用氮化硅或光刻胶作为腐蚀掩膜，腐蚀速率最高时，氢氟酸和硝酸的相对浓度比为 2∶1，最大的腐蚀速率约 $800\mu m/min$，比各向同性腐蚀剂大三个数量级。由于腐蚀速率与浓度成指数关系，腐蚀结果的重复性非常差。当腐蚀容器中存在对流而发生浓度微小变化时，腐蚀速率会发生很大的变化。同时，有搅拌或无搅拌时，腐蚀后的侧壁形貌也会有很大差别，如图 5.6 所示。有搅拌时，腐蚀剂和腐蚀产物能够充分在硅片和稀释剂之间交换，腐蚀的各向同性较好，能够得到半圆形的腐蚀侧壁，但无搅拌情况下，腐蚀产物容易在底部滞留，影响底部的腐蚀，故腐蚀的各向同性差些，得到半椭圆形的侧壁。

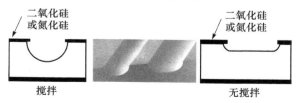

图 5.6　HNA 腐蚀有搅拌和无搅拌得到的不同侧壁形貌

5.1.2　硅的各向异性湿法腐蚀

KOH 是最常用的硅各向异性湿法腐蚀剂,此外,EDP(乙二胺,邻二苯酚,吡嗪,又叫 EPW)、TMAH($(CH_3)_4NOH$,四甲基羟胺)、NaOH、CsOH 等碱性溶液都可以用作硅的各向异性湿法腐蚀剂。KOH 和其他碱性溶液对浓硼掺杂(p^{++})硅具有选择性,通常使用浓硼掺杂实现 KOH 腐蚀的自停止。通常,KOH 对硅的腐蚀速率在 $0.5\sim2\mu m/min$ 量级。当硼掺杂浓度超过 $1\times10^{20}/cm^{-3}$ 时,腐蚀速率会下降为 1/500。氮化硅是 KOH 腐蚀的最佳掩蔽材料,二氧化硅在 KOH 中的腐蚀速率为 10nm/min,可以用于较短时间腐蚀的掩蔽。光刻胶在碱性溶液中很容易被腐蚀,不能用于 KOH 腐蚀的掩蔽材料。

KOH 危险性小、操作方便且购买容易,但其腐蚀因气泡而不均匀,对氧化硅的选择性差,含有金属离子并腐蚀铝导线,与 IC 工艺不兼容。EDP 不腐蚀铝,腐蚀无气泡,对氧化硅的选择性很高,但其有毒,遇氧易分解失效变为红褐色液体。TMAH 是纯有机试剂,无金属离子污染,并且可以通过加入硅粉来减轻对铝的腐蚀,其缺点也是不能长时间保存,易与空气中的二氧化碳反应。

1. 腐蚀速率测定

掌握不同晶向上的腐蚀速率对硅各向异性湿法腐蚀非常重要,目前比较普遍的方法主要有大车轮法和硅球法两种,本节将分别予以介绍。

1) 大车轮法

大车轮法利用氮化硅、氧化硅或光刻胶作为腐蚀掩膜,腐蚀掩膜首先图形化成车轮辐条的样式(大车轮法即由此而来),如图 5.7(a)所示,然后将硅片放入各向异性湿法腐蚀液中腐蚀。由于辐条状的掩膜靠近硅片圆心处最窄,此处的硅最先被掏空,腐蚀掩膜失去下部的硅支撑后便塌陷掉,随着腐蚀时间的延长,腐蚀掩膜的塌陷逐渐从圆心向圆周扩展,而由于在不同晶向上的腐蚀速率不同,沿不同晶向的车轮辐条的塌陷长度也不一样,便形成图 5.7(b)所示的腐蚀结果。

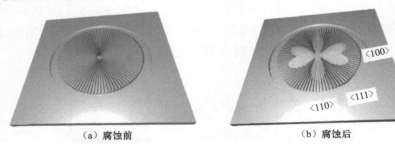

(a) 腐蚀前　　　　　　　　　　　(b) 腐蚀后

图 5.7　大车轮法测量硅各向异性腐蚀速率

(图片来源于 Cornell 大学化学系)

大车轮法实际上是对被测量几何放大,如图 5.8 所示,用于计算腐蚀速率的参数是 $D(\theta)$,但由于非常小,直接测量 $D(\theta)$ 有困难,通过大车轮法的几何结构,将 $D(\theta)$ 的测量转化为 $L(\theta)$ 的测量,两者之间的关系为

$$D(\theta) = L(\theta)\sin\left(\frac{\delta\theta}{2}\right) \approx \frac{L(\theta)\delta\theta}{2} \tag{5.5}$$

或有

$$L(\theta) \approx \frac{2D(\theta)}{\delta\theta} \tag{5.6}$$

如果 $\delta\theta$ 为 1°,则 $D(\theta)$ 每变化一个单位,$L(\theta)$ 变化 115 个单位,非常容易先测得 $L(\theta)$,再转化为 $D(\theta)$,最终除以腐蚀时间求得腐蚀速率。

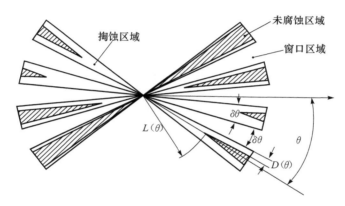

图 5.8　大车轮法中的几何关系

2) 硅球法

硅球法是比较直接的腐蚀速率测试方法。首先将单晶硅块体材料制备成圆球形,将圆球放入各向异性腐蚀液中腐蚀一段时间后取出,如图 5.9 所示。由于沿各个晶向的腐蚀速率不同,单晶硅圆球在不同指向的径向上半径的减少量不同,再使用坐标测量机测得硅球表面的轮廓形貌(图 5.10),通过计算现有形貌和标准圆球的偏差,可以得到不同晶向上的腐蚀量,除以腐蚀时间得到腐蚀速率。

2. (100)型硅片的各向异性湿法腐蚀

(100)型硅片的各向异性腐蚀可以分为两种情况,这两种情况腐蚀结果的自停止面是不同的。

1) 腐蚀掩膜边缘垂直或平行于硅片主参考面

当腐蚀掩膜边缘平行于主参考面(对于(100)硅片,主参考面为(110)面)时,与(100)面成 54.74°夹角的 4 个(111)面为停止面,如图 5.11 所示。

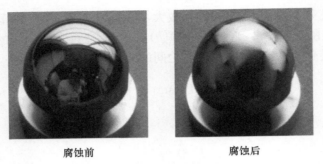

腐蚀前　　　　　　　　　**腐蚀后**

图 5.9　硅球法测量各向异性腐蚀速率

（图片来源于 Nagoya 大学微系统工程系）

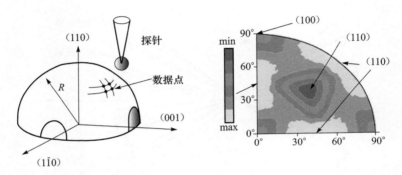

图 5.10　坐标测量机测量腐蚀后硅球表面并得到表面轮廓

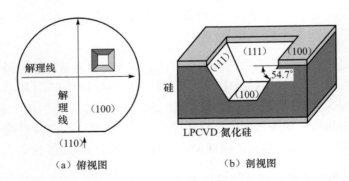

（a）俯视图　　　　　　　（b）剖视图

图 5.11　腐蚀掩膜平行于主参考面时(100)硅片的各向异性腐蚀

　　(100)面各向异性湿法腐蚀具有"刻凸不刻凹"特性，如图 5.12 所示，凸角虽然受到腐蚀掩膜保护，但在腐蚀过程中，凸角处会产生(411)快速腐蚀面，导致凸角被快速掏蚀，最终到达(111)腐蚀停止面，而腐蚀掩膜则被掏空形成悬置结构，这一特性经常被用于制备悬臂梁结构。

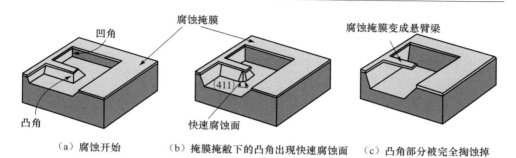

图 5.12　(100)面湿法腐蚀中的"刻凸不刻凹"特性

　　由于凸角腐蚀问题,导致方形掩膜掩蔽下结构刻蚀,通常得到与腐蚀预期大有差别的结构,如图 5.13 所示。为在(100)硅片湿法腐蚀中得到方形结构,需要在腐蚀掩膜设计时进行凸角补偿,如图 5.14 所示。凸角补偿需要根据特定的结构、腐蚀液类型和配比进行专门设计并经过多次优化实现,已有相当多的科研人员对此进行过研究,此处不作详细介绍。

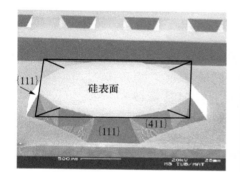

图 5.13　(100)面湿法腐蚀中凸角被腐蚀后的结果

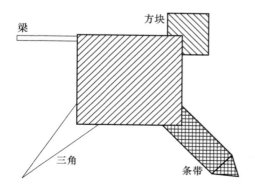

图 5.14　(100)面湿法腐蚀凸角补偿结构

　　由于"刻凸不刻凹"特性的存在,在进行(100)硅湿法腐蚀时,对衬底的晶向偏差要求比较高。如果衬底主参考面与(110)面存在角度偏差,则实际腐蚀得到的图形是边界平行于(110)面且与原掩膜图形外接的矩形,如图5.15所示,图形的大小和走向都会与预期不同,需要特别注意。

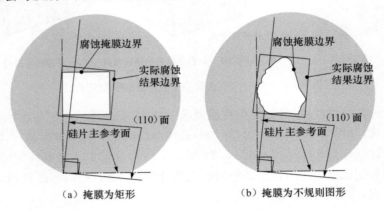

（a）掩膜为矩形　　　　　　　　　（b）掩膜为不规则图形

图 5.15　存在晶向偏差时(100)面湿法腐蚀结果

　　2) 腐蚀掩膜边缘与主参考面成45°角

　　当腐蚀掩膜与主参考面成45°夹角时,自停止面不再是(111)面,而是(110)面或(100)面,如图5.16所示,具体要视腐蚀液的浓度和添加剂的情况而定。一般认为,单晶硅各晶面在KOH溶液中腐蚀速率的排序如图5.17所示[1]。

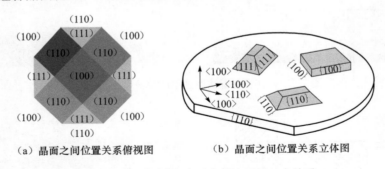

（a）晶面之间位置关系俯视图　　　　（b）晶面之间位置关系立体图

图 5.16　不同掩膜走向时自停止面的对应关系

　　(1) 在没有添加IPA的KOH腐蚀液中,(110)>(100)>(111),当掩膜边缘与主参考面成45°夹角时,(100)面的腐蚀速率低于(110)面的腐蚀速率,腐蚀自停止面是(100)面,可以得到与硅片表面垂直的侧壁,如图5.18(a)、(b)、(c)所示,这种特性可以用于制备具有垂直侧壁的微沟道结构。

　　(2) 在添加IPA且KOH腐蚀液浓度小于50%的情况下,(100)>(110)>(111),当掩膜边缘与主参考面成45°夹角时,(110)面的腐蚀速率低于(100)面,腐

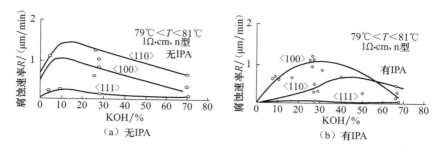

图 5.17　KOH 腐蚀液中不同晶向的腐蚀速率

蚀自停止面是(110)面,可以得到与硅片表面成 45°斜坡的侧壁,如图 5.18(d)、(e)
所示,这种特性可用于制备光学器件中的反射面。

　　(3) 在添加 IPA 且 KOH 腐蚀液浓度大于 50％的情况下,(110)＞(100)＞
(111),当掩膜边缘与主参考面成 45°夹角时,(100)面的腐蚀速率低于(110)面,腐
蚀自停止面是(100)面,可以得到与硅片表面垂直的侧壁,如图 5.18(f)所示,这种
特性也可以制备具有垂直侧壁的微沟道结构,且沟道的表面质量要比没有添加
IPA 的低浓度 KOH 腐蚀液腐蚀得到的垂直侧壁沟道好。

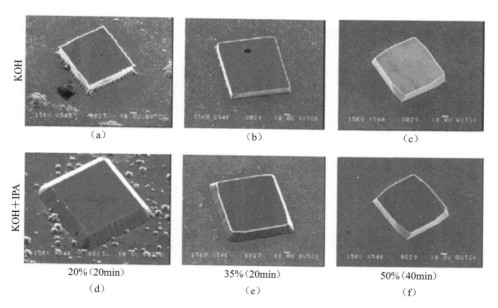

图 5.18　掩膜与主参考面成 45°夹角时(100)硅片在不同工艺条件下的自停止面[2]

　　KOH 腐蚀液的浓度除了影响腐蚀速率之外,还影响腐蚀后表面的粗糙度,如
图 5.19 所示。由于 KOH 的腐蚀速率随浓度增大先增大后减小,故腐蚀反应的剧
烈程度也是随着浓度的增大先增大后减小,反应中产生气泡的密度也先增大后减

小。由于气泡产生后容易附着在被腐蚀表面上,阻挡腐蚀液与硅片接触,起到微掩膜作用而在该处留下微凸起,故气泡多少是影响表面粗糙程度的关键。所以,腐蚀后表面的粗糙程度也随着腐蚀液浓度的变化先变差(KOH浓度从5%增加到10%时)再变好(KOH浓度从10%增加到40%时),正好与反应速率随浓度的变化趋势相吻合。

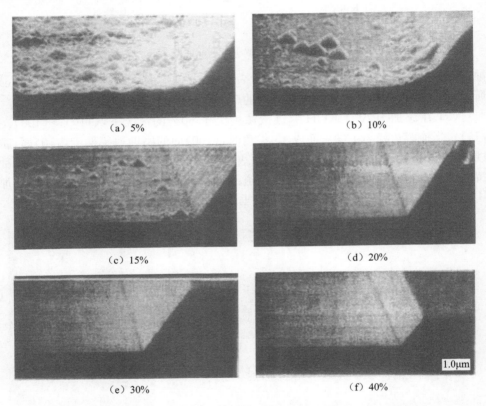

(a) 5%　　　　　　　　　　　(b) 10%

(c) 15%　　　　　　　　　　　(d) 20%

(e) 30%　　　　　　　　　　　(f) 40%

图 5.19　不同 KOH 腐蚀液浓度下腐蚀后表面的粗糙程度

除浓度外,KOH 腐蚀速率还受到温度的影响,图 5.20 给出了 40% 的 KOH 溶液腐蚀速率随温度升高而变大的情况。

3. (110)型硅片的各向异性湿法腐蚀

对于(110)硅片,其腐蚀的自停止面不是 4 个面,而是 6 个(111)面,其中,4 个与硅片表面垂直,2 个与硅片表面成一定倾斜角,如图 5.21 所示。采用(110)硅片腐蚀得到的垂直侧壁沟槽如图 5.22 所示。对于(100)硅片湿法腐蚀得到的垂直侧壁沟槽,其侧壁与底部皆为(100)面,因为沿(100)面的腐蚀速率相等,沟槽的深宽

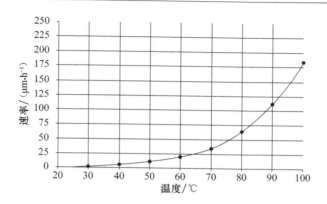

图 5.20　KOH 腐蚀液腐蚀速率与温度的关系[3]

比只能为 1,如想要增大深度,宽度也必然会跟着增大;但对于(110)硅片制备的这
个垂直侧壁沟槽,其侧壁为(111)面、底部为(110)面,腐蚀速率的差异是巨大的,可
以用于制备深宽比远大于 1 的沟槽结构。

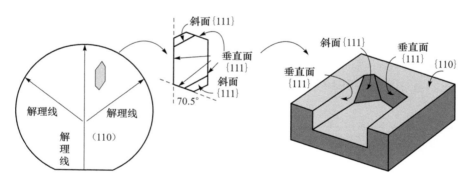

图 5.21　(110)湿法腐蚀的 6 个停止面

图 5.22　(110)湿法腐蚀得到的沟槽

5.1.3　二氧化硅的湿法腐蚀

常用的二氧化硅湿法腐蚀液大都以氢氟酸为基本组成成分,都是各向同性腐蚀剂,主要包括浓氢氟酸(国产浓氢氟酸的浓度为 40%,进口浓氢氟酸的浓度则为 49%)、50∶1 氢氟酸(指体积比,50 体积去离子水∶1 体积氢氟酸)、5∶1 BOE(缓冲氢氟酸腐蚀液,由 5 体积 40% 氟化氨(NH_4F)溶液和 1 体积 40% 氢氟酸溶液组成)溶液、20∶1 BOE 溶液(由 20 体积 40% 氟化氨溶液和 1 体积 40% 氢氟酸溶液组成)、铝焊盘刻蚀剂和 BOE/丙三醇混合溶液。浓氢氟酸的腐蚀速率非常快,可用于牺牲层释放,但过长时间的释放工艺(如数个小时)会对多晶硅结构层和氮化硅电绝缘层造成很大程度的损伤,另外,由于其对二氧化硅和磷硅玻璃的腐蚀速率过快,且容易穿透光刻胶造成浮胶,不易于控制和刻蚀掩蔽,一般不用于锚点或防黏附凸点[4]的湿法腐蚀工艺;50∶1 氢氟酸的腐蚀速率低,一般只用于去除原生氧化层;BOE 的腐蚀速率稳定,不会随着腐蚀液的使用而发生腐蚀速率下降的问题,易于精确掌握腐蚀的深度,且不容易造成浮胶,易于控制,一般可用于锚点和防黏附凸点的湿法腐蚀,也可以用于牺牲层释放;铝焊盘刻蚀剂和 BOE/丙三醇混合溶液在腐蚀二氧化硅的同时对铝焊盘有一定的保护作用,主要用于牺牲层释放。本研究采用 5∶1 的 BOE、铝焊盘刻蚀剂和 BOE/丙三醇混合溶液分别对二氧化硅和磷硅玻璃薄膜进行腐蚀,三种腐蚀液的配置方法和对西北工业大学微/纳米系统实验室所制备二氧化硅和磷硅玻璃的腐蚀速率如表 5.2 所示。

表 5.2　三种刻蚀液的配比及其对牺牲层薄膜的腐蚀速率

腐蚀液名称	腐蚀液配比	腐蚀速率/(nm/min)	
		二氧化硅	磷硅玻璃
5∶1 BOE	5 体积 40% 的氟化氨溶液和 1 体积 40% 氢氟溶液(240mL 去离子水＋160g 氟化氨配成体积为 440mL 溶液,再加入 88mL 40% 氢氟酸即可)	125	800
铝焊盘刻蚀剂	氟化氨(刻蚀液中质量百分比为 13.5%)、冰醋酸(刻蚀液中质量百分比为 31.8%)、乙二醇(刻蚀液中质量百分比为 4.2%)、去离子水(刻蚀液中质量百分比为 50.5%)	30	223
5∶1 BOE＋丙三醇	40g 氟化氨＋60mL 去离子水＋20mL 氢氟酸配成 100mL 溶液,再加入 60mL 丙三醇	30	176

注:本研究腐蚀速率的测定都是在 22℃下进行的,被腐蚀的二氧化硅薄膜在 950℃下退火 1 小时,磷硅玻璃薄膜在 1050℃下退火 1 小时。

光刻胶的抗刻蚀能力是湿法腐蚀中必须要考虑的因素。对于不同的刻蚀液被刻蚀对象,光刻胶所能抵抗而不发生浮胶的时间各不相同。实验证明,国产 BP212 和 BP218 皆不能长时间抵抗氢氟酸类刻蚀剂的腐蚀,腐蚀时间过长时容易造成严重的侧向腐蚀,AZ 系列的进口光刻胶抗湿法腐蚀能力则具有明显优势。

5.1.4 氮化硅的湿法腐蚀

将浓度 85% 的浓磷酸加热到 160℃,采用二氧化硅作为刻蚀掩膜,就可以实现氮化硅的湿法腐蚀。浓磷酸在使用时要特别注意水的蒸发,当浓磷酸水含量降低时,其对氮化硅的腐蚀速率下降,而对二氧化硅的腐蚀速率上升,腐蚀选择性变差。为了防止水分蒸发影响腐蚀速率,浓磷酸腐蚀装置必须有冷却回流装置。

5.1.5 铝的湿法腐蚀

磷酸:硝酸:冰醋酸:去离子水按照体积比 50:2:10:9 的比例配成溶液,加热至 60℃ 对 BP212 掩蔽下的铝膜进行湿法刻蚀,腐蚀为各向同性,刻蚀速率与具体铝膜的制备条件有关。硝酸和铝生成 $Al(NO_3)_3$,提高硝酸的含量可以提高腐蚀速率,但不能加得太多,否则会影响光刻胶的抗蚀能力。冰醋酸降低腐蚀液表面张力,增加硅片表面与腐蚀液浸润,提高腐蚀的均匀性,起到缓冲作用。铝湿法腐蚀过程中会生成大量气泡,阻碍工艺进行,可以加入适量乙醇消除气泡。

5.1.6 其他材料的湿法腐蚀

其他微加工常用材料的湿法腐蚀液如表 5.3 所示。

表 5.3 微加工常用材料的湿法腐蚀液

材料名称	腐蚀液配比	还能腐蚀	不腐蚀
黄铜(合金 Cu:Zn)	$FeCl_3$	铜、镍	二氧化硅、氮化硅、硅、光刻胶
青铜(合金 Cu:Sn)	1% CrO_3	无	二氧化硅、氮化硅、硅、光刻胶
碳	H_3PO_4:CrO_3:NaCN	氮化硅	二氧化硅、硅、光刻胶
铬	$2KMnO_4$:$3NaOH$:$12H_2O$	铝	二氧化硅、氮化硅、硅、光刻胶
铜	30% $FeCl_3$	镍	二氧化硅、氮化硅、硅、光刻胶
铁	$1I_2$:$2KI$:$10H_2O$	金	二氧化硅、氮化硅、硅、光刻胶
镍	30% $FeCl_3$	铜	二氧化硅、氮化硅、硅、光刻胶
银	$1NH_4OH$:$1H_2O_2$	铝	二氧化硅、氮化硅、硅、光刻胶
不锈钢(合金 Fe:C:Cr)	1HF:1HNO₃	镍	氮化硅、光刻胶

5.2 干法刻蚀

干法刻蚀是利用等离子体进行刻蚀的技术。当气体以等离子态存在时,其物理和化学特性具备以下特点:

（1）气体的化学活性比常态下要强很多,根据刻蚀对象选择不同的气体,可以很快地与材料进行反应并具备一定的选择性,实现材料的化学去除。

（2）产生等离子体的电场会对等离子体中的带电离子进行引导和加速,使其具备一定的能量,当电场加速后的离子轰击到刻蚀对象上时,刻蚀对象的原子会被击出,实现材料的物理去除。

根据刻蚀过程中物理刻蚀多一点还是化学刻蚀多一点,干法刻蚀可以划分为物理刻蚀、化学刻蚀和物理化学刻蚀三种。

（1）物理刻蚀又称为溅射刻蚀,纯粹依靠带电离子的轰击作用进行刻蚀,刻蚀的方向性很强(各向异性),但基本上没有选择性。物理刻蚀用的等离子体一般使用惰性气体在真空条件下加高压直流或高频交流电压产生。

（2）化学刻蚀又称为等离子刻蚀,是纯粹利用等离子体中的活性原子团(活性自由基,不带电,不受电场的加速作用)与被刻蚀对象发生化学反应,生成挥发性的产物,随着真空系统抽离反应室而实现材料去除,由于方向性差,这种刻蚀是各向同性的,但由于活性原子团对刻蚀对象具有较高的选择性,这种刻蚀的选择比较高。比较典型的化学刻蚀等离子体是用氧气在真空条件下加高压直流或高频交流电压产生,用于刻蚀有机物。

（3）物理化学刻蚀则同时使用化学反应和物理轰击进行刻蚀,具备两种刻蚀的优点,既具有一定的方向性,又具有较好的选择性。比较典型的物理化学刻蚀方法是反应离子刻蚀和 DRIE。比较典型的物理化学刻蚀等离子体是用含氟的气体,如 SF_6、CF_4、CHF_3 等在真空条件下加高压直流或高频交流电压产生,主要用于硅及其硅化物的刻蚀。

与湿法腐蚀相比,干法刻蚀适合刻蚀精细线条,由于不使用酸碱试剂,干法刻蚀的环境污染小,工艺重复性好,易于掩蔽(一般使用光刻胶作为刻蚀掩膜),已经在相当多的应用中取代了湿法腐蚀。干法刻蚀和湿法腐蚀的对比如表 5.4 所示。

表 5.4　干法刻蚀和湿法腐蚀的比较

腐蚀类型	被腐蚀材料	腐蚀试剂	优点	缺点
湿法腐蚀	单晶硅、多晶硅	KOH,TMAH,EDP	设备简单便宜,腐蚀速率高,选择性好,各向同性或各向异性刻蚀,可批量	只适合于较粗线宽(大于 $3\mu m$),大量使用化学试剂,污染环境
	氮化硅	H_3PO_4		
	二氧化硅	氢氟酸		
	铝	H_3PO_4		
干法刻蚀	单晶硅、多晶硅	SF_6 气体	可刻蚀精细线条,刻蚀速率一般,刻蚀方向性介于各向同性和各向异性之间,对环境污染小	选择性一般,设备成本高,批量能力差
	氮化硅	CF_4 气体		
	二氧化硅	CHF_3 气体		
	铝	Cl_2 气体		

5.2.1　等离子基础

所谓等离子,就是带正负电荷总数相当的一堆离子。将气体电离就会形成自由电子、离子及中性粒子,它们的带电量总和为零。等离子态是由英国科学家Crookes 于 1897 年发现。除了我们通常认识中的气态、液态和固态三种状态,等离子状态是物质的第四种状态。在自然界中,这四种状态对应着不同的温度和分子运动活跃程度,如图 5.23 所示。宇宙中,90%物质处于等离子体态,闪电和极光是自然界中的等离子体。所有的恒星都是高温等离子体的聚合,所有生命也起源于等离子体状态。

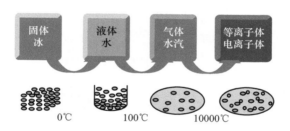

图 5.23　自然界物质的四种状态

在气态状态时,气体只含有少量带电离子和自由电子,其余气体粒子都是完整状态的气体分子;而在等离子态时,气体中则含有大量带电离子和自由电子,如图 5.24 所示。

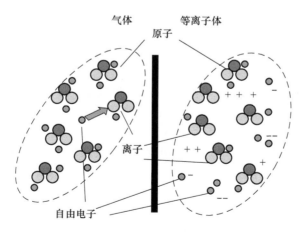

图 5.24　气态和等离子态组分的差异

自然界中,等离子体的产生需要上万摄氏度的高温,而人工等离子体一般是通过常温下辉光放电产生,叫做低温等离子体。产生人工等离子体的关键就是要提供能量,即能够使原子中的外层电子克服原子核束缚的能量。产生等离子的反应室如图5.25所示。反应室包含如下几个要素:①两个相对的电极;②高压直流或高频交流电源(通常使用13.56MHz的射频电源);③真空系统。

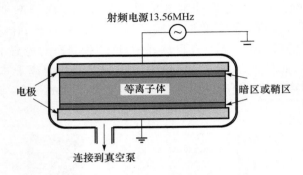

图5.25　产生等离子体的反应室

以氩气等离子体为例,氩气中本身包含有少量的自由电子,在两个相对电极上施加电压时,自由电子在电场加速下具备了足够的能量,当其轰击在氩气原子上时,氩原子被轰击出一个外层电子,成为带有一个正电荷的氩离子,而被轰击出的电子和原先的自由电子继续被电场加速,继而轰击别的氩原子,而被轰击出来的电子和轰击产生的氩离子则成几何级数递增,产生等离子体。等离子体介于两个对电极之间,分为两个部分:①中间发光的部分叫做辉光区,根据产生等离子体所使用气体不同,可以发出不同颜色的光;②辉光区和电极过渡的地方没有辉光,叫做暗区或鞘区。

辉光区内部大部分都是等电势的,但辉光区和电极之间存在电势差,这个电势差产生的电场主要落于暗区,辉光区的离子或电子穿过暗区到达电极时,会受到这个电场的加速,最终实现轰击作用。如图5.26(a)所示,当两个对电极面积相等时,辉光区和两个电极间的电势差相等,自偏压(V_{DC})等于0,对两个电极轰击作用相等,这样的系统虽然能够产生等离子体,但还无法用作刻蚀系统;如图5.26(b)所示,当两个对电极面积不相等时,等离子体和小面积电极间的电势差要大于等离子体和大面积电极间的电势差,自偏压不等于0,在这样的系统下,离子对小电极的轰击作用强于对大电极的轰击作用。当将金属或其他靶材置于小电极,而硅衬底置于大电极时,金属的原子被轰击出来,一部分原子穿过对电极之间的间隙淀积在硅衬底上,成为一个溅射镀膜装置;当将硅衬底置于小电极,而大电极与整个设备本体连接甚至接地以增大面积时(小电极与设备本体间绝缘),便成为一个等离子刻蚀装置。

图5.27对等离子电压和自偏压作出了定义。其中,V_P是等离子电压,为正值,V_{DC}是自偏压,为负值,如果上电极的面积为A_1,下电极的面积为A_2,则自偏

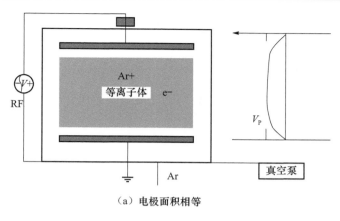

（a）电极面积相等

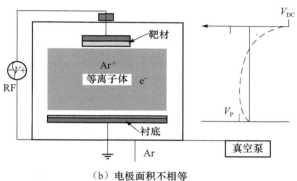

（b）电极面积不相等

图 5.26　不同对电极面积关系下的自偏压（V_{DC}）

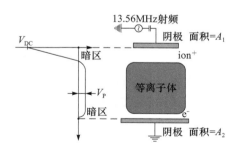

图 5.27　自偏压（V_{DC}）与等离子电压（V_{P}）

压、等离子电压和上、下电极面积之间的关系为

$$\frac{V_{P} - V_{DC}}{V_{P}} = \left(\frac{A_2}{A_1}\right)^4 \tag{5.7}$$

增大上、下电极的面积比,可以增大自偏压,即增强离子轰击效果,通常的等离子刻

蚀系统都是将下电极(阳极)与设备外壳连接并整体接地以提高自偏压,自偏压的范围一般为 200~1000V。

5.2.2 等离子体的产生

等离子体的产生包括激发、弛豫、分裂和电离四个状态。

1. 激发

如图 5.28 所示,自由电子轰击在原子 A 上后,其所携带的一部分能量转移给原子 A,这部分能力不足以从原子中轰击出新的自由电子,但可以使原子的外层轨道电子被激发到较高能级,这一过程称为激发。激发的原理表达式为

$$e + A \longrightarrow e + A^* \tag{5.8}$$

式中,A^* 表示处于激发态的原子。激发所需要的能量比分裂和电离都低,以 CF_4 为例,其实现激发态的能量为 4.0eV。

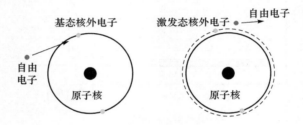

图 5.28 激发态

2. 弛豫

激发态的寿命一般很短,短于 10^{-8}s,所以,电子很快就跳回到较低能级,这个过程称为弛豫,如图 5.29 所示。电子从较高能级回到较低能级时会发出光子,宏观上看就是等离子体的辉光现象,不同气体分子发生弛豫时发光的波长不同,即显现出不同的辉光颜色。弛豫的原理表达式为

$$A^* \longrightarrow A + h\nu \tag{5.9}$$

3. 分裂

高能自由电子轰击到气体分子上时,会将气体分子分解成独立的自由原子或分子,这个过程称为分裂,如图 5.30 所示。分裂产生的自由分子或原子比分裂前更具活性,非常容易发生化学反应,称其为活性自由基,是等离子体实现化学刻蚀的基础。分裂所需要的能量比激发高,比电离低,以 CF_4 为例,其分裂所需要的能量为 12.5eV。分裂的原理表达式为

$$e + AB \longrightarrow e + A + B \tag{5.10}$$

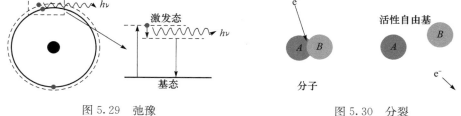

图 5.29　弛豫　　　　　　　　　　　　　　　图 5.30　分裂

4. 电离

如图 5.31 所示,自由电子轰击在原子 A 上后,使原子 A 的外层电子脱离原子核的束缚,成为自由电子,原子 A 失去一个电子后带正电荷,这一过程称为电离。电离的原理表达式为

$$e + A \longrightarrow 2e + A^+ \tag{5.11}$$

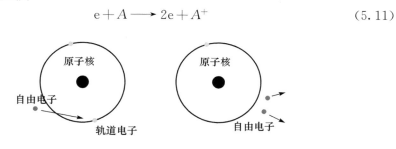

图 5.31　电离

电离所需要的能量要高于激发和分裂,以 CF_4 为例,其实现电离态的能量为 $15.5eV$。实际上,等离子设备中的电离率是非常低的,只有约 0.1%,而太阳中心的电离率则高达 100%。

电离产生了自由电子和离子,是维持等离子体存在的基础。

综上所述,等离子体中四种状态对等离子体的贡献为:①激发和弛豫过程使得等离子体发光;②分裂过程形成了具有化学活性的分子或原子(活性自由基),是等离子体进行化学刻蚀的基础;③电离过程中形成更多的电子和离子,能够维持等离子体的存在,并借助离子的轰击作用实现物理刻蚀。

5.2.3　溅射刻蚀

溅射刻蚀是一种纯物理刻蚀,纯粹依靠带电离子的轰击作用进行刻蚀,刻蚀的方向性很强,但基本没有选择性。比较典型的溅射刻蚀是磁控溅射镀膜机中的衬底高能离子清洗工艺。在磁控溅射镀膜机中,为了提高膜层的附着力,在镀膜之前通常采用高能离子轰击清洗衬底表面,以去除表面及脏物,这一清洗工艺便是溅射刻蚀。如图 5.32 所示,采用氩气或其他惰性气体产生的等离子体中不存在活性自由基,而氩气的原子量又比较大,电离所产生的 Ar^+ 离子具有很强的物理轰击作用,能够将衬底表面的污染物轰击掉,为后续薄膜淀积提供干净的表面。

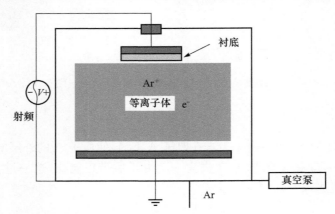

图 5.32　溅射刻蚀进行离子清洗

由于溅射刻蚀是纯物理过程,高能离子对衬底的损伤比较严重,刻蚀速率低,选择性差,所以,除了离子清洗外,很少用于图形传递过程中的材料去除。

5.2.4　等离子刻蚀

等离子体刻蚀则是纯粹利用活性自由基与被刻蚀材料进行化学反应而实现材料去除,这种刻蚀没有离子损伤问题,刻蚀速率高,选择性好,但因为整个过程完全是化学反应,所以对材料的刻蚀是各向同性的,随着工艺尺寸的持续缩小,这一缺点愈显突出,使它的应用越来越受到限制,一般仅用于对特征形貌没有要求的等离子灰化去胶工艺。使用氧等离子进行灰化工艺的示意图如图 5.33 所示。

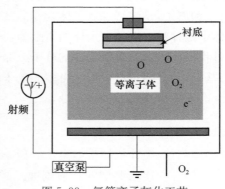

图 5.33　氧等离子灰化工艺

5.2.5　反应离子刻蚀

反应离子刻蚀是溅射刻蚀和等离子刻蚀两种方法相结合的产物,它利用化学和物理作用的相互促进而同时具有两种刻蚀方法的优点:①良好的形貌控制能力(偏向于各向异性);②较高的选择比;③可以接受的刻速率。正是这些优越性使得它成为目前应用范围最为广泛的干法刻蚀。通过选择合适的气体组分,可以获得理想的刻蚀选择性和速度。反应离子刻蚀和其他两种刻蚀方法的优劣对比如表 5.5 所示。

表 5.5　三种干法刻蚀的对比

性能	溅射刻蚀	等离子刻蚀	反应离子刻蚀
刻蚀机理	物理	化学	物理+化学
各向异性	优	差	良
选择性	差	优	良
衬底损伤	严重	轻	较轻

反应离子刻蚀的工艺包括 6 个步骤。以 CF_4 气体刻蚀硅为例,6 个步骤分别如下:

(1) 分裂。CF_4 气体在等离子体状态下分裂为具有化学活性的活性自由基 F 和具有物理轰击作用的离子 CF_4^+。

(2) 扩散并吸附。F 自由基扩散并吸附到硅片表面。

(3) 表面迁移。F 自由基到达被刻蚀表面后,四处移动并重新分布。

(4) 反应。F 自由基与硅材料发生反应生成挥发性产物 SiF_4。

(5) 解吸。反应产物 SiF_4 离开硅片表面。

(6) 排出。SiF_4 被真空系统抽离反应室,以尾气形式排出。

在刻蚀过程中,除了 F 自由基与硅片表面发生化学反应外,分裂产生的 CF_4^+ 离子还在鞘区电场的加速作用下轰击硅片表面,一方面实现物理轰击刻蚀,另一方面利用离子能量促进 SiF_4 解吸,整个刻蚀过程如图 5.34 所示。刻蚀产物除了能够自行解吸的 SiF_4 外,还包括不能自行解吸的 SiF_2,这种产物不能自行解吸,必须依靠离子轰击作用获得额外能量后解吸。

MEMS 制造工艺过程中经常需要反应离子刻蚀的材料有硅、氧化硅、氮化硅、铝和光刻胶,每一种材料适合的刻蚀气体和相应的刻蚀产物如表 5.6 所示。对于同一种材料,可能存在多种可以刻蚀的气体,但为了得到较好的选择比,需要选择一种最佳的气体。以二氧化硅的刻蚀为例,SF_4、CF_4 和 CHF_3 这三种氟基气体都能实现刻蚀,但其中只有 CHF_3 在对二氧化硅进行刻蚀的时候,对氮化硅和硅具有较好的选择比。

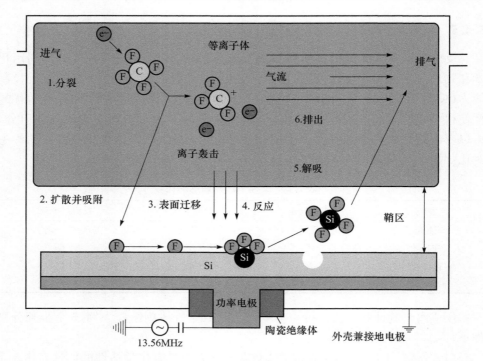

图 5.34 CF$_4$ 等离子体刻蚀硅的原理

表 5.6 反应离子刻蚀常用特气及其刻蚀对象

类别	被腐蚀材料	刻蚀对象	刻蚀产物
氯基	Cl$_2$ 和 BCl$_3$	铝	AlCl$_3$
氟基	SF$_6$、CF$_4$、CHF$_3$	二氧化硅、氮化硅、硅	SiF$_4$、N$_2$、H$_2$O
氧基	O$_2$、O$_3$、CO$_2$、H$_2$O	光刻胶或其他有机物	CO、H$_2$O

下面分别对几种 MEMS 制造常用材料的刻蚀进行简要介绍:

(1) 光刻胶。虽然光刻胶的种类比较多,但基本上都是碳氢化物,可以在氧等离子体中进行刻蚀,其反应方程为

$$4C_xH_y + (y + 4x)O_2 \longrightarrow 4xCO\uparrow + 2yH_2O\uparrow \tag{5.12}$$

(2) 氮化硅。使用 CF$_4$ 作为刻蚀气体,其反应方程为

$$Si_3N_4 + 12CF_4 \longrightarrow 3SiF_4\uparrow + 2N_2\uparrow + 12CF_3\uparrow \tag{5.13}$$

(3) 二氧化硅。使用 CHF$_3$ 作为刻蚀气体,含碳量低的二氧化硅刻蚀速率快,含碳多的二氧化硅(如使用 TEOS 热分解,通过 LPCVD 法制备的二氧化硅)则慢,其方程为

$$3SiO_2 + 4CHF_3 \longrightarrow 3SiF_4 \uparrow + 4CO \uparrow + 2H_2O \uparrow \tag{5.14}$$

（4）铝。纯铝使用氯等离子体即可以进行刻蚀，然而所有的铝表面都有一层氧化物，氯不能刻蚀这层表面，于是添加 BCl_3 增加溅射量，以去除表面的氧化层。如果需要使用铝来制备焊盘，一般需要进行退火实现欧姆接触，这时候使用的都是掺有 $0.5\% \sim 2\%$ 的硅或铜的铝合金，也必须添加 BCl_3 来提高物理溅射以去除硅或铜。刻蚀铝必须采用单独或完全清洁的反应室，不能用刻蚀过硅的反应室直接刻蚀铝，这样容易互相污染。在硅刻蚀过程中，氟基残留物中的氟与铝反应生成氟化铝，不能被氯等离子所刻蚀；而刻蚀过铝之后的反应室残留的氯化铝会在氟基等离子环境中形成氟化铝粉末落在样品表面，造成污染。铝的刻蚀反应方程为

$$2Al + 3Cl_2 \longrightarrow 2AlCl_3 \uparrow \tag{5.15}$$

（5）硅。硅可以在氯气环境中进行各向异性刻蚀，但这种异向刻蚀需要很多氯气，代价很大，通常不被采用。SF_6 是最常用的硅刻蚀气体，其反应方程为

$$3Si + 2SF_6 + 2O_2 \longrightarrow 3SiF_4 \uparrow + 2SO_2 \uparrow \tag{5.16}$$

在反应离子刻蚀中，工艺参数包括射频功率、气体流量、反应室压力和电极温度。刻蚀硅、二氧化硅和氮化硅时比较典型的工艺参数如表 5.7 所示。

表 5.7　反应离子刻蚀工艺参数

被刻蚀对象	反应室压力/Pa	气体流量/sccm*		射频功率/W	电极温度/℃	刻蚀速率/(nm/min)
二氧化硅	1.6	CHF_3	30	300	20	33
氮化硅	10	CF_4	40	200	20	50
硅	10	SF_6	40	200	20	800

＊ sccm 是体积流量单位，即标况毫升每分。

为了调节刻蚀过程的刻蚀速率、方向性、选择比，防止生成刻蚀残留物，反应离子刻蚀可以选择不同的刻蚀气体组合，如表 5.8 所示。

表 5.8　不同刻蚀气体组合的特点

被刻蚀对象	刻蚀气体组合	刻蚀气体特点
二氧化硅	SF_6, $CF_4 + O_2$	偏各向同性，侧向刻蚀严重，对硅选择性差
	$CF_4 + H_2$, $CHF_3 + O_2$	偏各向异性，对硅有选择性
	$CHF_3 + C_4F_8 + CO$	偏各向异性，对氮化硅选择性高
氮化硅	$CF_4 + O_2$	偏各向同性，对硅的选择性差，对二氧化硅的选择性好
	$CF_4 + H_2$	偏各向异性，对硅的选择性好，对二氧化硅的选择性差
	$CHF_3 + O_2$	偏各向异性，对硅和二氧化硅的选择性都好

被刻蚀对象	刻蚀气体组合	刻蚀气体特点
	SF_6，CF_4	偏各向同性，侧向刻蚀严重，对二氧化硅的选择性差
硅	CF_4+H_2，CHF_3	偏各向异性，对二氧化硅没有选择性
	CF_4+O_2	偏各向同性，对二氧化硅的选择性高

反应离子刻蚀中比较常见的问题有：①宏观负载效应；②微观负载效应；③反应离子刻蚀草地。

宏观负载效应指片间不均匀性。当两片相同材料衬底的被刻蚀图形密度(被刻蚀区域的面积)不同时，在同样的工艺条件下，刻蚀的速率是不同的，被刻蚀区域小的衬底刻蚀速率快，而被刻蚀区域大的衬底刻蚀速率慢。宏观负载非常容易理解，在同等工艺条件下，产生的等离子体密度是相同的，被刻蚀面积大，刻蚀相同深度时需要消耗的活性自由基多，刻蚀速率自然要低于被刻蚀面积小的衬底。为了避免宏观负载效应，一般在进行版图设计时，要求衬底的被刻蚀面积和整个衬底面积的比率介于给定范围，超出这个范围就需要单独进行工艺试验来确定实际的刻蚀速率。

微观负载效应则指片内不均匀性。在同一片衬底上，大的刻蚀窗口和小的刻蚀窗口之间的刻蚀速率存在差异(一般来说，开口大的窗口刻蚀速率快)。随着刻蚀窗口尺寸的减小，气体分子散射增加，入射离子和活性基的数目减少，相对应的刻蚀速率也下降。微负载效应明显时，同一个片子上尺寸不同的刻蚀孔刻蚀速率相差很大。在微加工中，一般采用过刻蚀来保证不同大小刻蚀窗口中的材料被完全去除，但这样做的前提条件就是刻蚀工艺对被去除材料下面的材料具有良好的选择性。微加工中有一种情况不能使用过刻蚀的方法来获得刻蚀一致性，那就是防黏附凸点的刻蚀。以标准 MUMPs 表面牺牲层工艺为例，用作牺牲层的二氧化硅层厚度为 $2\mu m$，而防黏附凸点的深度为 $750nm$，并没有将牺牲层刻透，无法通过过刻蚀来保证均匀性，这样的场合就只能使用 BOE 溶液进行湿法腐蚀来解决，而湿法腐蚀则是完全不存在负载效应的。

等离子体不仅可以辅助刻蚀，还可以辅助淀积，等离子增强化学气相沉积(plasma enhanced chemical vapor deposition，PECVD)便是借助于等离子的增强作用在较低温度下(相对于 IPCVD 来说)进行薄膜淀积的一种工艺。由于等离子体中除了刻蚀化学反应外，还伴随有能够产生聚合物薄膜的淀积化学反应，在适宜的条件下，淀积的聚合物不能及时被离子轰击去除，而是残留在样品表面的一小块区域，形成刻蚀微掩膜，阻碍后续刻蚀进行，被刻蚀材料在此处形成圆锥状残留物，很难在刻蚀后去除，称为反应离子刻蚀草地。反应离子刻蚀草地的机理及其预防可以用氟/碳比模型予以解释。氟/碳比模型如图 5.35 所示，在氟碳化合物的等离子体中，氟的作用是与被刻蚀表面反应，产生挥发性的产物，并被抽离反应室。因此，当氟的成分增加时，蚀刻速率增加，反应趋向于刻蚀；碳在等离子体中的作用是提供聚合物的来源,所以,碳会抑制蚀刻进行,当碳的成分增加时,将使得蚀刻速率减缓,反应趋向于高分子聚合物的淀积。在改变射频功率以改变等离子体中离子的撞击能量,或者添加其他气体的状况下,亦会改变氟/碳比,反应的趋势也会发生变化。以 CHF_3 等离子为例,其氟/碳比为 2,只有刻蚀离子能量高于某一个阈值之后,等离子中的化学反应结果才是刻蚀,而低于这个阈值的话,等离子中的化学反应结果则是淀积。又以 CF_4 为例,其氟/碳比为 4,无论离子能量是多少,其化学反应结果都是刻蚀,但如果在 CF_4 中加入 H_2,可以减小其氟/碳比,使得其也有可能产生化学淀积作用而生成高分子聚合物,进而出现反应离子刻蚀草地问题。

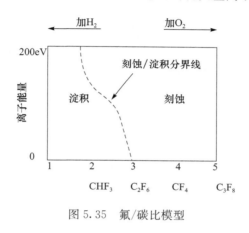

图 5.35　氟/碳比模型

　　MEMS 制造工艺中最容易出现反应离子刻蚀草地的工艺是采用 CHF_3 刻蚀二氧化硅,尤其是刻蚀 TEOS 热分解制备的富碳型二氧化硅,当刻蚀深度超过 500nm 以后,反应离子刻蚀草地现象几乎是难以避免的。反应离子刻蚀草地不利于干净工艺层的形成,可能导致器件失效。

5.2.6　深度反应离子刻蚀

　　反应离子刻蚀是介于各向异性与各向同性之间的刻蚀方法,仍然存在侧向掏蚀,在刻蚀深度比较大时(如数十纳米),无法得到陡直的侧壁和精确控制的线宽。除此以外,反应离子刻蚀工艺还存在以下两个矛盾:

　　(1)压力和等离子密度之间的矛盾。在低压下(即高真空度下),分子平均自由行程增大,离子和活性自由基在到达被刻蚀表面之前发生碰撞的次数减少,可以提高刻蚀的方向性。但是,低压导致所能产生的等离子体密度下降,刻蚀速率下降。

　　(2)射频功率和等离子密度之间的矛盾。为了获得高的等离子密度,需要增加射频功率以提高电离率,但高的射频功率又会导致高的自偏压,增强离子轰击作用,造成衬底的离子损伤。

DRIE 使用两个射频源,一个叫做线圈源,另一个叫做平板源,如图 5.36 所示。线圈源单纯用于产生等离子体,而平板源则用于产生自偏压,通过使用两个射频源将等离子的产生和自偏压的产生分离,有效避免了反应离子刻蚀中射频功率和等离子密度之间的矛盾;它采用刻蚀和钝化交替进行的 Bosch 工艺以实现对侧壁的保护,能够实现可控的侧向刻蚀,制作出陡直或其他倾斜角度的侧壁,如图 5.37 所示。DRIE 工艺的出现对 MEMS 技术的发展是一个巨大的推动。目前,著名的 DRIE 设备厂商是英国的 STS 和法国的 Alcatel。

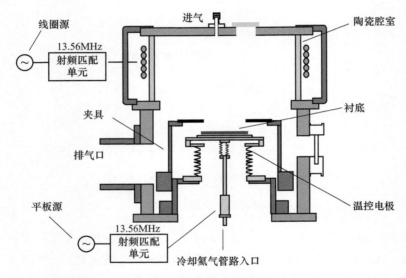

图 5.36　DRIE 设备结构示意图

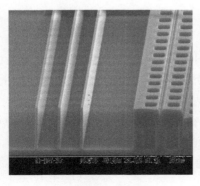

（a）高深宽比垂直侧壁

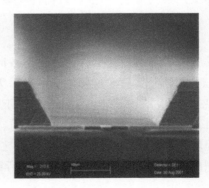

（b）倒金字塔侧壁

图 5.37　DRIE 可控的侧壁形貌

DRIE 中采用的刻蚀/钝化交替过程如图 5.38 所示。在实际刻蚀中,第一步总是以钝化开始,但此处为了方便说明,第一步以刻蚀开始:

(1) 刻蚀。如图 5.38(a)所示,在 DRIE 反应室中通入 SF$_6$ 气体,同时打开 coil 射频源和 platen 射频源,未被光刻胶保护的硅表面在氟自由基的化学反应和 SF$_x$ 正电离子的物理轰击下被去除,刻蚀产生的侧壁形貌类似于简单的反应离子刻蚀,不是一个垂直的侧壁且存在侧向掏蚀。

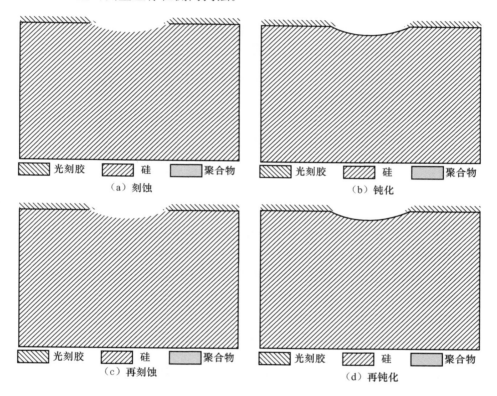

图 5.38 DRIE 工艺步骤

(2) 钝化。如图 5.38(b)所示,在 DRIE 反应室中通入 C$_4$F$_8$ 气体,只打开 coil 射频源,关闭 platen 射频源,C$_4$F$_8$ 气体在等离子环境中分裂出 CF$_2$ 活性自由基,CF$_2$ 活性自由基的氟/碳比小,其在等离子体中的化学反应主要是淀积,可以在被刻蚀出的表面上形成一层聚合物薄膜,这个过程类似于 PECVD。

(3) 再刻蚀。如图 5.38(c)所示,这一步是 DRIE 的关键,在反应室中通入 SF$_6$ 气体,同时打开 coil 射频源和 platen 射频源,刻蚀区域的底部受 SF$_x$ 正离子的物理轰击作用比刻蚀区域的侧壁要强烈,故刻蚀区域底部的钝化聚合物被完全去除时,侧壁仍然在聚合物的保护下,暴露出来的底面开始与氟自由基接触并发生化学反应,并一直持续到侧壁的聚合物也被完全去除。

（4）再钝化。如图 5.38(d)所示,当上一步刻蚀中侧壁的聚合物被完全去除后,就要切换到再次钝化过程,刻蚀区域的底部和侧壁又重新被一层 CF_2 活性自由基淀积成的聚合物所覆盖。

在 DRIE 工艺中,每一步刻蚀和钝化的交替都会在刻蚀侧壁上留下锯齿状痕迹,图 5.39 展示了这种痕迹的剖面图,外文资料中一般称这种痕迹为 scalloping。

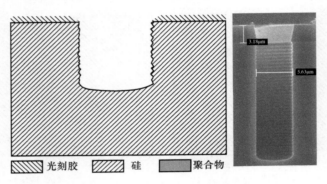

图 5.39　DRIE 后产生的锯齿状侧壁

DRIE 工艺存在与普通反应离子刻蚀一样的微负载效应,开口大的刻蚀窗口和开口小的刻蚀窗口在同样时间的刻蚀中所形成沟槽深度差别很大,英文一般称其为 DRIE Lag 效应,中文翻译为滞后效应。DRIE Lag 效应分为正效应和反效应两种,如图 5.40 所示。正效应中,开口大的刻蚀窗口刻蚀深度比开口小的刻蚀窗口深;而在反效应中,开口小的刻蚀窗口刻蚀深度比开口的窗口刻蚀深。通过合理的设计微结构版图[5]和优化工艺参数[6],DRIE Lag 效应是可以被消除的。

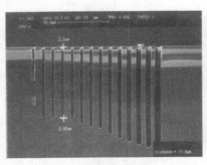

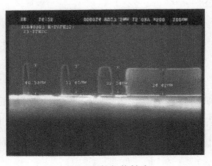

（a）正向负载效应　　　　　　　　（b）反向负载效应

图 5.40　DRIE 工艺的负载效应

近年来,随着 SOI 的使用,DRIE 中的电荷积聚效应也被广泛关注和研究。如

图 5.41(a)所示,当刻蚀到达氧化硅埋层时,应为氧化硅为绝缘体,SF$_x$ 离子积聚在槽体底部,当后续离子轰击槽底时,受到积聚电荷的排斥而改向轰击侧壁,导致侧壁底部被掏蚀,如图 5.41(b)所示。电荷积聚的机理现在还没有一个完美的解释,当刻蚀窗口足够大之后,这种现象就消失不见,如图 5.41(c)所示。

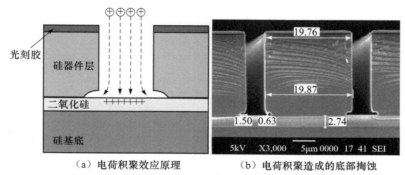

（a）电荷积聚效应原理　　　　（b）电荷积聚造成的底部掏蚀

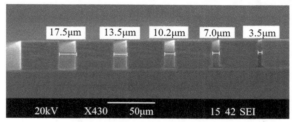

（c）电荷积聚随刻蚀窗口宽度增加而减弱

图 5.41　DRIE 工艺的电荷积聚问题

以 STS 公司的 ICP-ASE 感应耦合高密度等离子刻蚀机为例,其刻蚀 20μm 浅槽的典型工艺参数如表 5.9 所示。表 5.9 中的工艺参数对 DRIE 结构的影响如下:

表 5.9　DRIE 浅槽刻蚀典型工艺参数

参数	值	
	钝化	刻蚀
循环时间/s	5	8
C$_4$F$_8$/sccm	85	0
SF$_6$/sccm	0	130
O$_2$/sccm	0	13
线圈功率/W	600	600
平板功率/W	0	12
PC/%	81.8	81.8
压力/mT	20	34

(1) 刻蚀/钝化时间比影响侧壁的形貌,增大刻蚀/钝化时间比,侧壁形状偏向于上小下大,如图 5.42(c)所示,而减小刻蚀/钝化时间比,侧壁形状偏向于上大下小,如图 5.42(a)所示;保持刻蚀/钝化时间比不变,等比例减小刻蚀/钝化的时间,可降低侧壁锯齿状痕迹的显著程度。

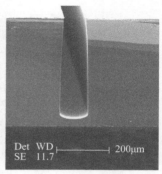

| (a) 上大下小结构 | (b) 中间大、上下小结构 | (c) 上小下大结构 |

图 5.42　DRIE 工艺的侧壁形貌

(2) platen 功率影响自偏压,进而影响离子轰击效果,功率过小,离子轰击效果不足,会产生上大下小的形状,如图 5.42(a)所示;而功率过大,离子轰击能量太高,可能会在槽底部反射,轰击在侧壁上,形成中间大、上下小的形貌,如图 5.42(b)所示。

(3) 反应室压力影响气体分子的平均自由行程,压力高,离子互相碰撞过程中能量损失大,轰击作用不显著,有可能形成如图 5.42(a)所示的上大下小侧壁,同时,离子间碰撞形成的散射还有可能对侧壁腰部产生刻蚀,导致如图 5.42(b)所示的中间大、上下小的侧壁。

(4) coil 功率,主要影响等离子体的电离率和等离子体密度,功率大则刻蚀速率高,功率小则刻蚀速率低。

总结来说,对 DRIE 结构有作用的因素非常多,有大量的科技论文可以参考,此处不再详细介绍。

参 考 文 献

[1] 黄庆安. 硅微机械加工技术. 北京:科学出版社,1996.

[2] Powell O, Harrison H B. Anisotropic etching of {100} and {110} planes in (100) silicon. Journal of Micromechanics and Microengineering,2001,11:217—220.

[3] Etch rates for silicon,silicon nitride,and silicon dioxide in varying concentrations and temperatures of KOH. http://cleanroom. byu. edu/KOH. phtml. 2010-10-21.

［4］　Koester D,Cowen A,Mahadevan R. PolyMUMPs Design Handbook. http：// web. ncku. edu. tw/～daw/Teaching/MEMS/Handouts/polymamps. dr. vlo. pdf,2014-02-23.

［5］　Khanna R,Zhang X,Protz J,et al. Microfabrication protocols for deep reactive ion etching and wafer-level bonding. Sensors,2001,18：51—60.

［6］　Chung C K. Geometrical pattern effect on silicon deep etching by an inductively coupled plasma system. Journal of Micromechanics and Microengineering,2004,14：656—662.

第6章 氧化、扩散与注入

6.1 氧 化

常用的二氧化硅膜生长方法有热生长法、化学气相淀积法、阴极溅射法、HF-HNO₃气相钝化法、真空蒸汽法、外延生长法、阳极氧化法等。其中,热氧化技术可以产生最少数量的表面缺陷而获得最干净的氧化层。硅热氧化过程中,氧气与硅反应生成二氧化硅,在这个过程中,硅存在一定消耗,每生长 1 个单位的二氧化硅,要消耗掉 0.46 个单位的硅,如图 6.1 所示。

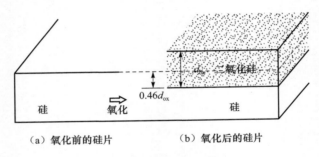

（a）氧化前的硅片　　　　　（b）氧化后的硅片

图 6.1　硅热氧化厚度变化示意图

6.1.1 氧化设备

典型的卧式氧化炉结构图 6.2 所示。

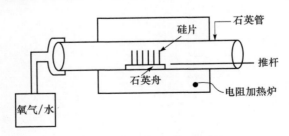

图 6.2　硅热氧化系统设备结构示意图

氧化炉是常压设备,硅片放置在石英舟上,使用石英推杆从炉口位置将石英舟推入石英管的恒温加热区。氧化气体从石英管尾部进入,从炉口排出。可以使用的氧化气体有以下三种：

（1）干氧。使用干燥的高纯氧气进行氧化，得到的氧化层致密无孔，但当形成一定厚度的氧化层后，由于氧气在二氧化硅中的透过速度非常低，导致后续的氧化速率很低，不适合制备较厚的氧化层。

（2）湿氧。以高纯氧为携带气，将高纯氧通过温度为98℃的水瓶，水瓶中放置去离子水，接近沸腾状态的水产生大量水汽，虽氧气进入石英管，因为水在二氧化硅中的透过性高，很容易穿过已经形成的二氧化硅到达硅表面，在硅表面分解，生成氧气和氢气，氧气与硅反应生成二氧化硅，氢气则被吸附在生成的二氧化硅中，成为气泡缺陷，这种氧化方法速率高，缺点是存在气泡缺陷，不够致密。

（3）氢氧合成。同时在炉管中通入一定比例的氢气和氧气，在高温下反应生成水，之后的反应类似湿氧氧化，这种方法因为使用易爆的氢气，存在危险性。

6.1.2　Deal-Grove 氧化模型

硅氧化层的热生长动力学已被深入研究多年，Deal 和 Grove 于 20 世纪 60 年代初期提出线性抛物线生长动力学模型，迄今仍被广泛使用。根据 Deal-Grove 模型，当氧化温度为 700～1300℃时，炉膛压力为 0.2～1bar[①]，氧化厚度为 30～2000nm 时，湿法氧化和干法氧化的氧化厚度与时间的关系如下：

$$d_o^2 + A d_o = B(t+\tau) \tag{6.1}$$

求解可得氧化层厚度和时间的关系为

$$d_o = \frac{A}{2}\left(\sqrt{1+\frac{t+\tau}{A^2/4B}}-1\right) \tag{6.2}$$

时间和氧化层厚度的关系为

$$t = \frac{d_o^2}{B} + \frac{d_o}{B/A} \tag{6.3}$$

当氧化时间较短，满足 $t+\tau \ll A^2/4B$ 时，有

$$d_o \cong (B/A)(t+\tau) \tag{6.4}$$

即氧化层厚度与时间成线性关系，故 B/A 称为线性速率常数；如果满足 $t \gg \tau$ 且 $t \gg A^2/4B$，则有

$$d_o^2 \cong Bt \tag{6.5}$$

即氧化层厚度与时间成抛物线关系，故 B 称为抛物线速率常数。

线性速率常数 B/A 和抛物线速率常数 B 的计算公式分别如下：

① bar 为压强单位，1bar＝10^5Pa＝1dN/mm²。

(1) 湿法氧化。

$$(B/A)_{\text{wet}} = \left(5.8 \times 10^7 \, \frac{\mu\text{m}}{\text{hr}}\right) \exp\left(-\frac{1.93\text{eV}}{kT}\right) \quad (6.6)$$

$$B_{\text{wet}} = \left(188 \, \frac{\mu\text{m}^2}{\text{hr}}\right) \exp\left(-\frac{0.71\text{eV}}{kT}\right) \quad (6.7)$$

(2) 干法氧化。

$$(B/A)_{\text{dry}} = \left(7.8 \times 10^6 \, \frac{\mu\text{m}}{\text{hr}}\right) \exp\left(-\frac{2.01\text{eV}}{kT}\right) \quad (6.8)$$

$$B_{\text{dry}} = \left(665 \, \frac{\mu\text{m}^2}{hr}\right) \exp\left(-\frac{1.21\text{eV}}{kT}\right) \quad (6.9)$$

式中,k 为常数,$k = 8.617 \times 10^{-5}\,\text{eV/K}$,K 为绝对温度,计算时注意把摄氏温度换算为绝对温度,即 $T_k = T_c + 273.15$。诸多参考书籍给出了一定温度下对应的速率常数,表 6.1 是湿法氧化的速率常数,表 6.2 是干法氧化的速率常数。值得注意的是,采用式(6.6)~式(6.9)计算得到的速率常数和表中所列稍有差异。同时,对于每台氧化炉,其速率常数存在差异,不能完全依赖公式,需要针对不同的氧化炉,经过多次实验之后,在公式计算的结果上进行修正,才能准确预测氧化厚度。

表 6.1　湿法氧化速率常数[1]

温度/℃	$A/\mu\text{m}$	$B/(\mu\text{m}^2/\text{h})$	$B/A/(\mu\text{m}/\text{h})$	τ/h
1200	0.05	0.720	14.40	0
1100	0.11	0.510	4.64	0
1000	0.226	0.287	1.27	0
920	0.50	0.203	0.406	0

表 6.2　干法氧化速率常数[1]

温度/℃	$A/\mu\text{m}$	$B/(\mu\text{m}^2/\text{h})$	$B/A/(\mu\text{m}/\text{h})$	τ/h
1200	0.040	0.045	1.12	0.027
1100	0.090	0.027	0.30	0.076
1000	0.165	0.0117	0.071	0.37
920	0.235	0.0049	0.0208	1.40

6.2　扩　　散

本征半导体中载流子数目极少,导电能力很低。但若在其中掺入微量杂质,所形成的杂质半导体的导电性能将大大增强。由于掺入的杂质不同,杂质半导体可以分为 n 型和 p 型两大类。n 型半导体中掺入的杂质为磷或其他五价元素（可贡献出一个外层电子，又称为施主），磷原子在取代原晶体结构中的原子并构成共价键时，多余的第五个价电子很容易摆脱磷原子核的束缚而成为自由电子，于是，半导体中的自由电子数目大量增加，自由电子成为多数载流子，空穴则成为少数载流子。p 型半导体中掺入的杂质为硼或其他三价元素（需要一个外层电子，又称为受主），硼原子在取代原晶体结构中的原子并构成共价键时，将因缺少一个价电子而形成一个空穴，于是，半导体中的空穴数目大量增加，空穴成为多数载流子，而自由电子则成为少数载流子。所谓掺杂，就是将可控数量的所需杂质掺入到衬底的特定区域内，从而改变衬底的电学特性。对硅来讲，硼是常用的 p 型掺杂源，砷和磷是常用的 n 型掺杂源，在 $800 \sim 1200\,℃$ 温度下，这三种杂质源在硅中的固溶度都超过了 $5 \times 10^{20}/cm^3$。扩散和注入是两种主要的掺杂方法，本节首先介绍扩散法掺杂。

对于施主或受主杂质的掺入，就需要进行较高温度的热扩散。因为施主或受主杂质原子的半径一般都比较大，它们直接进入衬底晶格的间隙中去是很困难的，只有当晶体中出现晶格空位后，杂质原子才有可能进去占据这些空位，并进入到晶体。为使晶体产生大量晶格空位，就必须对晶体加热，使晶体原子的热运动加剧，使得某些原子获得足够高的能量而离开晶格位置，留下空位（与此同时也产生出等量的间隙原子，空位和间隙原子统称为热缺陷），也因此杂质原子的扩散系数随着温度的升高而呈指数式增大。对于硅晶体，要在其中形成大量的空位，所需要的温度大致为 $1000\,℃$ 左右，这也就是热扩散的温度。热扩散有以下两种机理（图 6.3）：

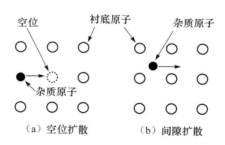

图 6.3　两种扩散机理示意图[2]

（1）当相邻的衬底原子或杂质原子迁移到空位位置时，称这样的扩散为空位扩散。

（2）如果一个间隙原子从一处运动到另外一处而未占据晶格位置，称这种扩散为间隙扩散。

一般情况下，硼、磷、砷和锑等物质的扩散是空位扩散，而金、银、铜和铁等重金属杂质的扩散则是间隙扩散。常用的扩散方法有固态源扩散（使用 BN、As_2O_3 和

P_2O_5 固态源片)、液态源扩散(使用 BBr_3、$AsCl_3$ 和 $POCl_3$ 液态源)、乳胶源扩散(掺杂硼、磷和砷等的二氧化硅乳胶)和气态源扩散(使用 B_2H_6、AsH_3 和 PH_3)。

(1) 气态源扩散。气态杂质源是最常用的,其优点是气瓶运输方便、气体纯度高、污染少;缺点是多数杂质气体有毒或剧毒,使用时需要非常小心。在通入杂质气体的同时,会用氮气稀释及与氧气反应形成含有杂质的氧化层充当杂质源。目前,这种做法已经被应用于深亚微米器件的超浅节上,利用扩散热退火,将含在氧化层内的杂质扩散进硅衬底内,可以达到 30nm 的超浅节面。扩散设备原理图如图 6.4(a)所示,其反应式如下:

硼扩散

$$B_2H_6 + 3O_2 \xrightarrow{\triangle} B_2O_3 + 3H_2O \tag{6.10}$$

$$B_2H_6 + 6CO_2 \xrightarrow{\triangle} B_2O_3 + 3H_2O + 6CO \tag{6.11}$$

$$2B_2O_3 + 3Si \xrightarrow{\triangle} 3SiO_2 + 4B\downarrow \tag{6.12}$$

磷扩散

$$2PH_3 + 4O_2 \xrightarrow{\triangle} P_2O_5 + 3H_2O \tag{6.13}$$

$$2P_2O_5 + 5Si \xrightarrow{\triangle} 5SiO_2 + 4P\downarrow \tag{6.14}$$

(2) 液态源扩散。优点是设备简单,操作方便,工艺较成熟,扩散均匀性、重复性较好,p-n 结均匀平整,成本低,生产效率高;缺点是扩散温度高,表面浓度不便于做大范围调节,污染较大,在各种器件,特别是高浓度磷扩散场合有应用。扩散设备原理图如图 6.4(b)所示,其反应式如下:

硼扩散

$$4BBr_3 + 3O_2 \xrightarrow{\triangle} 2B_2O_3 + 6Br_2 \tag{6.15}$$

$$2B_2O_3 + 3Si \xrightarrow{\triangle} 3SiO_2 + 4B\downarrow \tag{6.16}$$

磷扩散

$$4POCl_3 + 3O_2 \xrightarrow{\triangle} 2P_2O_5 + 6Cl_2\uparrow \tag{6.17}$$

$$2P_2O_5 + 5Si \xrightarrow{\triangle} 5SiO_2 + 4P\downarrow \tag{6.18}$$

(3) 固态源扩散。优点是扩散温度较低,操作简便,不需要盛源容器和携源系统,易大批量生产,扩散的均匀性、重复性和表面质量都较好,其扩散结果不受气体流量的影响,无毒气影响;缺点是源片受热冲击容易裂开。扩散设备原理图如图 6.4(c)所示,其反应式如下:

硼扩散

$$4BN + 3O_2 \xrightarrow{\triangle} 2B_2O_3 + 2N_2\uparrow \tag{6.19}$$

$$2B_2O_3 + 3Si \xrightarrow{\triangle} 3SiO_2 + 4B \downarrow \tag{6.20}$$

磷扩散

$$Al(PO_3)_3 + 3O_2 \xrightarrow{\triangle} AlPO_4 + P_2O_5 \tag{6.21}$$

$$SiP_2O_7 \xrightarrow{\triangle} SiO_2 + P_2O_5 \tag{6.22}$$

$$2P_2O_5 + 5Si \xrightarrow{\triangle} 5SiO_2 + 4P \downarrow \tag{6.23}$$

（4）乳胶源扩散。优点是淀积掺杂层温度低,可掺杂的元素多,晶格缺陷少,表面状态好,一步扩散即能达到所需的表面浓度和结深,表面浓度可控范围宽,能在低于固溶度下扩散,可用于非硅器件等;缺点是源不易存放过久,否则会有二氧化硅颗粒析出,扩散设备原理图如图 6.4(d)所示。

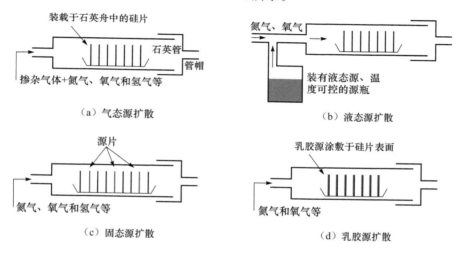

（a）气态源扩散　　　　　　　　　（b）液态源扩散

（c）固态源扩散　　　　　　　　　（d）乳胶源扩散

图 6.4　四种扩散类型示意图

（5）其他方法。如化学气相沉积掺杂二氧化硅源扩散,其优点是淀积掺杂层温度低,晶格缺陷少,表面状态好,一步扩散即能达到所需的表面浓度和结深,表面浓度可控范围宽,能在低于固溶度下扩散,p-n 结平整;缺点是高浓度扩散时,表面质量稍差,多次扩散表面形成较高的台阶。主要应用在其他扩散方法不易控制的高或低表面浓度,特别是表面浓度要求严格的器件或扩散层。

扩散运动是一种微观粒子的热运动,只有当存在浓度梯度时,这种热运动才能形成。扩散运动其实是十分复杂的运动,只有当杂质浓度和位错密度低时,扩散运动才可以用恒定扩散率情况下的菲克（Fick）扩散定律来描述为[3]

$$J = -D \frac{\partial C(x,t)}{\partial x} \tag{6.24}$$

式中,J 为单位时间内杂质原子通过单位面积的扩散量;$\dfrac{\partial C(x,t)}{\partial x}$ 为掺杂浓度梯度；D 为杂质扩散系数；x 为扩散深度（在硅表面，$x=0$）；t 为扩散时间；负号表示扩散方向与浓度增加方向相反，即沿着浓度下降的方向。其中，扩散系数既可以查得，又可以采用下式计算：

$$D = D_0 e^{-\frac{E_a}{kT}} \qquad (6.25)$$

式中，D_0 为本征扩散系数或本征扩散率；T 为绝对温度；k 为玻耳兹曼常数，为 $1.380\ 658 \times 10^{-23}$ J/K 或 $8.617\ 385 \times 10^{-5}$ eV/K；E_a 为阿伦尼马斯（Arrhenius）激活能。对于间隙扩散，E_a 一般为 $0.5 \sim 1.5$ eV，对于空位扩散，E_a 一般为 $3 \sim 5$ eV。硼、磷和砷的本征扩散系数如表 6.3 所示。因为扩散机理至今没有一个精确的理论解释，不同参考书籍中给出的扩散系数也有差异，此处只给出符合本征扩散条件下的本征扩散系数和激活能，关于非本征扩散，此处不给予介绍。

表 6.3　常见杂质的本征扩散系数和激活能

	硼	磷	砷	锑
$D_0/(\mathrm{cm^2 \cdot s^{-1}})$	0.76	3.85	22.9	0.214
E/eV	3.46	3.66	4.1	3.65

常见杂质在硅衬底中的扩散系数和温度的关系如图 6.5 所示[4]。

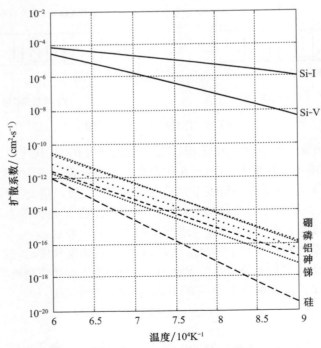

图 6.5　常见杂质在硅中的扩散系数和温度的关系

同时又有

$$\frac{\partial C}{\partial t} = -\frac{\partial J}{\partial x} \tag{6.26}$$

联立式(6.25)、式(6.26)，可以推导出菲克定律为

$$\frac{\partial C}{\partial t} = D\frac{\partial^2 C}{\partial x^2} \tag{6.27}$$

为了求解菲克定律，需要一个初始条件和两个边界条件。根据初始条件和边界条件的不同，将扩散划分为两种杂质浓度分布的模型：其一是恒定表面浓度扩散（又叫恒定表面源扩散）；其二是恒定杂质量扩散（又叫有限表面源扩散）。实际生产中的扩散温度一般为 900～1200℃，在这样的温度范围内，常用杂质（如硼、磷、砷等）在硅中的固溶度随温度变化不大，因而采用恒定表面浓度扩散很难得到低表面浓度的杂质分布形式。为了同时满足对表面浓度、杂质数量、结深及梯度等方面的要求，实际生长中所采用的扩散方法往往是上述两种扩散方法的结合，也就是将扩散过程分为两大步完成，称为两步扩散：第一步叫做预淀积，属于恒定表面浓度；第二步叫做再分布（或叫推进），属于恒定杂质量扩散。预淀积是在较低温度下采用恒定表面浓度扩散方式，在硅片表面扩散一层数量一定、按余误差函数形式分布的杂质，由于温度较低且时间短，杂质扩散得很浅，可认为杂质是均匀分布在一薄层内，其目的是为了控制扩散杂质的数量。再分布是将由预淀积引入的杂质作为扩散源，在较高温度下进行扩散。扩散的同时也进行氧化，其目的是为了控制表面浓度和扩散深度。在这一扩散中，杂质数量一定，只是在较高的温度下重新分布。

（1）恒定表面浓度扩散。恒定表面浓度扩散下的初始条件和边界条件为

$$C(x,0) = 0, \quad C(0,t) = C_s, \quad C(\infty,t) = 0$$

式中，C_s 为表面浓度。其中，初始条件，即 $t=0$ 时刻，任意深度的掺杂浓度为 0。边界条件为：①扩散开始后，任意时间硅片表面的浓度都是恒定的，为 C_s；②扩散开始后，任意时间硅片内部远离表面的浓度都是 0。此条件下对菲克定律进行求解，得到掺杂浓度分布的表达形式为

$$C(x,t) = C_s \mathrm{erfc}\left\{\frac{x}{2\sqrt{Dt}}\right\} \tag{6.28}$$

式中，erfc 表示余误差函数；$\sqrt{Dt}$ 为扩散长度。通常，硼和磷的预淀积、隐埋扩散和隔离扩散的预淀积都属于此类函数分布。单位面积上淀积于硅片表面的杂质总量为

$$Q(t) = 2C_s\sqrt{\frac{Dt}{\pi}} \cong (1.33)C_s\sqrt{Dt} \tag{6.29}$$

掺杂浓度梯度为

$$\frac{\mathrm{d}C}{\mathrm{d}x} = -\frac{C_s}{\sqrt{\pi Dt}} \exp\left(\frac{x^2}{4Dt}\right) \tag{6.30}$$

余误差函数的一些性质如下（引自香港城市大学教案）：

$$\mathrm{erf}(x) = \frac{2}{\sqrt{\pi}} \int_0^x \mathrm{e}^{-y^2} \mathrm{d}y$$

$$\mathrm{erfc}(x) = 1 - \mathrm{erf}(x)$$

$$\mathrm{erf}(0) = 0$$

$$\mathrm{erf}(\infty) = 1$$

$$\mathrm{erf}(x) = \frac{2}{\sqrt{\pi}}x, \quad x \ll 1$$

$$\mathrm{erf}(x) = \frac{1}{\sqrt{\pi}} \frac{\mathrm{e}^{-x^2}}{x}, \quad x \gg 1$$

$$\frac{\mathrm{d}}{\mathrm{d}x}\mathrm{erf}(x) = \frac{2}{\sqrt{\pi}} \mathrm{e}^{-x^2}$$

$$\frac{\mathrm{d}^2}{\mathrm{d}x^2}\mathrm{erf}(x) = -\frac{4}{\sqrt{\pi}} x\mathrm{e}^{-x^2}$$

$$\int_0^x \mathrm{erfc}(y') \mathrm{d}y' = x\mathrm{erfc}(x) + \frac{1}{\sqrt{\pi}}(1 - \mathrm{e}^{-x^2})$$

$$\int_0^\infty \mathrm{erfc}(x) \mathrm{d}x = \frac{1}{\sqrt{\pi}}$$

（2）恒定杂质量扩散。恒定杂质量扩散下的初始条件和边界条件为

$$C(x,0) = 0, \quad \int_0^\infty C(x,t)\mathrm{d}x = S, \quad C(\infty,t) = 0$$

式中，S 为单位面积上的掺杂杂质总量。此条件下对菲克定律进行求解得到

$$C(x,t) = \frac{S}{\sqrt{\pi Dt}} \exp\left(\frac{-x^2}{4Dt}\right) \tag{6.31}$$

符合高斯分布 $\left(\frac{1}{\sigma\sqrt{2\pi}} \exp\left[\frac{-(x-\mu)^2}{2\sigma^2}\right]\right)$。

取扩散深度为零，得到

$$C_s(t) = \frac{S}{\sqrt{\pi Dt}} \tag{6.32}$$

即在恒定杂质量扩散中，表面浓度随着时间的增加而减小，而恒定表面浓度扩散中，表面浓度是恒定而与时间无关的。

掺杂浓度梯度为

$$\frac{\mathrm{d}C}{\mathrm{d}x} = -\frac{x}{2Dt}C(x,t) \tag{6.33}$$

　　浓度梯度在扩散深度为零和扩散深度为无穷大时皆为零。当扩散深度 $x=$
$\sqrt{2Dt}$ 时，浓度梯度最大。图 6.6 给出了恒定表面浓度和恒定杂质量扩散的掺杂
浓度与正交化的扩散深度的关系。图 6.7 给出了电阻率和掺杂浓度的关系。在微
电子工艺中，通常采用双步扩散工艺。首先采用恒定表面浓度扩散在衬底上于较
低的温度下淀积扩散层（预淀积），然后再采用恒定杂质量扩散在较高的温度下进
行推进（再分布）。大多数情况下，预淀积的扩散长度要远远小于推进的扩散长度，
可以将预淀积后的杂质浓度分布当做是衬底表面的脉冲函数。

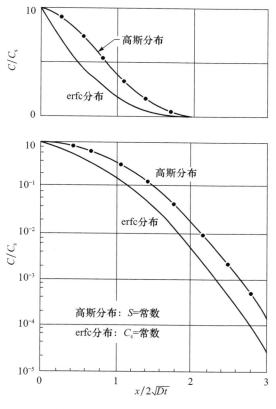

图 6.6　余误差分布和高斯分布

　　由于掺杂元素在二氧化硅中的扩散系数非常小，可以用二氧化硅作为有效的
扩散阻挡层。杂质在二氧化硅中的扩散过程分为两步：第一步是杂质和二氧化硅
反应形成玻璃层（如硼硅玻璃层或磷硅玻璃层）；第二步是杂质从玻璃向衬底扩散。
因此，在第一步的过程中，二氧化硅是有效的阻挡层，可以阻止杂质透过掩蔽层扩
散到被保护的衬底中。通常，理论氧化阻挡层厚度由如下公式计算：

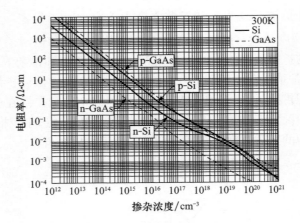

图 6.7　电阻率和掺杂浓度的关系曲线

$$t_{oxide} = 4.6 \sqrt{t D_{SiO_2}} \qquad (6.34)$$

式中，t 为扩散时间（单位：s）；D_{SiO_2} 为杂质在二氧化硅中的扩散系数，如在 1175℃ 下，硼在二氧化硅中的扩散系数是 $6 \times 10^{-14} \, cm^2/s$。图 6.8 给出了硼扩散和磷扩散

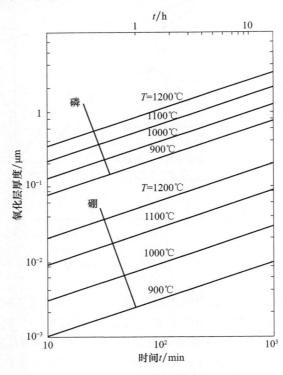

图 6.8　最小氧化层厚度与扩散时间和温度的关系

中,不同温度和不同工艺时间下需要的最小二氧化硅掩膜厚度,在对给定区域进行扩散时,需要使用厚度超过最小厚度的氧化硅作掩膜,负责杂质会穿透二氧化硅,对不需要的区域进行掺杂。

扩散并不是理想地只在深度方向进行,还会从掩蔽层的边缘横向进行。对于恒定杂质量扩散,横向扩散深度约为纵向扩散深度的 70%。扩散以后要求硅片表面光亮,扩散后常见的缺陷及其解决措施如下:

(1)表面合金点。表面合金点是常见的表面缺陷之一,产生的原因是系统内气体流量太小,或预淀积温度过高,时间过长,致使表面杂质浓度过高。因此,表面浓度不要太高是避免产生表面合金点的有效措施之一。

(2)表面黑点和白雾。产生这种表面缺陷的原因是:①硅片表面有湿气或暴露在空气中时间过长,因此,环境要干燥,装片后应立即进炉,如不马上进炉,应放在通氮气的干燥柜中;②净化台清洁度不够,风速小,所以,炉口要用 100 级的净化台,风速为 0.5m/s;③排气口堵塞,石英管壁上白色粉末掉落到硅片表面,破坏表面状态,因此,需常用盐酸清洗石英管(1 次/3 炉);④石英舟上的粉末状析出物玷污硅片,故要求每炉换一次石英舟(装片和装源的舟)。

6.3 离子注入

离子注入掺杂方法是将电离的杂质原子经静电场加速后射入衬底,与热扩散掺杂相比,离子注入工艺可以通过测量离子流严格控制剂量和能量,从而控制掺杂的浓度及深度。对扩散来说,其深度方向上掺杂浓度从衬底表面到内部呈下降趋势,如图 6.9(a)所示,浓度分布主要由温度和扩散时间决定,一般用于形成深结;对注入来说,其深度方向上的掺杂浓度先上升再下降,如图 6.9(b)所示,浓度分布主要由离子剂量、电场强度和衬底晶向决定,一般用于形成浅结。

与热扩散掺杂相比,离子注入掺杂的优点如下:

(1)可通过调节注入离子的能量和数量精确控制掺杂的深度和浓度,特别是当需要浅 p-n 结和特殊形状的杂质浓度分布时,离子注入掺杂可保证其精确度和重复性。

(2)杂质分布的横向扩展小,有利于获得精确的浅条掺杂,可提高电路的集成度和成品率。

(3)可实现大面积均匀掺杂并有高的浓度。

(4)不受化学结合力、扩散系数和固溶度等的限制,能在任意所需的温度下进行掺杂。

(5)可达到高纯度掺杂的要求,避免有害物质进入衬底材料,因而可以提高半导体器件的性能。

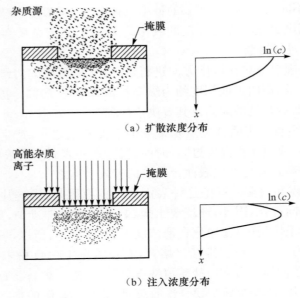

（a）扩散浓度分布

（b）注入浓度分布

图 6.9　扩散和注入杂质的浓度分布示意图

但是,离子注入也存在明显的缺点:

（1）设备昂贵,单次工艺批量小。

（2）难以实现超浅结和超深结的掺杂。

（3）入射离子会导致衬底晶格破坏,造成损伤,必须经过加温退火才能恢复晶格的完整性。同时,为使注入杂质起到所需的施主或受主作用,也必须有一个加温的激活过程。这两种作用结合在一起称为离子注入退火。高温退火会引起杂质的再一次扩散,从而改变原有的杂质分布,在一定程度上破坏离子注入的理想分布。

因为离子注入有以上不足之处,虽然其从 20 世纪 80 年代便被广泛应用,但仍然没有能够完全取代扩散掺杂。

在离子注入掺杂中,离子从进入靶起到静止点所通过的总路程称作射程,射程在离子入射方向投影的长度称作投影射程,以 x_p 表示,其含义如图 6.10 所示。

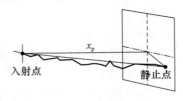

图 6.10　投影射程示意图

虽然各个离子的射程不一定相同,但所有离子的射程符合一定的统计分布。以 R 表示大量入射离子射程的统计平均值,以 R_p 表示其投影射程的统计平均值,称为平均投影射程。各入射离子的投影射程分散地分布在其平均值周围,引入标准偏差来表示 x_p 的分散情况:

$$\sigma_p = \sqrt{(x_p - R_p)^2} \tag{6.35}$$

σ_p 标准差在有些文献中又被称为 ΔR_p。

杂质离子的分布实际上是一个均值为 R_p、标准差为 σ_p 的高斯分布,即有

$$N(x_p) = N_{max} e^{-\frac{(x_p - R_p)^2}{2\sigma_p^2}} \tag{6.36}$$

杂质离子的空间分布如图 6.11 所示。在图 6.11 中,N_{max} 是峰值浓度(单位:cm^{-3}),N_s 是注入剂量(单位:cm^{-2}),有

$$N_{max} = \frac{N_s}{\sqrt{2\pi}\sigma_p} \cong \frac{0.4N_s}{\sigma_p} \tag{6.37}$$

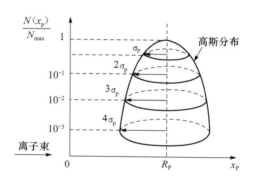

图 6.11　杂质离子的高斯空间分布

参 考 文 献

[1]　May G S. 半导体制造基础. 代永平译. 北京:人民邮电出版社,2007.

[2]　Quirk M. 半导体制造技术. 韩郑生译. 北京:电子工业出版社,2004.

[3]　林明祥. 集成电路制造工艺. 北京:机械工业出版社,2005.

[4]　Puchner H. Advanced Process Modeling for VLSI Technology[PhD Dissertation]. Wien:Technische University Wien,1996.

第7章　薄膜制备

7.1　化学气相沉积

　　化学气相沉积是通过化学反应的方式,利用加热、等离子激励或光辐射等各种能源,在反应器内使气态或蒸汽状态的化学物质在气相或气固界面上经化学反应形成固态薄膜的技术。常用的化学气相沉积技术有以下三种:

　　(1) 常压化学气相沉积(atmospheric pressure chemical vapor deposition, APCVD),就是在压力接近常压下进行化学气相沉积反应的一种沉积方式。优点是不需要真空系统,反应设备简单、便宜,沉积速率快,沉积温度低;缺点是台阶覆盖能力差,存在粒子污染。

　　(2) LPCVD,即是将反应腔室内的压力降低到100Torr以下的一种化学气相沉积反应。优点是薄膜纯度高,台阶覆盖能力极佳,批量生产能力强;缺点是反应温度高,淀积速率低。

　　(3) PECVD,即是通过射频电场而产生辉光放电形成等离子体以增强化学反应,从而降低沉积温度,可在常温至350℃条件下进行。优点是反应温度低,淀积速率高,台阶覆盖能力强;缺点是存在化学污染和粒子污染。当衬底上已经生长了铝、钛、镍等低熔点金属之后,不能再进行高温工艺,其后续的薄膜沉积工艺只能选择PECVD方法。

　　化学气相沉积是建立在化学反应基础上的,要制备特定的薄膜材料首先要选定一个合理的沉积反应。用于化学气相沉积技术的通常有如下所述四种反应类型:

　　(1) 热分解反应。通过对衬底高温加热,使氢化物、羰基化合物和金属有机物等分解成固体薄膜和残余气体,如多晶硅和非晶硅薄膜的制备反应式如下:

$$SiH_4 \xrightarrow{650℃} Si\downarrow + 2H_2\uparrow \tag{7.1}$$

金属镍薄膜的制备反应式如下:

$$Ni(CO)_4 \xrightarrow{180℃} Ni\downarrow + 2CO_2\uparrow \tag{7.2}$$

　　(2) 氧化还原反应。一般用氢气作还原性气体在高温下对卤化物、羰基卤化物、卤氧化合物及含氧化合物进行还原反应,如硅膜的同质外延:

$$SiCl_4 + 2H_2 \xrightarrow{1200℃} Si\downarrow + 4HCl\uparrow \tag{7.3}$$

或是利用氧气、二氧化碳作氧化性气体在高温下对卤化物、羰基卤化物进行氧化反应，生成氧化物薄膜，如低温氧化硅（low temperature oxide，LTO）的合成：

$$SiH_4 + O_2 \xrightarrow{450℃} SiO_2 \downarrow + 2H_2 \uparrow \tag{7.4}$$

（3）化学合成反应。利用两种或多种气体进行气相化学反应，生成各种化合物薄膜，如氮化硅的制备：

$$3SiH_4 + 4NH_3 \xrightarrow{750℃} SiN_4 \downarrow + 12H_2 \uparrow \tag{7.5}$$

（4）等离子增强反应。利用等离子态下活性自由基化学活性强的特点，可以在较低温度下制备各种化合物薄膜，如非晶硅的制备：

$$SiH_4 \xrightarrow{350℃ + 等离子} a-Si \downarrow + 2H_2 \uparrow \tag{7.6}$$

化学气相沉积反应涉及能量、动量及质量的传递，其基本过程分为 5 个步骤（图 7.1）：

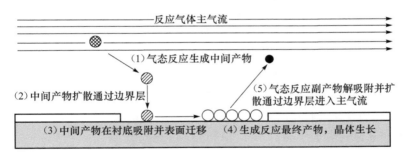

图 7.1　化学气相沉积化学反应基本过程

（1）化学反应首先在反应气体中进行，生成中间产物。

（2）中间产物借助扩散运动，穿过主气流与衬底之间的边界层到达衬底表面。

（3）反应中间产物吸附在衬底表面并在衬底表面快速迁移以重新分布。

（4）中间产物接受衬底传来的热或其他能量进一步反应，并生成固态的反应最终产物及其他气态的副产物；反应最终产物进行晶体态、非晶态或其他中间态的聚集，并最终成为沉积薄膜的一部分。

（5）气态副产物从衬底表面解吸附后则同样利用扩散运动通过边界层并进入主气流排出。

在采用化学气相沉积方法制备微结构的功能膜时，有晶粒尺寸、残余应力和台阶覆盖保形性三个重要的考核指标：

（1）晶粒尺寸。晶粒的粗大程度会影响薄膜表面的粗糙度。对于使用表面牺牲层工艺制备的微镜、光栅等光学微器件，需要使用多晶硅薄膜来充当光学反射面,表面粗糙度对光学衍射效率影响较大,需要严格控制或通过薄膜沉积后使用化学机械抛光(chemical mechanical polishing,CMP)的方法加以处理。晶粒尺寸受到生长温度和生长厚度的影响。以 LPCVD 淀积的多晶硅薄膜来说,不同生长温度对应不同的晶体形态,晶粒大小差别显著。当生长温度小于590℃时,生长的硅为非静态,没有晶粒出现,如图 7.2(a)所示,此时可得到光滑的薄膜表面;当生长温度为590~610℃时,硅为非晶和多晶之间的一种过渡态;而当温度高于610℃时,则硅为多晶硅,如图 7.2(b)所示,此时沉积温度越高,多晶硅的晶粒就越显著。

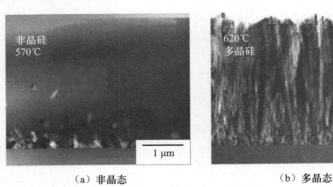

　　　　(a) 非晶态　　　　　　　　　　　　(b) 多晶态

图 7.2　沉积温度对晶粒大小的影响

　　除了生长温度,生长厚度也影响晶粒尺寸。如图 7.3 所示,在 620℃下淀积的多晶硅薄膜,当其厚度较小时,晶粒远没有厚度较大时显著,表面质量随着沉积厚度的增加而变差。

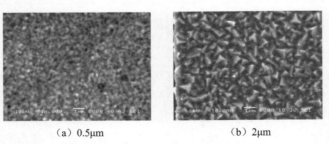

　　　　(a) 0.5μm　　　　　　　　　　　　　(b) 2μm

图 7.3　沉积厚度对晶粒大小的影响

(图片来源于西北工业大学空天微纳教育部重点实验室)

　　(2)残余应力。对于微结构来说,为了保证释放后的结构保持平整,通常希望多晶硅薄膜处于无应力状态或小的张应力(防止发生屈曲)。在表面牺牲层工艺中,微结构是经过先在牺牲层上形成平板或者梁,然后再腐蚀掉牺牲层而得到。这种工艺不可缺少的步骤是在基底上沉积薄膜,由于在沉积和退火过程中的温度变化,薄膜中不可避免地会产生残余应力,这种应力作用有时非常显著,在腐蚀牺层(即释放结构)时会引起结构的失稳、弯曲,甚至断裂;残余应力还会影响结构的工作性能,如会改变谐振结构的共振频率,进而影响结构对外界的响应。有残余应力和无残余应力(或应力不显著)状态下微结构的状态如图 7.4 所示。

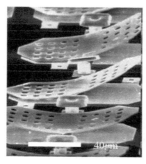

　　(a) 残余应力过大　　　　　　　　(b) 残余应力较小

图 7.4　残余应力对微结构的影响

　　残余应力在薄膜厚度方向上是不均匀分布的,存在如图 7.5 所示的应力梯度,应力的方向向左表示压应力(compressive stress),符号为负,向右表示张应力(tensile stress),符号为正。图 7.5 中薄膜下表面的张应力要小于上表面,在这个应力梯度的作用下,薄膜会产生上凹变形。沿膜厚成梯度分布的压应力可以分解为两部分:一部分为平均应力,用 σ_0 表示(单位:MPa);一部分为应力梯度,用 $\Delta\sigma_1$ 表示(单位:MPa/μm)。总的残余应力为

$$\sigma_{\text{total}} = \sigma_0 + \Delta\sigma_1 y, \quad y \in [-t/2, t/2] \tag{7.7}$$

总的残余应力在厚度方向(y 轴方向)上是变化的。

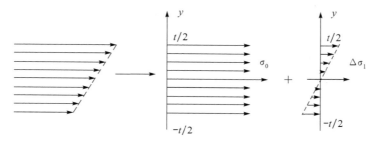

图 7.5　平均残余应力与应力梯度

　　通常认为,薄膜中的残余应力分为外应力(extrinsic stress)和内应力(intrinsic stress)两者的综合作用,而外应力则主要是由于薄膜和衬底材料热膨胀系数的差异引起的,所以也称为热应力式热失配应力。热应力是由于薄膜和衬底材料热膨胀系数(thermal expansion coefficient,TEC)的差异引起的,所以也称为热失配应力。热膨胀系数是材料的固有属性,不同种类材料之间的热膨胀系数可能有很大

差异,这种差异是薄膜在衬底上淀积时产生残余应力的主要原因。应力对应的弹性应变为

$$\varepsilon_{th} = \int_{T_1}^{T_2} [\alpha_f(T) - \alpha_s(T)] dT \tag{7.8}$$

式中,α 为热膨胀系数(单位:$10^{-6}/K$);下标 f 代表薄膜;下标 s 代表衬底;T 表示绝对温度。热膨胀系数不是一个常数,它随着温度的变化而变化,是温度的函数。但是,在一定的温度范围内,通常认为热膨胀系数是一个常数,以便于计算。对于有限的温度变化 ΔT,热应变为

$$\varepsilon_{th} = (\alpha_f - \alpha_s) \Delta T \tag{7.9}$$

内应力也称为本征应力,其是在薄膜淀积过程中形成的,起因比较复杂,目前还没有系统的理论对此进行解释。晶格失配、掺杂、晶格重构和相变等均会产生内应力。一般认为,内应力与特定的薄膜淀积技术及其淀积工艺参数直接相关,它是必然存在的,需要通过后续工艺来消除。

残余应力与薄膜的沉积温度关系密切,仍以 LPCVD 沉积的多晶硅为例,不同的淀积温度(实际上是不同的晶体状态)对应了不同的应力状态。如图 7.6 所示,当沉积温度小于 570℃时,薄膜上表面为压应力,下表面为张应力,薄膜呈现上凸的变形;当沉积温度为 570~610℃时,薄膜上表面为大的张应力,下表面为小的张应力,薄膜呈现上凹的变形;当沉积温度高于 610℃时,薄膜上表面为小的压应力,下表面为大的压应力,薄膜仍然呈现上凹的变形。

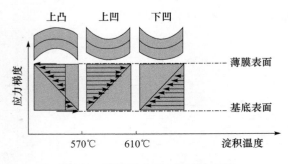

图 7.6　平均残余应力与应力梯度

(3) 台阶覆盖保形性。当在薄膜沉积之前,衬底表面已经具备一定高度的三维结构时,后续沉积的薄膜沿袭这种结构的能力称为台阶覆盖保形性。图 7.7 给出了薄膜淀积时的四种覆盖方式。图 7.7(a)是完全共形覆盖,薄膜的沉积速率在任意方向上(沿台面、台侧壁和台阶底部)都相等,得到均匀的淀积厚度 t,采用 LPCVD 方法淀积的多晶硅、氮化硅和 TEOS 热分解制备的二氧化硅薄膜通常属

于这种情况。形成共形覆盖的条件是吸附于衬底表面的反应中间产物(或反应气体分子)能在发生最终反应前沿表面快速地迁移,此时,不管表面的几何形貌如何,表面的反应中间产物浓度是均匀的,因而能获得完全均匀的厚度;在反应剂吸附后,不发生显著的表面迁移就完全反应的情况下,淀积速率将正比于气体分子的到达角 ϕ,图 7.7(b) 为气体分子的平均自由行程比台阶尺寸大得多的台阶覆盖情况,在台阶顶的水平面上,到达角在二维平面内均为 $180°$,在垂直侧壁顶点,到达角只有 $90°$,因而膜厚变小,沿垂直侧壁的到达角 ϕ 取决于台阶宽度和该点到台阶顶部的距离 x,即

$$\phi = \arctan \frac{w}{x} \tag{7.10}$$

随着 x 的增加,ϕ 逐渐减小。因膜厚与 ϕ 成正比,所以,薄膜沿台阶往下逐渐减薄,并在垂直侧壁的下端达到最小值,此处

$$\phi = \arctan \frac{w}{h} \tag{7.11}$$

式中,h 为台阶的高度。在台阶的下端可能会由于自掩蔽效应出现淀积不连续现象。LPCVD 工艺中使用硅烷和氧气反应制备二氧化硅属于这种情况。

当气体分子自由行程比台阶尺寸还要短而又不存在表面迁移时,台阶覆盖如图 7.7(c) 所示。此时台阶顶点的到达角为 $270°$,覆盖特别厚;而台阶侧壁底部的到达角只有 $90°$,淀积很薄。当台阶窄而深时,将出现气体耗尽现象,薄膜的不均匀现象将会更加严重。APCVD 采用硅烷和氧气反应制备二氧化硅属于这种情况。为了简化非共形覆盖的建模问题,此处假设了一种如图 7.7(d) 所示的部分共形覆盖对非共形覆盖进行近似,假设衬底上台阶的拐角是尖的,侧壁是竖直的,台阶上表面法线方向和侧壁法线方向上各自对应的沉积速率是均匀的,淀积之后的厚度分别为 t 和 ct,其中,c 为共形系数,取值范围为 $0 \leqslant c \leqslant 1$。除了在高深宽比的台阶中,台阶侧壁的薄膜淀积厚度沿 x 方向会有明显的变化外,这种假设一般都成立。共形系数是衡量台阶覆盖共形性好坏的指标,c 越大,共形性越好,反之则越差。

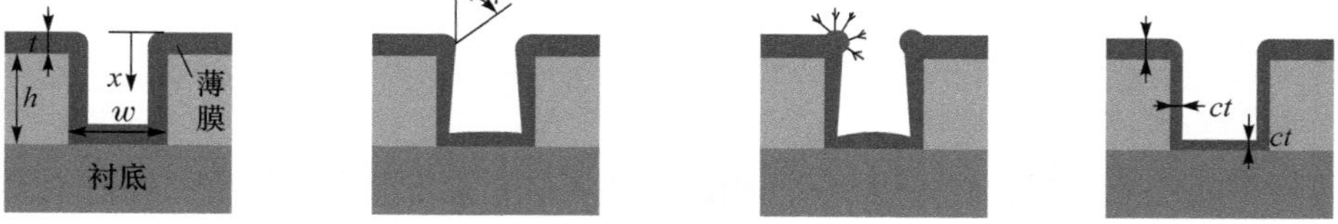

(a) 共形覆盖　　(b) 无表面迁移,长自　　(c) 无表面迁移,短自　　(d) 部分共形覆盖
　　　　　　　　由行程时的非共形覆盖　　由行程时的非共形覆盖

图 7.7　四种薄膜淀积覆盖方式

目前,存在两种方法求解化学气相沉积工艺中台阶覆盖之后的表面形貌:一种是建立化学气相沉积工艺的物理模型,综合考虑反应剂从气体到衬底表面的空间扩散、反应剂分子在衬底表面的迁移、反应剂分子的反应、反应副产物脱离衬底表面的空间扩散和衬底上台阶的深宽比等因素进行物理仿真,这种方法获得了相当广泛的研究,但由于涉及对化学气相沉积工艺的物理建模,求解过程比较复杂;另外一种是纯几何方法,其是根据工艺经验确定共形系数 c 及台阶覆盖后与共形系数相关的表面形貌解析表达式。第二种方法相对简单,能够比较精确地反映台阶覆盖之后的表面形貌。

由于多晶硅淀积呈现出高的共形性,其共形系数 c 约为 1;二氧化硅或磷硅玻璃的共形系数是工艺条件和特征尺寸的函数。

(1) TEOS 热分解 LPCVD 工艺制备的二氧化硅具有良好的共形性,其共形系数设定为 1。

(2) 对于采用硅烷和氧气 LPCVD 生成二氧化硅的工艺来说,孤立的线条或者大特征边缘台阶覆盖的共形系数为 55%,而更窄台阶(约 $2\mu m$)的共形系数为 35%～40%。共形系数不是一个常数,但由于共形系数 10% 的变化仅仅会导致表面形貌 1%～2% 的变化,影响不是很大,可假设硅烷和氧气 LPCVD 淀积制备的二氧化硅的共形系数为常数,大小为 0.4。

台阶覆盖保形性的好坏会影响到微器件的性能,如图 7.8(b) 所示。在使用薄膜材料对沟槽进行填充时,如果保形性不好,台阶的顶端会过早封闭,导致填充材料中出现孔隙。但是,有的时候也可利用这种不好的保形性实现圆片级封装(wafer level packaging),如图 7.9 所示。

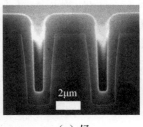

（a）好　　　　　　　　　　（b）不好

图 7.8　台阶覆盖保形性

除了以上三个指标以外,化学气相沉积还有沉积速率、膜厚均匀性、黏附性、薄膜组分、掺杂浓度、缺陷密度(针孔、杂质等)和机械性能(杨氏模量、疲劳强度、断裂强度等)等其他考核指标,本书不再一一介绍。

MEMS 制造过程中,常用的气相沉积设备主要是 LPCVD 和 PECVD。以制

(a) 气密层上开释放孔　　　(b) 释放液通过释放孔进入,腐　　(c) 沉积薄膜,通过薄膜的
　　　　　　　　　　　　　　蚀掉牺牲层材料以释放可动结构　　非保形覆盖重新封闭释放孔

图 7.9　利用非保形覆盖实现圆片级气密封装

备氮化硅为例,两种设备的结构和气炉原理图分别如图 7.10(a)、(b) 所示。LPCVD 设备的结构特点决定了其能同时处理多片衬底,生产效率高,而 PECVD 的结构特点则决定了其为单片生产,生产效率低,但优点是工艺温度低,热预算少,能够在制备了金属膜的衬底上沉积介质膜。

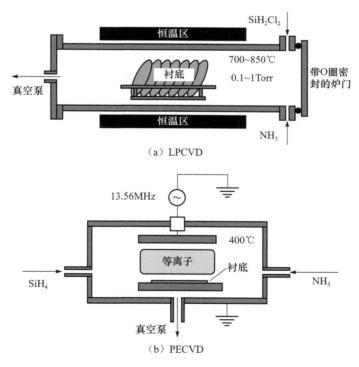

(a) LPCVD

(b) PECVD

图 7.10　两种常用的化学气相沉积设备

7.2　真 空 镀 膜

真空镀膜是将固体材料置于真空室内,在真空条件下,使用一定的能量形态迫

使固体材料的原理或分子从表面脱离,并自由地弥布到容器的器壁上。当将衬底放在真空容器中时,弥布原子或分子就会吸附在衬底上逐渐形成一层薄膜。真空镀膜有两种方法,即溅射和蒸发。

溅射镀膜就是以一定能量的粒子(离子或中性原子、分子)轰击靶材表面,使靶材近表面的原子或分子获得足够大的能量而最终逸出靶材表面并沉积在衬底上的工艺。溅射镀膜只能在一定的真空状态下进行。溅射用的轰击粒子通常是带正电荷的惰性气体离子,用得最多的是氩离子。氩电离后,氩离子在电场加速下获得动能轰击靶材电极。当氩离子能量低于 5eV 时,仅对靶材电极最外表层产生作用,主要使靶材电极表面原来吸附的杂质脱附,实现溅射清洗;当氩离子能量达到靶材电极原子的结合能(约为靶极材料的升华热)时,引起靶材电极表面的原子迁移,产生表面损伤;当氩粒子的能量超过靶材电极材料升华热的四倍时,原子被推出晶格位置成为气相逸出而产生溅射。对于大多数金属,溅射阈能约为 10～25eV。

通常,直接溅射的效率不高,放电过程中只有约 0.3%～0.5% 的气体分子被电离。因此,为了能在低气压下有较高的溅射速率,人们采用了磁控溅射的方法。图 7.11(a)是磁控溅射原理示意图,即利用电场与磁场正交的磁控原理,使电子的运动轨迹加长,形成螺旋运动并汇聚在阴极(靶材电极)周围。被磁场束缚的电子与工作气体的碰撞次数增加,使离化率提高 5～600 倍,从而提高了溅射速率。同时由于碰撞次数的增加,电子的能量也消耗殆尽,传到衬底的能量很小,所以溅射时衬底温度也较低。磁控溅射的电源可采用直流,也可采用射频电源,如用直流电源,只能制备金属薄膜而无法制备半导体介质膜,采用射频电源既可以制备金属薄膜,又可以制备介质膜。磁控溅射法的不足之处是沉积过程中可能引入部分气体杂质,不能对强磁性材料进行低温溅射。

蒸发镀膜分为电阻热蒸发和电子束蒸发两种。电阻热蒸发是在高真空条件下利用大电流加热固定支架上的镀膜材料使其蒸发,当蒸汽分子的平均自由程大于真空室的线性尺寸时,蒸汽的原子和分子从蒸发源表面逸出后,很少受到其他分子或原子的冲击与阻碍,可直接到达被镀的衬底表面上,由于衬底温度较低,便凝结其上而成膜。电子束蒸发是一种清洁的金属薄膜淀积工艺,由热丝发射的电子经过聚焦、偏转和加速以后形成能量约为 10keV 的电子束,然后轰击放在有冷却水套的容器(如坩埚)中的金属并使之部分蒸发,蒸发的金属在置于附近的衬底上淀积,从而获得有一定厚度的金属镀层。电子束蒸发设备的原理图如图 7.11(b)所示。电子束蒸发具有沾污轻和适用范围广的优点,但不适用于多元合金及易被电子束分解的化合物。

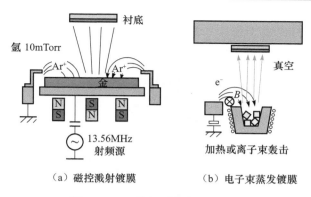

（a）磁控溅射镀膜　　　　　　（b）电子束蒸发镀膜

图 7.11　两种金属镀膜设备原理

7.3　外　　延

在单晶衬底上生长一层有一定要求的、与衬底晶向相同的单晶层,犹如原来的晶体向外延伸了一段,称外延工艺。外延分为同质外延和异质外延。同质外延是生长的外延层和衬底为同种材料,而异质外延中外延层和衬底则为异种材料(如在硅上外延生长碳化硅)。外延生长的方法有气相外延(vapor phased epitaxy,VPE)、液相外延(liquid phased epitaxy,LPE)、固相外延(solid phased epitaxy,SPE)、热壁外延(hot wall epitaxy,HWE)、分子束外延(molecular beam epitaxy,MBE)和金属有机化学气相沉积(metal organic chemical vapor deposition,MOCVD)等。

硅工艺中主要使用气相外延技术,能够很好地控制外延层厚度和杂质浓度,其缺点是工艺温度高(比 LPCVD 中生长多晶硅的温度要高),容易导致基底中的杂质和外延层中杂质互相扩散,影响外延层掺杂浓度的控制精度。气相外延都是使携带气态硅化物的氢气流流过被高频感应线圈加热的硅片来生长外延层的。由于在生长过程中反应室壁是冷的,就避免了在反应室壁上的淀积,并使来自反应器的沾污减至最小。一个桶形立式多片气相外延设备如图 7.12 所示。

气相外延的携带气一般是氢气,反应气体一般是四氯化硅($SiCl_4$)、三氯硅烷($SiHCl_3$)、硅烷(SiH_4)或二氯硅烷(SiH_2Cl_2)等。

(1)四氯化硅生长外延层需要的温度很高,现在较少采用。

(2)三氯硅烷可以在较低的温度下进行,且生长速率高,可用于厚外延生长。

(3)二氯硅烷工艺温度低,外延层缺陷少,是常用的一种硅源。

(4)硅烷,可以在低于 900℃的温度下生长很薄的外延层,且生长速率高。

反应气进入置有硅衬底的反应室,在反应室进行高温化学反应,使气态硅化物还原或热分解,所产生的硅原子在衬底硅表面上外延生长。硅片外延生长时,常需

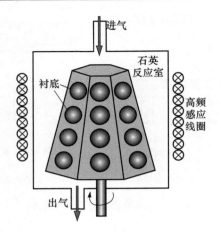

图 7.12　桶形立式气相外延设备结构原理图

要控制掺杂，以保证控制电阻率。n 型外延层所用的掺杂剂一般为磷烷（PH_3）或三氯化磷（PCl_3）；p 型外延层的为乙硼烷（B_2H_6）或三氯化硼（BCl_3）等。在硅的外延中，可以利用硅在绝缘体上很难核化成膜的特性，以二氧化硅或氮化硅为掩膜，可在硅表面特定区域生长外延层，称为选择外延。

7.4　SOI 制 备

　　SOI 衬底已经在微扫描镜、微陀螺和微压力传感器等 MEMS 器件上获得了广泛应用。使用 SOI 衬底制备的微压力传感器利用预埋氧化层作为敏感元件和衬底之间的电隔离，替代传统的扩散硅压力传感器中使用的 pn 结电隔离，高温下不会出现漏电现象，能够在 250～300℃ 的高温条件下长期工作，而传统的扩散硅微压力传感器的使用温度则一般不能超过 150℃。采用 SOI 衬底制备的微压力传感器芯体局部如图 7.13 所示，其中，器件层单晶硅制备的压敏电阻坐落在预埋氧化氧化层上，能够实现良好的电隔离。此外，使用 SOI 衬底制备具有悬置结构的微执行器和微传感器时，器件层和预埋氧化层的厚度都可以在比较宽的范围内定制，且器件层单晶硅表面平整，残余应力小，比采用气相沉积的多晶硅作为结构层的表面牺牲层工艺具有更大的灵活性和更高的可靠性，降低了工艺难度。SOI 衬底的三层结构如图 7.14 所示，分别为器件层、预埋氧化层和衬底层。

　　SOI 的制备方法主要有三种，分别是键合减薄法、注氧隔离法（separation by implantation of oxygen，SIMOX）和智能剥离法。键合减薄法工艺流程如图 7.15（a）所示，首先将一张单晶硅片热氧化在表面生成一层氧化硅，然后把氧化后的硅片和一片单晶硅片键合，最后将单晶硅片使用 CMP 设备减薄并抛光，得到 SOI 硅片。键

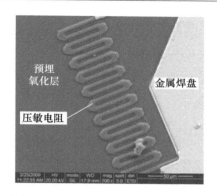

图 7.13　采用 SOI 衬底制备的微压力
传感器芯体局部

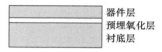

器件层
预埋氧化层
衬底层

图 7.14　SOI 衬底的三层结构

合减薄法制备的 SOI 衬底的预埋氧化层和器件层都可以在比较大的范围内(数微米到数十微米)定制,MEMS 中的很多应用场合都需要用到比较厚的器件层和预埋氧化硅,就需要使用键合减薄法制备的 SOI,但这种方法的缺点是器件层的厚度精确性和均匀性不高,且为了平衡热生长氧化硅带来的残余应力,衬底层硅片表面在制备过程中生成的氧化硅通常要予以保留,给后续的使用造成不便。注氧隔离法和智能剥离法比较适合制备器件层厚度 $1\mu m$ 以下的 SOI 衬底。其中,注氧隔离法采用大束流氧离子注入机把氧离子注入(注入剂量 $10^{18}/cm^2$)到硅衬底中,然后在惰性气体中高温退火(退火温度大于等于 1300℃),从而在硅衬底顶部浅层形成厚度均匀的二氧化硅预埋层,工艺流程如图 7.15(b)所示,该方法的优点是器件硅层和二氧化硅预埋层的厚度可以精确控制,缺点是大剂量、高能氧离子注入会带来较高的器件层缺陷。而智能剥离法则克服了注氧隔离法的缺点,它利用中等剂量氢离子注入,在一个硅片中形成含氢层,然后在低温下与另一个硅片键合,再经过500℃退火,使得注氢硅片从含氢层位置剥离开,留在衬底层上的部分成为器件层,最后进行热处理以增强器件层和氧化层的键合强度,工艺流程如图 7.15(c)所示,因为含氢层剥离后的表面比较粗糙,得到的 SOI 硅片最终还要经过 CMP 工艺以得到光滑的表面。在智能剥离工艺中,器件层的厚度由氢注入的能量决定,可以精确控制。智能剥离法的优点是用于生成器件层的硅片可以反复使用,节约了材料的消耗,且氢注入的剂量和能量都比较小,对器件层的损伤较小。

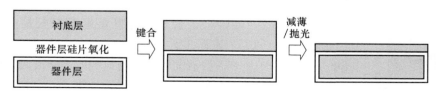

衬底层
器件层硅片氧化　　键合　　　　　减薄/抛光
器件层

(a) 键合减薄法

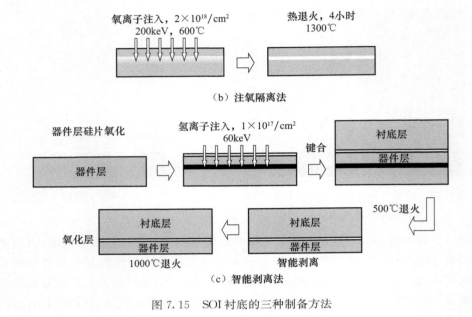

（b）注氧隔离法

（c）智能剥离法

图 7.15　SOI 衬底的三种制备方法

7.5　浸渍提拉法

　　浸渍提拉法主要用于溶胶-凝胶法等液相法制备薄膜材料。将基片浸入预先制备好的溶胶液体中，通过预先设置的浸渍时间、提拉速度、提拉高度、提拉次数等参数，将浸渍后的基片以均匀速度缓慢提拉起来，在黏度和重力作用下，基片表面形成一层均匀的溶胶液膜，叫做湿凝胶膜，紧接着通过溶剂自然挥发或者利用干燥箱进行热处理，附着在基板表面的溶胶迅速凝胶化而形成一层固化薄膜，叫做干凝胶膜，干凝胶膜经过进一步的干燥及高温热处理后才得到所需的薄膜材料，而薄膜层厚度由提拉速度、液体浓度和液体黏度决定。浸渍提拉法所需溶胶黏度一般在 $2\sim5cP$，提拉速度为 $1\sim20cm/min$。

　　浸渍提拉法主要用于制备纳米厚度薄膜，采用浸渍提拉机（也叫垂直提拉机）实现，浸渍提拉机的结构原理如图 7.16 所示。

　　以制备二氧化钛薄膜为例，浸渍提拉法制备的工艺流程如下：

　　（1）溶液配置。利用钛酸四丁酯或四氯化钛作为前驱物，去离子水和醇类溶剂（其中乙醇或甲醇），用盐酸、氨水或柠檬酸等作为催化剂，配

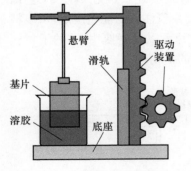

图 7.16　浸渍提拉机原理示意图

置前驱溶液。

（2）熟化。将溶液水浴加热并充分搅拌，使前驱溶液更均匀混合，并进行初步水解反应。

（3）陈化。将熟化后的前驱溶液密封静置，溶液中的物质进行水解、缩聚反应，体系由溶液向溶胶转变。

（4）浸渍提拉镀膜。

（5）热处理。首先在 80～120℃的干燥箱中干燥，得到干凝胶膜，此时的薄膜可以比较牢固地附着于基片上；最后进行高温热处理，对干凝胶膜进行烧结，进一步除去干凝胶膜中的溶剂等杂质，得到二氧化钛薄膜。

7.6　激光快速固化成型

激光快速固化成型是 20 世纪 90 年代初发展起来的实物模型和零件制作工艺新技术，其设备的工作原理如图 7.17 所示。通过将 CAD 三维模型进行几何切层得到各层断面的轮廓数据，再以此轮廓数据作为控制信号驱动紫外激光器和扫描振镜，将激光束定点投射于液态光敏树脂表面从而使之逐层固化，逐层累积成三维实物。

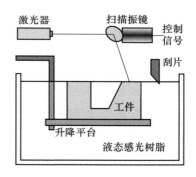

激光快速固化成型工艺过程如图 7.18 所示，主要包括三个基本过程：

（1）工件表面有一层液态树脂薄层，薄层的厚度决定了每步固化形成的工件结构厚度（通常是 0.1mm），通过控制激光束在制定的区域投射，实现可控位置处的树脂薄层固化，从而在工件上部增加一层结构。

图 7.17　激光快速固化成型
设备工作原理

（2）完成一次固化的工件在升降平台带动下向下移动，向下移动的距离取决于每次激光固化层的厚度。

（3）由于液体表面张力的影响，工件向下运动后液态树脂不能充分均匀覆盖工件表面，需要使用刮片刮过工件表面以确保工件上没有裸露的区域，然后可以进入下一个激光固化工艺周期，周而复始，可以快速形成复杂的三维结构。

由于采用层层累加的成型方式，激光快速固化成型制备出的三维结构表面为台阶状，需要最后进行喷砂处理以获得光滑的表面，且由于树脂固化过程会发生收缩，不可避免地会产生一定程度上的应力形变。激光快速固化成型综合了计算机辅助设计、激光、光化学和高分子聚合物等多种技术，将传统的去材加工法改变为增材加工，无需机械加工或任何模具，直接从 CAD 模型生成复杂形状的制件，因

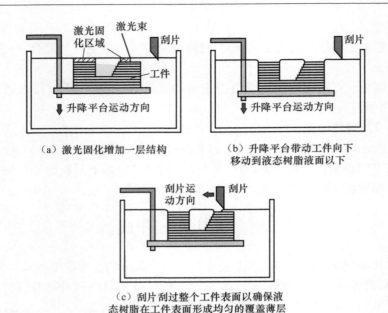

（a）激光固化增加一层结构　　　　　　（b）升降平台带动工件向下
　　　　　　　　　　　　　　　　　　　　移动到液态树脂液面以下

（c）刮片刮过整个工件表面以确保液
态树脂在工件表面形成均匀的覆盖薄层

图 7.18　激光快速固化成型工艺过程

而产品研制周期短,生产率高,生产成本低,主要用于制作注塑模或模型以对产品
进行设计验证和性能测试等。

　　激光快速固化成型是通过紫外光单光子吸收实现的,由于聚合物材料对紫外
激光线性吸收,单个光子的能量就足以使材料发生改变,激光只能停留在材料表面
而不能深入材料内部进行三维加工,所以,只能采用逐层累加的加工方式,所制备
三维结构的纵向分辨率不高,多为数十到数百微米量级。为了提高加工的纵向分
辨率,日本的 Maruo 等[1]利用在聚合物中吸收率不高的蓝色激光提出一种称作
integrated harden 的工艺,在激光快速固化成型光学扫描系统的基础上增加了聚
焦系统,取消了升降平台,工件在加工过程中的位置不需要发生变化,而靠聚焦系
统将激光焦点投射在不同三维位置,由于聚合物对蓝色激光的吸收率低,只有位于焦
点位置的液态聚合物才会发生聚合生成三维结构,系统的工作原理如图 7.19 所示。

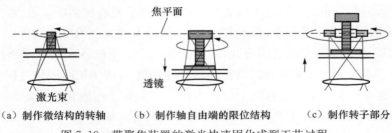

（a）制作微结构的转轴　　　（b）制作轴自由端的限位结构　　　（c）制作转子部分

图 7.19　带聚焦装置的激光快速固化成型工艺过程

带聚焦装置的激光快速固化成型不仅能像普通的激光快速固化成型一样制备非活动部件，还可以利用黏稠液态感光树脂不易流动的性质在液态树脂中悬浮制备可动部件，所制备得到的可绕固定轴作回转运动的微环和微齿轮如图 7.20 所示。

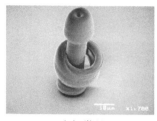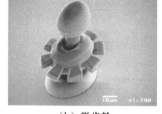

（a）微环　　　　　　　　　　　（b）微齿轮

图 7.20　聚焦激光快速成型制备的可动结构

除了通过单光子聚合进行微成型以外，还可以采用双光子甚至多光子进行微成型。与线性的单光子吸收相比，多光子吸收则是一种非线性光学效应。在高强度激光束的照射下，物质有可能同时吸收几个甚至几十个光子，物质从初态跃迁到终态，而仅仅经过虚设的中间状态。由于多光子吸收的有效作用体积小，使材料仅焦点附近很小的范围内发生物理和化学变化，克服了单光子空间选择性差的缺点，具有更好的空间分辨率（优于 200nm），使其具有很好的研究和应用前景。飞秒激光具有极窄的脉冲宽度，因此，在较低的脉冲能量下能够达到很高的峰值功率，这一特点使其能够达到材料的多光子吸收阈值，诱发材料发生多光子吸收效应，产生聚合，并通过三维光学扫描系统使得这一过程在一定的三维形状上发生，这种加工方法具有超出光学衍射极限的分辨率。日本的 Kawata 等[2] 在 2001 年利用负性光刻胶的双光子聚合，采用逐点扫描的加工方式，制作出了空间分辨率达到亚微米的微型公牛、微链条、微管道和微齿轮等三维微结构，如图 7.21 所示。

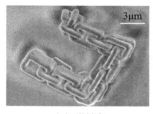

（a）微链条　　　　　　　　　　（b）微公牛

图 7.21　多光子激光固化成型制备的微结构

参 考 文 献

[1]　Maruo S, Ikuta K. Submicron stereolithography for the production of freely movable mechanisms by using single-photon polymerization. Sensors and Actuators, 2002, 100: 70—76.

[2]　Sun H B, Kawata S. Two-photo laser precision microfabrication and its application to micro-nano devices and systems. Journal of Lightwave Technology, 2003, 21: 624—633.

第 8 章　MEMS 标准工艺

8.1　引　　言

虽然硅基 MEMS 制造工艺起源于半导体工艺,但由于 MEMS 技术尚处于发展阶段,且具有多学科交叉特点,所研制的微器件结构、功能和原理差异显著,造成现有 MEMS 制造工艺存在如下问题:

(1) 研究者很难全面掌握器件原理、结构设计、加工工艺和检测等一系列技术。

(2) 设计工具在模拟和计算方面缺少来自标准工艺单元库支持。

(3) 器件的功能和性能极大地依赖于工艺水平。

(4) 研发单位各自为战,所研制器件的工艺千差万别,难以推广和共享。

为了缩短 MEMS 器件的研发周期,MEMS 制造工艺借鉴微电子行业的经验,在工艺标准化方面作出了如下努力:

(1) 将 MEMS 器件的设计、研发和应用分离,形成独立而又密切相关的领域。

(2) 制定 MEMS 标准工艺规范,并在共同的工艺规范下研发 MEMS 器件。

(3) 成立 MEMS 的代工厂,向所有的 MEMS 研究者提供高品质和一致性的加工服务。

目前,国外的 MEMS 企业已经出现设计和生产独立发展的趋势,出现了 Fabless 或 Fablight 的研发企业和专门代工的 Fab 厂,国外 6 英寸线上生产的 MEMS 开始转向 8 英寸生产线。意法半导体开始应用其 8 英寸制造设施,欧姆龙、飞思卡尔等企业开始购买或建立 8 英寸 MEMS 生产线。在明确的专业分工下,MEMS 产品研发周期骤减,企业市场竞争能力显著提高。中国台湾地区的亚太优势微系统股份有限公司提供专业代工服务并位列代工厂的 Top20 行列。2008 年 10 月,中芯国际集成电路制造有限公司宣布进入 MEMS 代工行列,2009 年,来自国内企业的 MEMS 元器件量产委托订单已经达到月产 1000 片以上的规模,无锡的华润上华科技有限公司、中国科学院苏州纳米技术与纳米仿生研究所等都对外提供 MEMS 代工。微加工标准工艺主要分为以下三大类:

(1) 对衬底进行刻蚀的体加工标准工艺。

(2) 在衬底表面沉积薄膜材料并对其进行刻蚀的表面牺牲层工艺。

(3) 将多种工艺混合,充分利用各种工艺的优点而规避其缺点的混合工艺。

本章将分别对这两种类型的标准工艺进行介绍。

8.2　表面牺牲层标准工艺

比较成熟的商业化表面牺牲层工艺主要有来自美国 Sandia 国家实验室的 SUMMiT 工艺和来自 MEMSCAP 公司的 MUMPs 工艺。表面牺牲层工艺可以将器件做的很小,具有比体工艺器件更小的线宽。

在表面牺牲层工艺中,可动的机械结构通常是由悬置在衬底上多晶硅层形成的,而牺牲层则被用来分隔多晶硅层和衬底,当加工完毕之后,牺牲层被腐蚀掉,去除牺牲层的过程叫做释放。图 8.1 通过一个简单的悬臂梁加工展示了这一过程。在衬底上沉积薄膜之后,要通过图形传递将薄膜加工成一定的图形。图形传递首先是进行光刻,将光刻掩膜版的图形传递到光刻胶上,再使用光刻胶作为掩膜,通过湿法腐蚀或干法刻蚀将图形进一步传递到薄膜上。最后去除光刻胶便可以进行下一步的薄膜沉积工艺。

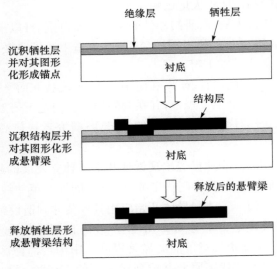

图 8.1　表面牺牲层工艺的基本流程

8.2.1　MUMPs 表面牺牲层标准工艺

MUMPs 工艺由 BSAC 研发,最后由 MEMSCAP 公司推出,根据其结构材料的不同,分为 Poly-MUMPs、Metal-MUMPs 和 SOI-MUMPs 三类。本节主要介绍 Poly-MUMPs 标准工艺。Poly-MUMPs 工艺使用三层多晶硅做结构层(其中,Poly0 做寻址线),两层磷硅玻璃作牺牲层,共有 7 个物理层,需要 8 张光刻掩膜版。Poly-MUMPs 中的各个物理层和对应的光刻版定义如表 8.1 所示。

表 8.1　Poly-MUMPs 工艺中的物理层名称、厚度和光刻版名称定义

物理层名称	结构层厚度/μm	牺牲层材料
Nitride	0.6	—
Poly0	0.5	POLY0
1st Oxide	2.0	DIMPLE, ANCHOR1
Poly1	2.0	POLY1
2nd Oxide	0.75	POLY1_POLY2_VIA, ANCHOR2
Poly2	1.5	POLY2
Metal	0.5	METAL

注：在表示物理层材料时，用小写，如 Poly1，在表示光刻版时，用大写，如 POLY1。

图 8.2 演示了如何使用 MUMPs 工艺制备平面静电马达的工艺流程。

（a）衬底准备

（b）沉积 Poly0 层多晶硅并图形化

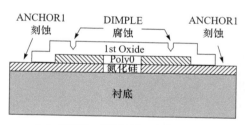

（c）沉积第一层牺牲层，腐蚀 DIMPLE 结构和刻蚀 ANCHOR1

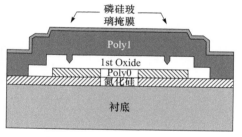

（d）沉积 Poly1 层多晶硅，在 Poly1 层多晶硅上沉积磷硅玻璃薄层

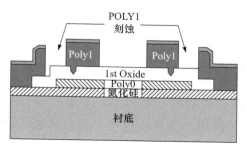

（e）Poly1 层多晶硅图形化

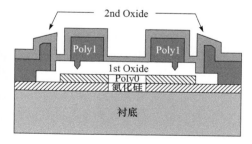

（f）沉积第二层牺牲层

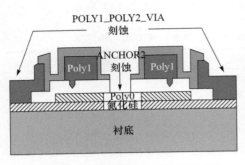

（g）刻蚀ANCHOR2和POLY1_POLY2_VIA

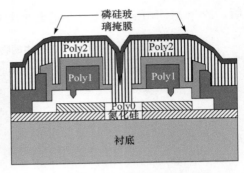

（h）沉积Poly2层多晶硅，在Poly2层
多晶硅上沉积磷硅玻璃薄层

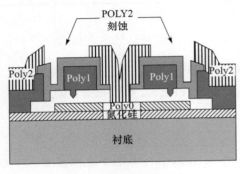

（i）Poly2层多晶硅图形化

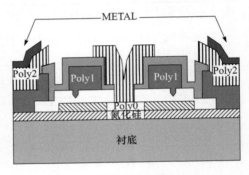

（j）剥离法制备金属电极

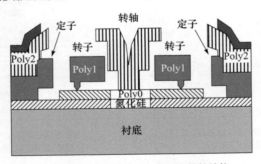

（k）释放形成马达定子、转子和转轴结构

图8.2　使用MUMPs表面牺牲层标准工艺制备静电马达工艺流程图

MUMPs标准工艺中工艺流程的详细描述如下：

（1）衬底选用(100)晶面的n型硅，电阻率约为 $1\sim2\Omega\cdot cm$ 的低阻衬底。衬底的表面首先使用 $POCl_3$ 进行重掺杂，提高衬底的导电性，可以防止静电器件表面的电荷积聚。衬底表面使用 LPCVD 工艺沉积一层 600nm 的低应力氮化硅作为绝缘层。

（2）首先采用 LPCVD 工艺沉积 500nm 的多晶硅，这层多晶硅称为 Poly0 层，然后通过光刻和反应离子刻蚀对 Poly0 进行图形化。

（3）使用 LPCVD 工艺沉积 2.0μm 的磷硅玻璃作为牺牲层,并在 1050℃下退火 1 小时以降低应力,这层牺牲层称为 1st Oxide,牺牲层是中间层,工艺结束时,1st Oxide 会被去除以释放可动结构。1st Oxide 要进行两次图形化,首先进行光刻和湿法腐蚀形成 DIMPLE 结构,该结构可以在后续的 Poly1 层上形成向下的微小凸起,有助于防止工艺过程中和工作过程中的黏附,减小转子和 Poly0 层之间的接触面积,降低摩擦力。DIMPLE 的深度是 750nm,因为湿法腐蚀速率受掩膜窗口开口大小的影响小,具有较好的速率一致性和可控性,所以,DIMPLE 采用 BOE 湿法腐蚀工艺制备。DIMPLE 制备后,1st Oxide 还要再进行一次光刻和反应离子刻蚀,使用 ANCHOR1 光刻版,在 1st Oxide 上形成连接孔,实现后续的 Poly1 和衬底或 Poly1 和 Poly0 之间的机械和电学连接。

（4）使用 LPCVD 工艺沉积 2.0μm 的多晶硅,这层多晶硅称为 Poly1 层。Poly1 层主要用于形成转子和部分定子结构。Poly1 上再沉积 200nm 的磷硅玻璃薄层。之后在 1050℃下退火 1 小时,一方面,退火可以降低 Poly1 中的应力;另一方面,退火过程中,Poly1 上方 200nm 磷硅玻璃和下方 1st Oxide 中的磷会扩散到 Poly1 中,提高 Poly1 的导电性。

（5）使用 POLY1 光刻版,通过光刻和反应离子刻蚀对 Poly1 和其上的磷硅玻璃薄层进行图形化。200nm 的磷硅玻璃薄层首先被光刻和反应离子刻蚀,图形化后的磷硅玻璃在 Poly1 的反应离子刻蚀过程中与光刻胶一起作为刻蚀掩膜。相比光刻胶,磷硅玻璃在多晶硅反应离子刻蚀气氛中的抗刻蚀能力更好,能够更好地保护不被去除的 Poly1 层,这层磷硅玻璃在 MUMPs 工艺中也被称为硬掩膜。

（6）使用 LPCVD 工艺沉积 750nm 的磷硅玻璃作为牺牲层,并在 1050℃下退火 1 小时以降低应力,这层牺牲层称为 2nd Oxide。

（7）2nd Oxide 要进行两次图形化,第一次使用 POLY1_POLY2_VIA 光刻版进行光刻和反应离子刻蚀,在 2nd Oxide 上刻蚀出通道,实现 Poly1 和后续的 Poly2 之间的机械和电学连接。第二次使用 ANCHOR2 光刻版进行光刻和反应离子刻蚀,将 1st Oxide 和 2nd Oxide 一次全部刻穿,实现后续的 Poly2 和衬底或者 Poly2 和 Poly0 之间的机械和电学连接。

（8）使用 LPCVD 工艺沉积 1.5μm 的多晶硅,这层多晶硅称为 Poly2 层。Poly2 层主要用于形成转轴和部分定子结构。Poly2 上再沉积 200nm 的磷硅玻璃薄层。之后在 1050℃下退火 1 小时,一方面,退火可以降低 Poly2 中的应力;另一方面,退火过程中,Poly2 上方 200nm 磷硅玻璃和下方 2nd Oxide 中的磷会扩散到 Poly2 中,提高 Poly2 的导电性。同时,与 Poly1 上的 200nm 磷硅玻璃一样,在 Poly2 反应离子刻蚀过程中,Poly2 上的磷硅玻璃起到硬掩膜的作用。

（9）使用 POLY2 光刻版,对 Poly2 层多晶硅通过光刻和反应离子刻蚀进行图形化。

（10）使用 METAL 光刻版进行光刻，并采用剥离工艺制备 500nm 的金属层作为焊盘或金属连接线。

（11）采用 49% 氢氟酸腐蚀牺牲层 1.5～2 分钟，实现整个马达的释放，然后经过去离子水清洗和乙醇置换工艺（用低表面张力的乙醇置换水，可以减轻干燥过程中的黏附），最后在 110℃ 烘箱中干燥烘烤 10 分钟完成整个工艺流程。

有关 MUMPs 工艺的更详细信息可在相关工艺手册中查到。MUMPs 工艺中比较值得注意的是 DIMPLE 结构，中文译为防黏附凸点，有以下两方面作用：

（1）对于微加速度计和微陀螺等振动器件，防黏附凸点主要为了防止悬置结构在释放或工作过程中直接与衬底大面积接触，发生黏附导致失效。

（2）对于微马达等转动器件，防黏附凸点是为了在 Poly1 构成的转子和 Poly0 之间形成点接触而非面接触，减小摩擦力，使得转子更加容易转动起来。

工艺标准化不仅是对工艺流程和工艺参数进行标准化，还需要制定统一（包括对准标记和覆盖关系等）的一系列设计准则，这些都可以在工艺提供商的手册中找到。设计规则规定了掩膜版各层几何图形宽度、间隔、重叠及层与层之间的距离等的最小容许值，是设计和生产之间的桥梁，也是一定的工艺水平下器件的性能和成品率的最好折中。此处以覆盖关系为例对设计准则做简单介绍。覆盖关系就是指版图文件中，不同图层上的结构在存在包容、相邻、交叠和外出的位置关系时应该遵循的最小尺寸原则，如图 8.3 中所示的最小尺寸 a。图 8.3(a) 定义了某一层版图结构位于另外一层版图结构的包围中时所应遵循的最小尺寸原则；图 8.3(b) 定义了某一层版图结构和另外一层版图结构相邻时所应遵循的最小间距；图 8.3(c) 定义了某一层版图结构和另外一层版图结构部分交叠（交叠是指结构交叠部分的尺寸小于结构本身）时所应遵循的最小尺寸；图 8.3(d) 定义了某一层版图结构在另外一层版图结构内部并向外露头是所应遵循的最小尺寸原则。

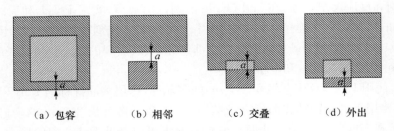

(a) 包容　　(b) 相邻　　(c) 交叠　　(d) 外出

图 8.3　版图中不同图层之间的覆盖关系

以 Poly-MUMPs 工艺中的焊盘为例，焊盘涉及的物理层有 Poly0、1st Oxide、2nd Oxide、Poly1、Poly2 和 Metal，涉及的图形传递光刻版有 POLY0、POLY1、ANCHOR1、POLY2、POLY1_POLY2_VIA 和 METAL，在设计这些光刻版时，它

们之间存在一定的覆盖关系,如果设计不当,则会导致工艺失败。例如,POLY1 和 ANCHOR1 之间的覆盖关系即 POLY1 包容 ANCHOR1,且 POLY1 的图形必须比 ANCHOR1 的图形至少大 $4\mu m$,否则干法刻蚀 Poly1 时,会误刻到被 AN-CHOR1 孔暴露出来的 Poly0 层。各个物理层之间的覆盖关系示意图如图 8.4 所示,真实制备出的焊盘结构如图 8.5 所示(牺牲层释放后)。

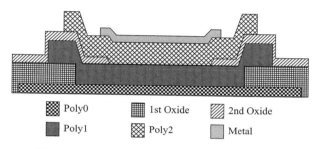

| Poly0 | 1st Oxide | 2nd Oxide |
| Poly1 | Poly2 | Metal |

图 8.4　焊盘中不同图层之间的覆盖关系剖面图

图 8.5　使用 MUMPs 表面牺牲层标准工艺制备的焊盘扫描电镜图

MUMPs 工艺中,Poly1 和 Poly2 的厚度分别为 $2\mu m$ 和 $1.5\mu m$,这样的厚度在制备横向电容检测型传感器时,基础电容太小,信号非常微弱,难以检测。但是,由于 LPCVD 薄膜沉积中残余应力的影响,多晶硅结构层厚度继续增加的困难较大。为了提高结构层厚度,一种方法是在 MUMPs 工艺的基础上巧妙设计,实现 POLY1 和 POLY2 的堆垛,可以将 Poly1 和 Poly2 的厚度叠加在一起形成 $3.5\mu m$ 厚的结构,甚至还可以把 2nd Oxide 包夹在 Poly1 和 Poly2 之间形成厚度为 $4.25\mu m$ 厚的结构。但是,由于 MUMPs 工艺的结构层数有限,即便有多晶硅堆垛设计,其结构层极限厚度也仅能达到 $4.25\mu m$,远不能满足惯性传感器和光学执行器等的工业需要。为使 MUMPs 工艺具有更广的实用性,在 MUMPs 原理基础上,又衍生出 SOI-MUMPs 和 Metal-MUMPs 两种高深宽比牺牲层标准工艺。

SOI-MUMPs 工艺流程如图 8.6 所示,它使用 SOI 衬底的器件层制作微结构,利用 SOI 的预埋氧化层作为牺牲层,利用衬底层的背腔刻蚀形成暴露预埋氧化层的深孔来加快预埋氧化层释放。利用键合减薄法制备的 SOI 衬底的器件层厚度可以达到十几微米,甚至数十微米,可以极大地提高微器件的侧向面积,在制备梳齿驱动或梳齿检测的微加速度计、微陀螺等惯性器件方面有广泛应用价值。

SOI-MUMPs 完成的工艺过程描述如下:

(1) 首先使用 LPCVD 在 SOI 衬底上沉积磷硅玻璃,并在 1050℃下的氩气氛

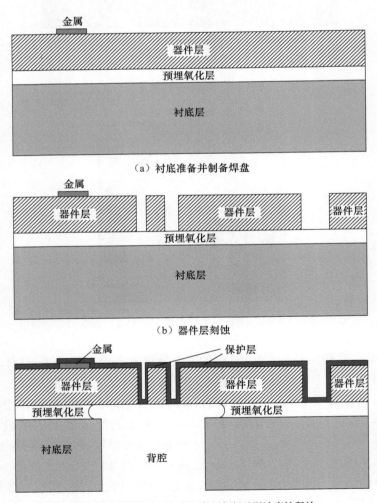

（a）衬底准备并制备焊盘

（b）器件层刻蚀

（c）背腔刻蚀和预埋氧化层背面氢氟酸湿法腐蚀释放

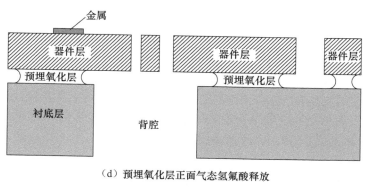

（d）预埋氧化层正面气态氢氟酸释放

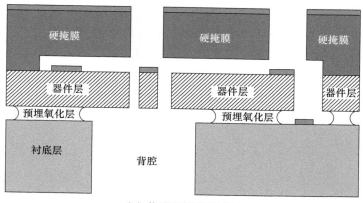

（e）使用硬掩膜沉积金属

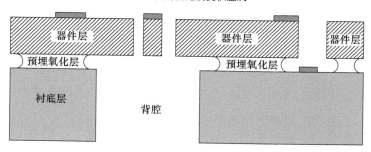

（f）移除硬掩膜，完成整个工艺流程

图 8.6　SOI-MUMPs 工艺流程图

围内退火 3 小时，使磷硅玻璃中的磷扩散入器件层，然后通过氢氟酸湿法腐蚀去除磷硅玻璃。采用负胶剥离工艺制作金属焊盘，采用 20nm 的铬作为增黏附层，采用 500nm 的金作为焊盘金属，本层光刻掩膜为 PAD METAL。

（2）采用光刻胶做掩膜 DRIE 干法刻蚀器件层单晶硅（刻蚀到预埋氧化层为止），本层光刻掩膜为 SOI。

（3）刻蚀完毕的器件层涂保护层，然后使用 TRENCH 光刻版进行背面光刻，通过反应离子刻蚀干法刻蚀对背面氧化层图形化，然后进行深度反应离子刻蚀，在衬底层上制备背面释放孔，一直刻蚀到预埋氧化层停止，使用氢氟酸湿法腐蚀去除背腔裸露区域的预埋氧化层。

（4）干法刻蚀去除正面保护层，使用气态氢氟酸法去除正面器件层暴露区下放的预埋氧化层（不在背腔释放孔范围内，没有在背面预埋氧化层湿法腐蚀工艺中去除掉的氧化层在这次气态氢氟酸腐蚀中被去除，并形成一定的侧向掏蚀，保证下面进行的金属沉积工艺中不会发生短路）。

（5）使用另外一片单晶硅衬底，通过深度反应离子刻蚀制备硬掩膜。硬掩膜与 SOI 器件层发生接触的部分预先制备浅槽以避免与器件层直接接触而破坏器件层上的微结构。硬掩膜 DRIE 使用的光刻版为 BLANKET METAL。硬掩膜和 SOI 衬底对准后组合在一起，沉积 50nm 的铬和 600nm 的金。

（6）移除硬掩膜，完成整个 SOI-MUMPs 工艺流程。

采用 SOI-MUMPs 工艺制备的高深宽比微器件如图 8.7 所示。

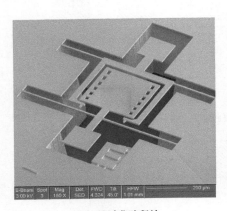 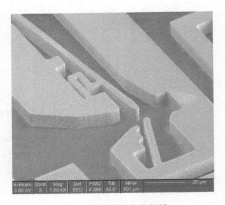

（a）经过背腔释放　　　　　　　　　（b）没有进行背腔释放

图 8.7　SOI-MUMPs 工艺制备的微结构扫描电镜图

（图片来源于 Simon-Fraser 大学工程科学学院）

SOI-MUMPs 实现了较大的结构层厚度，解决了电容型传感器和执行器基础电容小的问题。但是，在电磁驱动和通信领域，需要制备金属的三维电磁线圈和电感器件，这是 SOI-MUMPs 工艺所解决不了的。而 Metal-MUMPs 工艺则能够实现高深宽比金属微结构的表面牺牲层工艺，其采用金属镍和多晶硅作为结构层，磷硅玻璃和单晶硅作为牺牲层，是一种体工艺和表面工艺结合的产物，其各物理层定义如图 8.8 所示。

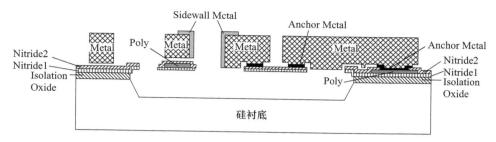

图 8.8　Metal-MUMPs 各物理层定义

采用 Metal-MUMPs 工艺制备的微执行器如图 8.9 所示。

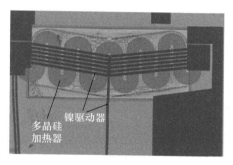

图 8.9　Metal-MUMPs 制备的微执行器

（图片来源于 MEMSCAP 公司）

Metal-MUMPs 详细的工艺过程可以通过 MEMSCAP 公司的工艺手册得到，本书就不再详细介绍。表 8.2 对三种 MUMPs 工艺的特点进行了总结和对比。

表 8.2　不同 MUMPs 工艺差别

名称	结构层材料	结构层数量	结构层厚度/μm	牺牲层材料	牺牲层数量	光刻版数量	最小线宽/μm	用途
Poly-MUMPs	多晶硅	3	0.5,1.5,2	磷硅玻璃	2	8	2	声学,惯性,流体,显示
SOI-MUMPs	单晶硅	1	10 或 25	氧化硅	1	3	2	惯性,光学
Metal-MUMPs	镍,多晶硅	镍:1,多晶硅:1	镍:18~22,多晶硅:0.7	磷硅玻璃,单晶硅	磷硅玻璃:2,单晶硅:1	6	5	电磁,射频

8.2.2　SUMMiT 工艺

常规 SUMMiT 工艺采用四层多晶硅（三层结构层，一层引线层），而近年来为了获得更复杂、更厚（最厚可做到 12 μm）且刚性更高的结构，美国 Sandia 国家实验室又推出了具有五层多晶硅（四层结构层，一层引线层）的 SUMMiT V 工艺。SUMMiT V 工艺使用多达 14 张光刻掩膜版，已经非常接近常规的 CMOS

工艺所使用的光刻掩膜版数量。由于采用了更为先进的光刻技术、专利的残余应力控制技术和表面 CMP 技术,SUMMiT V 可以实现 $1\mu m$ 的最小线宽和平整的器件表面。与 MUMPs 工艺一样,SUMMiT V 工艺也提供商业化的工艺服务,并提供试流片业务,提交设计并支付 1 万美金就可以获得 100 只大小为 $6340\mu m \times 2820\mu m$ 的未释放评估样件。SUMMiT V 在进行最后一步牺牲层(Oxide3)沉积后,采用 CMP 技术可以得到适合于光学应用的极高表面平整度。因为增加了许多工艺步骤,SUMMiT 工艺的成本要比 MUMPs 工艺高,且其牺牲层腐蚀的速度很慢,需要在多晶硅层上做释放孔。SUMMiT V 工艺的各工艺层厚度和含义如图 8.10 所示。

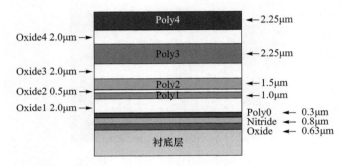

图 8.10　SUMMiT V 标准表面牺牲层工艺各个物理层定义

同 MUMPs 工艺一样,SUMMiT V 工艺也有 DIMPLE 结构,位于 Oxide1 层,DIMPLE 深度为 $1.25\mu m$。DIMPLE 结构在 SUMMiT 工艺中起到减小器件倾斜和晃动的作用。如图 8.11 所示的两个啮合中的传动齿轮,因为齿轮非常薄,非常容易在工作过程中上下错开,需要一个纵向保持机构限制它们的纵向移动,

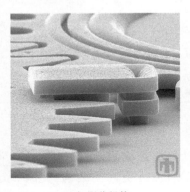

（a）限位机构　　　　　　（b）限位机构末端的 DIMPLE 结构

图 8.11　SUMMiT V 工艺中的 DIMPLE 结构运用

图 8.11(a)中的 L 形悬臂梁结构就是这样一个限位机构,在悬臂梁的末端就采用了 DIMPLE 结构,缩短悬臂梁和齿轮端面之间的距离以提高限位精度。

同样,图 8.12 中的两组啮合齿轮也采用了 U 形限位机构来保证齿轮在同一平面内运行。

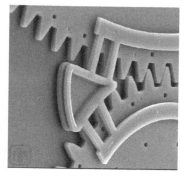

（a）　　　　　　　　　　　　　（b）

图 8.12　SUMMiT V 工艺中的齿轮限位机构

SUMMiT V 工艺还可以制备出图 8.13(a)所示的带有铰链和滑轨机构,可以产生平面外变形的微镜,也可以加工出图 8.13(b)所示的通过齿轮齿条结构实现线运动和转动的转换,并通过齿轮组实现不同的传动比。

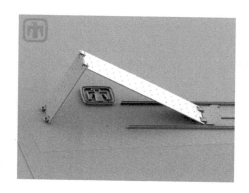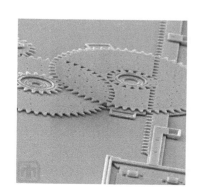

（a）铰链和滑轨的微结构　　　　　　（b）齿轮齿条和齿轮传动组

图 8.13　SUMMiT V 工艺中的制备的复杂结构

图 8.14(a)是 SUMMiT V 工艺制备的棘轮止退机构,而图 8.14(b)则是一个带指针的转角测量装置。

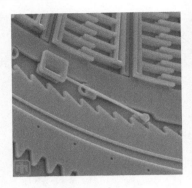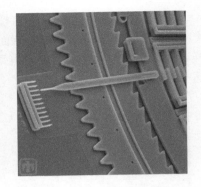

　　　　（a）棘轮止退结构　　　　　　　　　　　（b）带指针的转角测量机构

图 8.14　SUMMiT V 工艺中的制备的复杂结构

8.3　体加工标准工艺

　　表面牺牲层工艺制作的微器件具有体积小和响应快的优点,但其存在台阶覆盖引起的器件表面起伏和残余应力引起的结构屈曲变形,在很多场合并不适用。体加工标准工艺的加工对象是衬底本身而不是薄膜材料,其是通过选择性地去除衬底材料以形成三维微结构的一种技术,大多数硅压力传感器的生产均使用体加工工艺。体加工所得到的微器件一般具有较小的残余应力、较平整的功能表面和缺陷少的晶体结构,可用于制造压力传感器、光开关和惯性传感器等很多微器件。

8.3.1　溶片工艺

　　溶片工艺最早是由美国 Draper 实验室提出,属于比较早期的一种体加工标准工艺。相对于表面牺牲层标准工艺,溶片工艺可以实现较大的深宽比,比较适于制造使用静电力梳齿驱动器进行驱动的微谐振器、微陀螺和使用梳齿电容进行检测的微器件。早期的溶片工艺流程如图 8.15 所示,工艺中各个步骤如下:

　　（1）对硅进行浓硼扩散。在硅的湿法腐蚀一节中已经介绍过浓硼掺杂后的硅不能被各向异性湿法腐蚀液腐蚀(对于 KOH,硼掺杂浓度应大于 $10^{20}/cm^3$,对于 EDP,硼掺杂浓度应大于 $5×10^{19}/cm^3$,对于 TMAH,硼掺杂浓度应大于 $10^{20}/cm^3$),这步工艺主要是为了形成湿法减薄的自停止层,同时,浓硼掺杂后的硅最终将形成结构层,具备良好的导电性。

　　（2）形成纵向间隙。对浓硼掺杂的部分进行干法刻蚀形成浅槽,槽的深度决定最终悬置结构与玻璃衬底之间的纵向间隙。

　　（3）可动结构预释放。湿法或干法刻蚀形成器件结构图形,刻蚀生成的槽的

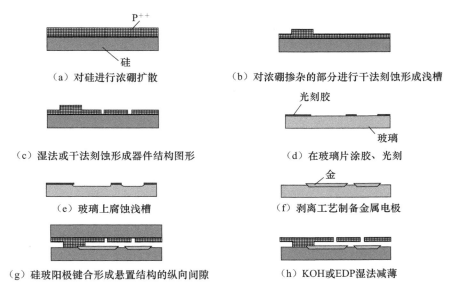

图 8.15　早期的溶片体工艺流程

底部通常要到达非浓硼掺杂的硅部分。

（4）在玻璃片涂胶、光刻。

（5）玻璃上腐蚀浅槽。使用光刻胶作为掩膜，氢氟酸为湿法腐蚀液，在玻璃上需要淀积金属的地方形成浅槽。为了保证键合成功，通常玻璃上的金属电极不能超过 50nm，但 50nm 金属电极的电阻太大，为了形成较厚的金属电极，通常需要在玻璃上先腐蚀一个 120nm 深的浅槽，再通过剥离工艺制备金属电极，这样可以得到厚度比较大的金属层。

（6）剥离工艺制备金属电极。通常电极的材料是金，考虑到金和玻璃的黏附性差，通常需要先沉积一层黏附性好的金属作为增黏附层。比较常用的金属组合是 Ti(40nm)/Pt(30nm)/Au(90nm)，它们的作用分别是增黏附层/阻挡层/电极，总厚度为 160nm，能提供比较小的接触区电阻（一般一个面积在 $10\,000\,\mu m^2$ 左右的接触区的电阻在十几欧姆量级），但由于玻璃上预先腐蚀了浅槽，实际上金属电极只比玻璃衬底高出 40nm，不会导致硅玻键合失败。

（7）硅玻阳极键合形成悬置结构的纵向间隙。

（8）KOH 或 EDP 湿法减薄。将键合后的结构放入保护夹具中，将玻璃片的一侧保护起来，仅对硅片的一面进行湿法腐蚀，当腐蚀到达浓硼掺杂部分之后，腐蚀自行停止，通过第(3)步定义的微结构被释放成为悬置可动结构。

因为湿法减薄通常需要进行数个甚至数十个小时，湿法腐蚀液在减薄硅片厚度的同时，也会沿着硅片的边缘向内硅片中心刻蚀，导致最后得到的硅片小于与之键合到一起的玻璃片的直径,损失大量的器件。为了保护硅片边缘的器件,可以使用图 8.16 所示的夹具,将硅片的边缘保护起来。因为湿法减薄过程通常需要加热,为了防止工艺结束之后夹具内外的气压不平衡而导致夹具打开困难,可以在夹具上设置一个压力平衡孔,并用耐腐蚀的长软管将孔引出到腐蚀液面以外。

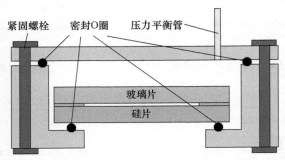

图 8.16　硅湿法减薄保护装置(材质为氟塑料)

　　早期的溶片工艺中,当可动结构被释放时,整个器件处于湿法减薄溶液中,腐蚀液会进入到可动结构和玻璃片之间的间隙,不仅需要使用大量的去离子水进行浸泡清洗,且干燥时容易发生黏附而导致器件失效。为了防止黏附失效,工艺研究者对溶片工艺的流程进行调整,将图 8.15(c)中的步骤,即将可动结构预释放放到减薄之后进行,调整之后的工艺流程如图 8.17 所示。将可动结构的图形化放在减薄之后进行,既可以选择湿法减薄,又可以选择化学机械减薄。在设计硅加工版图

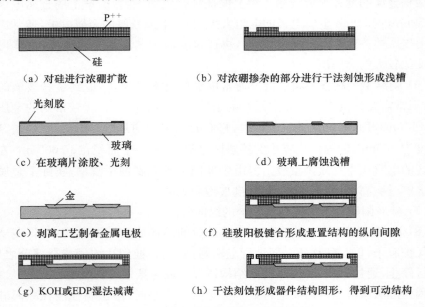

图 8.17　改良后的溶片体工艺流程图

时,可以在每个管芯的外围设计密封边框,确保在最终可动结构干法刻蚀释放之前没有任何液体流入单个管芯中。需要注意的是,这样修改过之后的溶片工艺需要双面光刻,不仅硅玻阳极键合引入一定的对准误差,双面光刻也要引入一定的对准误差,其图形对准精度要差于早期的溶片工艺。由于改进后的溶片工艺可以使用化学机械减薄来取代湿法减薄,所以,不使用浓硼扩散工艺也可显著降低结构层的应力。

　　采用溶片工艺制备的微光栅和单芯片惯性测量组合分别如图 8.18 和图 8.19 所示。结构采用了密封边框来防止减薄腐蚀液进入到悬置结构间隙。与玻璃上焊盘(电极)对应的硅部分要设计出大面积的暴露区域以方便打线。

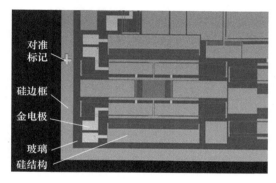

图 8.18　采用溶片工艺制备的微光栅结构
(图片来源于西北工业大学空天微纳教育部重点实验室)

图 8.19　采用溶片工艺制备的单芯片惯性测量组合
(图片来源于西北工业大学空天微纳教育部重点实验室)

8.3.2　SCREAM 工艺

　　SCREAM 是将各向异性和各向同性干法刻蚀相结合的标准工艺,由 CNF (Cornell Center for Nano-Fabrication)于 20 世纪 90 年代提出,只需要一片单晶硅衬底和一张光刻掩膜版便可以制备出三维可动结构,其材料成本要低于溶片体工

艺和 SOI 工艺。图 8.20 是 SCREAM 工艺流程图,共包括以下几个关键步骤:

(1) PECVD 沉积二氧化硅薄膜并光刻。

(2) 使用干法刻蚀对二氧化硅进行图形化。

(3) 使用图形化后的二氧化硅作为掩膜,用 DRIE 对硅衬底进行刻蚀,形成深槽。

(4) 使用 PECVD 沉积二氧化硅到存在深槽的硅衬底表面。

(5) 反应离子刻蚀钝化层二氧化硅,利用反应离子刻蚀纵向刻蚀速率大于横

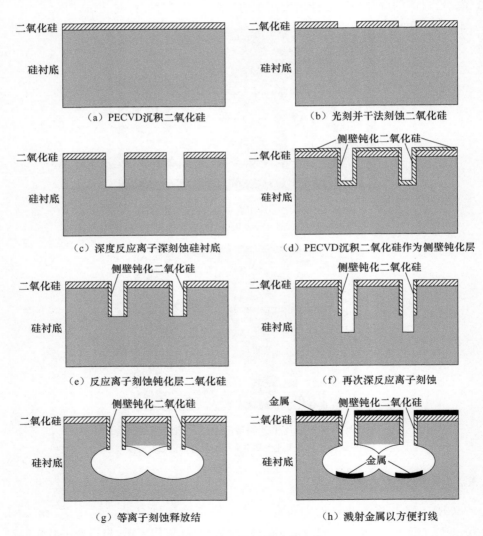

（a）PECVD沉积二氧化硅　　　　（b）光刻并干法刻蚀二氧化硅

（c）深度反应离子深刻蚀硅衬底　　（d）PECVD沉积二氧化硅作为侧壁钝化层

（e）反应离子刻蚀钝化层二氧化硅　　（f）再次深反应离子刻蚀

（g）等离子刻蚀释放结　　　　　（h）溅射金属以方便打线

图 8.20　SCREAM工艺流程

向刻蚀速率的特点,将沟槽底部的钝化层二氧化硅去除而保留侧壁上的钝化层二氧化硅。

(6) 进一步使用 DRIE 对硅衬底进行刻蚀,使得深槽继续向下延伸。

(7) 使用等离子刻蚀(各向同性)将未被保护的深槽侧壁横向掏蚀直至结构释放。

(8) 溅射金属以方便打线。

SCREAM 工艺只需单片衬底和单张光刻掩膜版,工艺成本低,但由于其需要使用各向异性的 DRIE 和各向同性干法刻蚀两种工艺组合实现结构释放,进行版图设计时必须考虑 DRIE Lag 因素,还需要考虑由于微结构侧壁上存在的二氧化硅薄膜引起残余应力变形对结构的影响,在实际使用时还是存在诸多限制的。

北京大学的 Ji 等[1]使用帕利灵取代二氧化硅在横向掏蚀过程中进行侧壁钝化(图 8.21),因为帕利灵沉积温度低、应力小、化学稳定性好,能够很好解决使用二氧化硅作侧壁钝化时的应力变形问题。

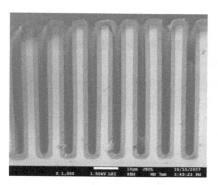 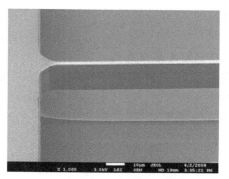

(a) 沉积厚度均匀　　　　　　　　　(b) 侧向掏蚀释放后得到的悬臂梁结构

图 8.21　使用帕利灵作为 SCREAM 工艺侧壁钝化材料制备的悬臂梁结构

8.3.3　SOI 工艺

SCREAM 工艺可以在单张衬底上制备可动结构,但存在工艺过程复杂和侧壁钝化层应力的问题。SOI 衬底具有残余应力小和工艺步骤简单的优点,随着 SOI 衬底技术的逐步成熟,其价格逐步降低,越来越多的研究机构也开始从事基于 SOI 衬底的工艺和器件研发。SOI 工艺类型很多,本书主要结合三种典型器件介绍三类 SOI 工艺。

西北工业大学使用 SOI 衬底和硅玻阳极键合工艺制备了连续薄膜式微变形镜,工艺流程如图 8.22 所示。

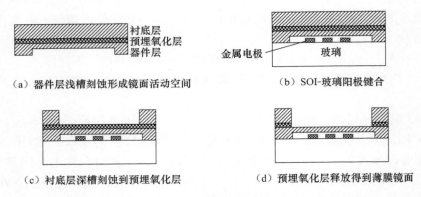

（a）器件层浅槽刻蚀形成镜面活动空间　　　（b）SOI-玻璃阳极键合

（c）衬底层深槽刻蚀到预埋氧化层　　　（d）预埋氧化层释放得到薄膜镜面

图 8.22　SOI-玻璃阳极键合制备连续薄膜式微变形镜工艺流程

　　工艺包括微镜面制备和驱动电极制备两部分。镜面是由一张 SOI 硅片经过两次 DRIE 和一次湿法腐蚀完成，依次包括器件层刻蚀、衬底层刻蚀及预埋氧化层湿法腐蚀。SOI 硅片各层厚度可根据需要定制，器件层厚度应为镜面和驱动电极间隙的高度与镜面厚度之和，预埋氧化层厚度应该能够抵抗衬底层 DRIE 过程中的过刻蚀，以保证其保护下的器件层不被破坏。图 8.23 展示了衬底层的 DRIE 结果。图 8.23（a）中，衬底层没有完全刻蚀干净，而在图 8.23（b）中，衬底层则被完全去除。衬底层被去除时，由器件层形成的镜面始终位于预埋氧化层的保护之下，不会在 DRIE 中受到任何损伤，而当使用湿法腐蚀去除预埋氧化层后，会露出保护完好的镜面反射层。这样制备的单晶硅镜面具有低应力和高平整度的优点，比较容易精确控制厚度。

（a）预埋氧化层上有部分衬底层硅残留　　　（b）衬底硅完全刻蚀，暴露出预埋氧化层

图 8.23　衬底层的 DRIE 效果

　　加工完成后的连续薄膜式微变形镜实物如图 8.24 所示。

　　SOI 工艺的优势就是不需要通过键合或复杂的工艺过程即可以实现可动微结构，仅使用 DRIE 对器件层硅进行图形化，然后释放预埋氧化层即可得到水平运动的微结构，如图 8.25 所示的硅微谐振器。

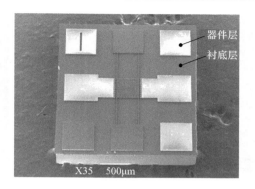

图 8.24　SOI-玻璃阳极键合制备
连续薄膜式微变形镜实物

图 8.25　使用 SOI 工艺制备的硅微谐振器
（图片来源于西北工业大学空天微纳教育部重点实验室）

　　SOI 衬底在制备过程中也会引入一定的残余应力,合理利用这种残余应力和工艺过程中引入的结构不对称性,可以使用 SOI 衬底制备出新颖的器件。图 8.26是采用 SOI 衬底制备的谐振式微扫描镜器件。图 8.26(a)中,微扫描镜整体尺寸如火柴头大小,图 8.26(b)的扫描电镜照片给出了其结构放大图,其由分布在左右两侧的 V 形梁支撑,由分布在上下两侧的梳齿电极驱动。理论上,这种结构只能做平行于衬底平面内的平动,但由于 SOI 器件层中的残余应力和双面光刻对准误差造成的结构不对称性,使得动梳齿和静梳齿之间产生初始的上下错位,如图 8.26(c)所示,而图 8.26(d)则用表面轮廓仪测量了错位的大小,达到 7.64μm。当在梳齿电极上施加周期性静电力时,微扫描镜就可以产生绕支撑梁的往复摆动(图 8.27),实现光束调制,在条码扫描和激光投影显示领域具有广泛的应用价值。

　　前面两种 SOI 工艺可以实现面内运动或面外运动的微器件,但微器件的活动部分都是同电位的,如果需要把活动部分分割成多个互相绝缘的子区域,分别施加不同的电信号进行控制,就需要使用带隔离沟道的 SOI 工艺。主要的工艺流程如下:

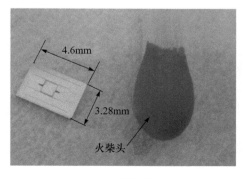
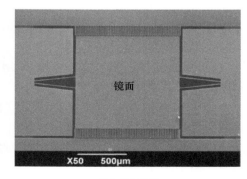

（a）相机照片　　　　　　　　　　　　　　　　　　（b）SEM照片

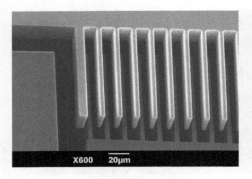
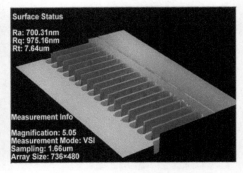

（c）梳齿偏移的SEM照片　　　　　　（d）梳齿偏移的表面轮廓仪测量结果

图 8.26　SOI工艺制备的微扫描镜

（图片来源于西北工业大学空天微纳教育部重点实验室）

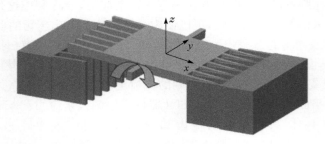

图 8.27　SOI工艺制备的微扫描镜产生出平面扭转运动

（1）隔离沟道刻蚀。使用 DRIE 浅槽刻蚀器件层硅至预埋氧化层形成隔离沟道结构。

（2）隔离沟道回填。利用氧化工艺在 DRIE 刻蚀出的沟道侧壁形成氧化绝缘层,厚度约为 100nm,再利用 LPCVD 在隔离沟道中绝缘氧化层的表面沉积多晶硅以回填隔离沟道。

（3）CMP。在 SOI 硅片的器件层和衬底层分别进行减薄和抛光,去除硅片表面的氧化层和多晶硅层。

（4）背腔刻蚀。用铝膜为掩膜,使用 DRIE 深槽刻蚀工艺刻蚀基衬底层直至预埋氧化层形成背腔。

（5）器件结构刻蚀。使用 DRIE 浅槽刻蚀工艺刻蚀器件层硅直至预埋氧化层形成微器件结构。

（6）释放。使用氢氟酸溶液腐蚀掉微器件结构下面的预埋氧化硅,形成可动的微结构。

工艺流程示意图如图 8.28 所示。

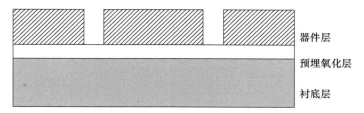

（a）隔离沟道刻蚀

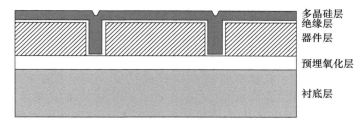

（b）沟道回填

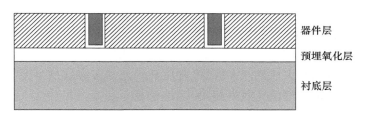

（c）CMP

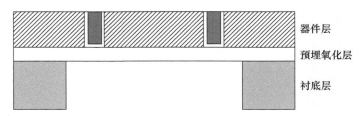

（d）背腔刻蚀

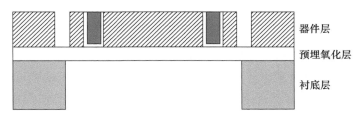

（e）器件结构刻蚀

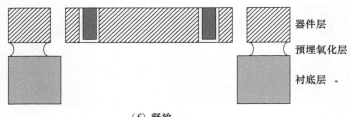

（f）释放

图 8.28　沟道隔离标准 SOI 工艺

　　沟道填充隔离槽要有足够的机械强度、绝缘特性和密封性,尤其是机械强度和绝缘特性对二维变形镜尤为重要。由于多晶硅 LPCVD 工艺为非共形覆盖工艺,隔离槽开口处的多晶硅生长速率高于槽侧壁处的生长速率,导致深槽内部还没有被完全填充之前深槽开口处的多晶硅已经闭合,在回填完毕的沟槽内形成空腔,如图 8.29(a)所示。这种缺陷在器件表面无法看出,但会降低隔离沟道处的机械连接强度,导致工作过程中的断裂失效。通过改进隔离沟道的 DRIE 工艺,在使用常规 DRIE 浅槽刻蚀工艺刻蚀出隔离沟道并去除刻蚀掩蔽用的光刻胶之后,首先进行氧等离子清洗去除侧壁的钝化层,然后关闭产生偏压的 platen 电源,只打开产生等离子的 coil 电源,使用 SF_6 气体对已经形成的隔离槽进行各向同性等离子刻蚀,将隔离槽上开口扩大成倒八字形,可避免开口处的多晶硅过早闭合,从而消除空腔缺陷,所得到的沟槽填充效果如图 8.29(b)所示。

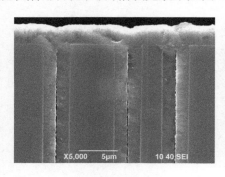
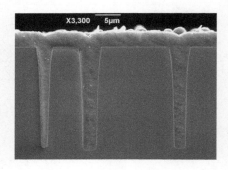

　（a）没有充分回填　　　　　　　　　（b）充分回填

图 8.29　沟道隔离回填剖面 SEM 照片

　　为了保证沟道处的机械连接强度,隔离沟道通常做成曲线以增加连接面积,如果曲线的形状设计不合理也会导致不完全填充从而产生机械缺陷,如图 8.30(a)所示,沟道弯角处的宽度大于直线部分,导致直线部分充分填充时弯角部分没有完全填充,而图 8.30(b)则将沟道所有部位的宽度都设计成相等而获得充分填充的沟道。

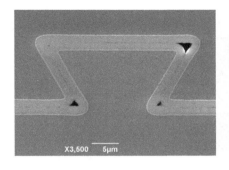 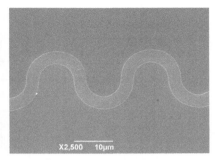

（a）不合理沟道形状　　　　　　　　　（b）合理沟道形状

图 8.30　沟道隔离回填表面 SEM 照片

西北工业大学采用沟道隔离 SOI 工艺制备的二维扭转镜如图 8.31 所示。

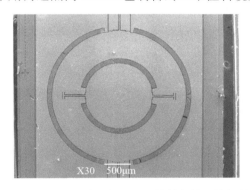

图 8.31　采用沟道隔离 SOI 工艺制备的二维扭转镜

8.3.4　LIGA 工艺

　　LIGA 工艺包括 X 射线曝光、微电铸和微复制成型三个基本步骤，1986 年起源于德国，其可以用于制备高深宽比（1μm 宽，1000μm 深）的微结构，其工艺步骤如图 8.32 所示。

　　（1）涂 PMMA 胶并使用同步辐射深度 X 射线曝光，所使用的典型波长为 0.2～0.6nm。基于同步辐射 X 射线的高度平行、高辐射强度和高能量性能，可以将光刻掩膜版上的图形转移到数百微米厚的 PMMA 胶上。

　　（2）显影。PMMA 被 X 射线所照射到的地方，显影后被去除。

　　（3）电铸金属。用电铸的方法将金属（一般为镍）填充到 PMMA 微结构的间隙。

　　（4）去胶形成金属模具。

　　（5）使用金属模具进行微复制成型。

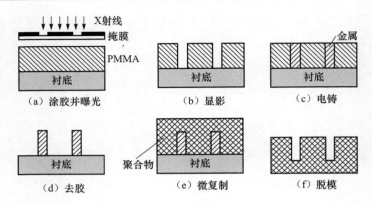

图 8.32　LIGA 工艺示意图

（6）脱模，得到聚合物微结构。

　　LIGA 工艺的最小线宽达到亚微米，可以制备深宽比超过 100 的微结构。但是，LIGA 工艺需要功率强大的回旋加速器来产生同步 X 射线作光源，对光刻掩膜版要求高、成本高，难于与 IC 集成制作，实用价值不高。为了降低成本，提高 LI-GA 工艺的实用性，研究者采用 SU-8 胶深紫外曝光来取代同步 X 射线曝光，称为 UV-LIGA 工艺，或者使用准分子激光或深度反应离子刻蚀制作模具来取代同步 X 射线曝光和金属电铸制备的金属模具，称为 DEM 工艺。这些替代方法统称为准 LIGA 工艺，准 LIGA 工艺的最小线宽为微米级，所能制备微结构的深宽比小于 50。以 DEM 工艺为例，其工艺流程如图 8.33 所示。

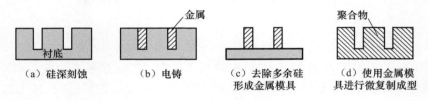

图 8.33　DEM 工艺示意图

（1）深硅刻蚀。

（2）电铸金属。用电铸的方法将金属（一般为镍）填充到硅微结构的间隙。

（3）去硅形成金属模具。

（4）使用金属模具进行微复制成型，脱模后得到聚合物材料的微结构。

　　UV-LIGA 工艺步骤与 LIGA 工艺基本相同，只是将 PMMA 胶更换成 SU-8 胶，即可使用成本较低的深紫外曝光来取代同步辐射 X 射线曝光，可降低工艺难度，减小成本，但工艺所能达到的深宽比没有 LIGA 工艺大。

在各种准 LIGA 工艺中,采用准分子激光可以将金属、陶瓷、玻璃、聚合物等加工成模具,材料适应性广,比使用 DRIE 制备硅模具的方式具有更广泛的应用。准分子激光是指受到电子束激发的惰性气体和卤素气体结合的混合气体形成的分子向其基态跃迁时所产生的激光。准分子激光属于冷激光,无热效应,是方向性强、波长纯度高、输出功率大的脉冲激光,光子能量波长范围为 157～353nm,属于紫外光,最常见的波长有 ArF(193nm)、KrF(248nm)、XeCl(308nm)等,其中,ArF 准分子激光适合加工 PMMA 材料,KrF 分子激光适合于加工 PI 材料,在准 LIGA 工艺中应用最广。准分子激光属于脉冲激光,单个脉冲持续时间约为 5～20ns,脉冲能量密度为 100～500mJ/cm^2,脉冲发生频率为 500Hz,可以获得约数百 W/cm^2 的激光功率。

准分子激光的加工原理为光化作用而非热效应,即目标材料吸收准分子激光脉冲后,材料内分子或原子的结合键断裂而变成挥发性的碎片,实现材料去除。每个脉冲能去除固定厚度的薄层材料(100～500nm),可以通过控制脉冲的数量精确控制加工深度。因为脉冲时间短,被加工对象受热损伤小,加工后的表面质量好,可视为冷加工。图 8.34 比较了准分子激光和位于红外波段的二氧化碳激光在 PI 衬底上加工微孔的结果,可以看到,准分子激光加工的孔表面和侧壁光滑,几乎没有受到热效应的影响。

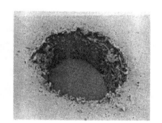

（a）准分子激光　　　　　　（b）二氧化碳激光

图 8.34　不同类型激光在 PI 材料上微孔加工效果对比

除了准分子激光以外,近年来还出现了激光脉冲更短、热损伤更小的飞秒固体激光系统,如掺钛蓝宝石激光器的脉冲周期为几十至几百飞秒。飞秒激光能够在石英、玻璃、光纤等透明材料的内部进行三维加工和改性。飞秒激光比长脉冲激光更适合于透明材料的加工,当飞秒激光入射到透明材料时,在极短的时间和极小的空间内与材料进行相互作用,几乎没有能量扩散的损失,能在作用区域形成高效的能量积聚,实现材料内部的微观结构,可以在材料内部进行三维微加工。但是,由于这种激光器体积庞大、结构复杂、价格昂贵、加工效率低,其实用化还是一个缓慢的过程。准分子激光和飞秒激光的对比如表 8.3 所示。

表 8.3　准分子激光和飞秒激光对比

类型	波长/nm	脉冲宽度	脉冲能量/mJ	频率/Hz
准分子(ArF,FrF,XeCl)	193,248,308	~20ns	100~500	数百
飞秒(掺钛蓝宝石)	775	~150fs	~1	数千

　　仅仅利用 LIGA 典型工艺并不能制造出可动微结构。表面牺牲层 LIGA 工艺(SLIGA)使用钛金属作为牺牲层,将表面牺牲层工艺技术和 LIGA 工艺技术相结合,可用于制造加速度传感器、微谐振器和微马达等具有活动要求的器件。SLIGA 工艺的示意图如图 8.35 所示。

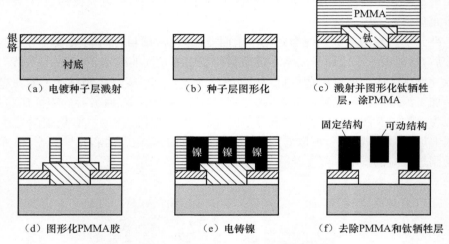

图 8.35　SLIGA 工艺示意图

　　(1) 电铸种子层制备。首先在绝缘衬底上溅射一层铬作为增黏附层,再溅射一层银作为电铸种子层。

　　(2) 种子层图形化。

　　(3) 溅射钛牺牲层并图形化,涂覆 PMMA 胶。选用钛金属作为牺牲层的原因是其和 PMMA 具有很好的黏附性,能被氢氟酸刻蚀以实现释放,而不会影响到 SLIGA 工艺中使用的其他材料(如铬、银、镍等)。

　　(4) 图形化 PMMA 胶。图形化的原则是将可动结构置于种子层被钛牺牲层覆盖的地方,将不可动结构置于种子层上方没有钛的地方。

　　(5) 电铸镍。将 PMMA 图形化的间隙填充。

　　(6) 去除 PMMA 和钛牺牲层,形成可动微结构。

8.4　混合工艺

　　MEMS 具备很强的多学科交叉特性,涉及机械、电、光、流体等多个领域,微器件的工艺需求千差万别,无法被单一的表面工艺或体工艺加工能力覆盖。MEMS研究机构和企业结合自身的设备条件,或者为了实现特定的 MEMS 器件,还在表面牺牲层工艺、体工艺甚至微电子工艺的基础上,通过三维组装和圆片键合等技术手段,将体工艺、表面工艺、IC 工艺通工艺混合在一起,实现特殊的器件结构方案,这些工艺此处统称为混合工艺。

8.4.1　体表混合工艺

　　Metal-MUMPs 工艺实际上就是比较典型的体表混合工艺。体表混合工艺将牺牲层释放与块体材料刻蚀结合起来,能够低成本和方便地实现单一表面工艺或单一体工艺都不容易实现的结构。图 8.36 给出使用一种体表混合工艺实现金属探针的工艺流程,实现的金属探针如图 8.37 所示。

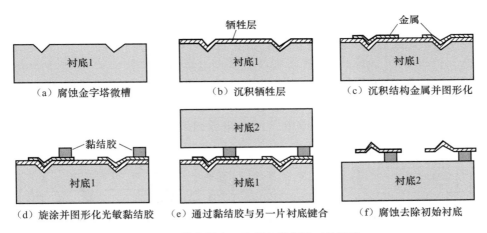

图 8.36　体表混合工艺制备微探针工艺流程

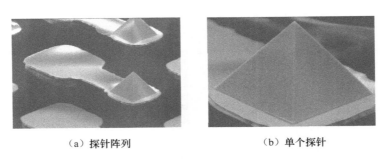

图 8.37　体表混合工艺制备的微探针扫描电镜图
（图片来源于美国伊利诺斯大学 MEMS/微机电实验室）

　　工艺过程中使用的衬底 1 可以像翻模一样反复使用,且因为衬底 1 上腐蚀金字塔浅槽所需要的腐蚀时间短,腐蚀能够自停止,比原来采用单纯体硅工艺制备金字塔凸台作为微探针的工艺方法要简单和可控得多,制备的金字塔结构也更加尖锐。

8.4.2　MEMS 加 CMOS 混合工艺

随着微器件应用范围的不断扩大,对微器件的微型化和集成化、低功耗和低成本、高精度和长寿命、多功能和智能化提出了更高的要求。微结构和集成电路的一体化集成可以很好地满足上述要求。CMOS 技术已成为集成电路主要制造工艺,且不断向减小芯体尺寸、提高集成度的方向发展。如何实现微结构和基于 CMOS 工艺的专用集成电路(application specific integrated circuits, ASIC)的有效集成,构成功能强大的智能微器件,是目前 MEMS 加工技术的一个重要方向。

目前,集成 MEMS 产品多数采用混合集成。在混合集成方案中,MEMS 芯片和专用集成电路芯片分别制造和划片,并在封装时集成到共同的管壳中,通过引线键合[图 8.38(a)]或倒装焊[图 8.38(b)]实现电学连接。图 8.39(a)是 Motorola 微加速度计和 CMOS 电路的两芯片水平集成方案,微结构芯片和 CMOS 芯片分别制造,并贴片在管壳内的不同位置,通过引线键合实现电连接;图 8.39(b)则是 SiTime 的微振荡器与专用集成电路混合集成封装方案,微结构和 CMOS 芯片

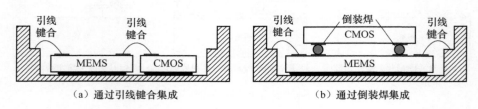

（a）通过引线键合集成　　　　　　　　（b）通过倒装焊集成

图 8.38　MEMS 芯片和专用集成电路芯片混合集成方案

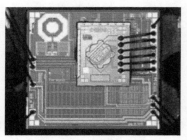

（a）Motorola 的微加速度计　　　　　（b）SiTime 的微振荡器

图 8.39　混合集成实例

分别制造,CMOS 芯片贴片在管壳上,而 MEMS 芯片则贴片在 CMOS 芯片上,通过引线键合实现两者的电学连接。双芯片、单管壳的集成方案将 MEMS 工艺和 CMOS 工艺彻底隔离,不会在 MEMS 制造过程中对 CMOS 工艺线造成污染。但焊盘和引线所引入的寄生电容和串扰使得信号传输质量下降,尤其不适用于高频应用情况。

将 MEMS 结构和专用集成电路制作在同一个管芯上,即单片集成,可以减少接口影响,降低成本,是实现片上 MEMS 系统的关键。单片集成可以将 MEMS 结构和 CMOS 电路在同一衬底上先后制作,即纵向集成[图 8.40(a)],也可以将 MEMS 结构和 CMOS 电路在同一衬底的不同位置同时或先后制作,即横向集成[图 8.40(b)]。目前,由于工艺技术研发成本较高,MEMS 器件中单片集成的比例还比较小,但必定是 MEMS 工艺发展的一个重要趋势。

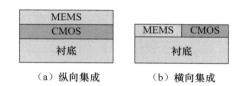

图 8.40　MEMS 结构和专用集成电路单片集成方案

实现电路和微结构单片集成的工艺技术叫 CMOS-MEMS 技术,根据 MEMS 工艺和 CMOS 工艺实施的先后顺序,CMOS-MEMS 工艺又分为 Pre-CMOS 工艺、Intra-CMOS 工艺和 Post-CMOS 工艺,下面分别予以介绍:

（1）Pre-CMOS。先在衬底上制备 MEMS 结构,然后将 MEMS 结构保护后将衬底转到 CMOS 线上制备专用集成电路,最后去除 MEMS 结构上的保护层并通过湿法腐蚀释放 MEMS 结构。一个典型的 Pre-CMOS 工艺流程如图 8.41 所示,具体流程如下:

① 在硅衬底上湿法腐蚀制作 $6\sim12\mu m$ 凹槽,并沉积氧化硅和氮化硅作为绝缘层,沉积并图形化 Poly0 层。

② 沉积 Oxide1 层和 Poly1 层并图形化。

③ 沉积 Oxide2 层和 Poly2 层并图形化。

④ 对凹槽进行氧化硅回填并使用 CMP 重新形成平整的衬底表面以为后续的 CMOS 工艺作准备,进行高温退火以消除多晶硅结构层的应力,沉积氮化硅保护层保护已经制作好的 MEMS 部分,在衬底未腐蚀凹槽的部分制备 CMOS 电路。

⑤ 在 MEMS 部分刻蚀过孔,沉积并图形化金属实现 CMOS 部分和 MEMS 部分的电连接。

⑥ 在 CMOS 铝线部分沉积保护膜,使用氢氟酸释放 MEMS 结构,最后去除保护膜。

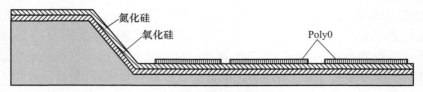

（a）湿法腐蚀制作凹槽

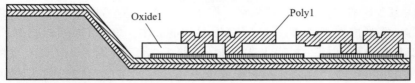

（b）沉积Oxide1层和Poly1层并图形化

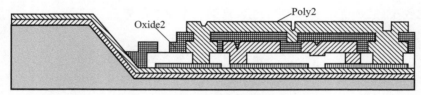

（c）沉积Oxide2层和Poly2层并图形化

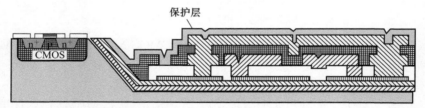

（d）回填凹槽并CMP，沉积保护层保护已经制作好的MEMS部分，
在衬底未腐蚀凹槽的部分制备CMOS电路

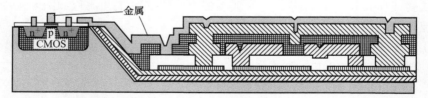

（e）在MEMS部分刻蚀过孔，沉积并图形化金属实现CMOS部分和MEMS部分的电连接

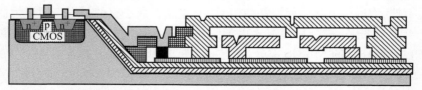

（f）在CMOS铝线部分沉积保护膜，使用氢氟酸释放MEMS结构，最后去除保护膜

图 8.41 Pre-CMOS工艺

因为 MEMS 对薄膜应力要求严格,用作 MEMS 结构的多晶硅和用作牺牲层的氧化硅在沉积后往往需要进行高温退火以降低热失配应力,而 CMOS 工艺用于电连接层的铝金属却不能承受 MEMS 工艺的退火温度,所以,单纯从温度的角度考虑,先制备 MEMS 结构再制备 CMOS 电路的 Pre-CMOS 工艺是有其存在的合理性的。但是,由于 MEMS 工艺往往需要用到 KOH 等金属离子污染源,从 MEMS 工艺线上流过的衬底是传统 CMOS 线所不能接受的,除非自己拥有专门为 MEMS 工艺服务的 CMOS 工艺线,在其他 CMOS 代工厂进行 Pre-CMOS 的流片是不太现实的。

上面所介绍的 Pre-CMOS 工艺并不纯粹,MEMS 结构的释放还是要放到 CMOS 工艺之后进行,要考虑释放过程中 CMOS 金属线和电介质材料的保护问题。为了实现纯粹的 Pre-CMOS 工艺,需要在 CMOS 工艺之前预先实现 MEMS 结构的释放,这就需要借助微结构圆片级密封技术将释放后的 MEMS 结构密封保护起来,以防止可动结构在后续的 CMP 和 CMOS 工艺过程中损坏。图 8.42 给出了这样一种密封方法的工艺过程[2],图 8.43 则是使用这一工艺制备的音叉微谐振器剖面。

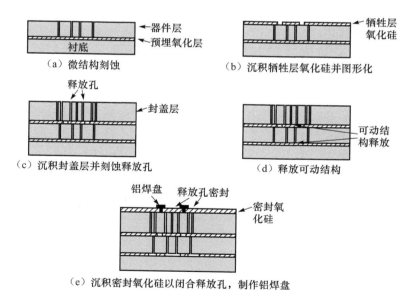

（a）微结构刻蚀　　　　　　　　　　　　（b）沉积牺牲层氧化硅并图形化

（c）沉积封盖层并刻蚀释放孔　　　　　　（d）释放可动结构

（e）沉积密封氧化硅以闭合释放孔,制作铝焊盘

图 8.42　基于 SOI 工艺的可动微结构圆片级密封

因为最后实现释放孔密封的材料一般是 LPCVD 制备的氧化硅或多晶硅,密封工艺过程的实施环境是高真空腔室,所以,这种圆片级密封不仅可以实现释放后微可动结构的保护,还可实现微可动结构的高真空(优于 1Pa)和高气密性圆片级封装,能够长期、可靠地保证器件正常工作,特别适合于制造微谐振器和微陀螺等

需要高真空和高气密性封装的器件。

　　SiTime 在引入 Bosch 公司工艺的基础上研发的 MEMS First™工艺就是典型的预释放 Pre-CMOS 工艺,所研制的和 CMOS 电路单片集成的微谐振器剖面如图 8.44 所示。

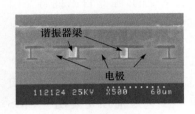

图 8.43　圆片级密封实现的
音叉式微谐振器

图 8.44　SiTime 公司使用 Bosch 公司研发的
MEMS First™工艺制造的单片集成微谐振器

　　(2) Intra-CMOS。Intra-CMOS 工艺是 CMOS 工艺与 MEMS 元件工艺混合制造的工艺,也是一种无法通过传统 CMOS 代工厂实现的工艺,使用这种工艺开发微器件的公司都是自行建立 CMOS 产线专门实施这一工艺。使用这种工艺制造的微器件包括 AD 的加速度计、Infineon 的压力传感器、飞思卡尔的压力传感器和 Toyota 的压力传感器。Intra-CMOS 工艺是在 CMOS 工艺流程中间隔进行MEMS 结构制作,即先制作有源区、场区和栅极,然后制备牺牲层和多晶硅的MEMS 结构层,再制备金属互连线和钝化层,最后实现 MEMS 结构释放。把MEMS 结构层放在金属连线层之前制备可以保证在沉积多晶硅后使用较高的温度退火以消除残余应力而不会影响到铝金属线。AD 公司使用 BiCMOS 工艺实现的 Intra-CMOS 工艺流程如图 8.45 所示,主要包括以下几个过程:

　　① 制作电路部分的场区、有源区和多晶硅栅极。

　　② 沉积 BPSG 作为绝缘层,去除 MEMS 区域的 BPSG,沉积氮化硅作为绝缘层;沉积并图形化 Poly0 层作为下电极,沉积并图形化牺牲层,沉积并图形化 Poly1层作为上电极。

　　③ 去除电路部分的牺牲层和氮化硅层,并在 BPSG 绝缘层上制备过孔、金属互连线,沉积钝化层保护电路部分,去除 MEMS 区域的钝化层并释放 MEMS 结构。

　　图 8.46 则是 AD 公司制造的单片集成式双轴微加速度计 ADXL202,它使用 $3\mu m$ BiCMOS 工艺(制备电路)加 $4\mu m$ 厚多晶硅(制备微结构)的 Intra-CMOS 工艺制造。

　　(3) Post-CMOS。Post-CMOS 工艺是指先制备 CMOS 电路后制备 MEMS结构的工艺。Post-CMOS 工艺主要有两类:一类是使用 CMOS 工艺结束之后增

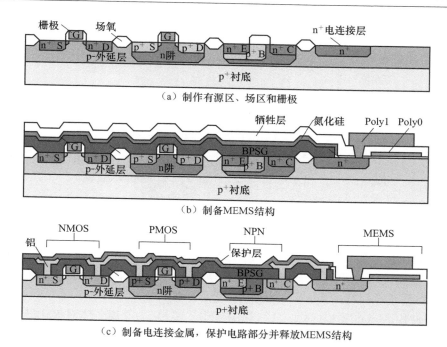

图 8.45　Intra-CMOS 工艺流程

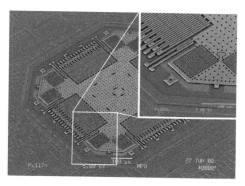

图 8.46　AD 公司使用 Intra-CMOS 工艺制作的单片集成式双轴加速度计 ADXL202

加附加的刻蚀工艺,利用 CMOS 工艺中已经形成的金属和电介质层制备 MEMS 结构的 MEMS with CMOS 工艺;另一类是在 CMOS 工艺结束后另行沉积多晶硅或金属作为结构层,沉积聚合物或氧化硅作为牺牲层,并最后进行干法或湿法释放制备 MEMS 结构的 MEMS over CMOS 工艺。

　　Carnegie Mellon 大学的 Fedder 等于 1994 年提出使用 $0.8\mu m$ 的三层金属 CMOS 工艺实现 MEMS with CMOS 工艺集成,并于 2002 年使用 $0.35\mu m$ CMOS

工艺实现电容式微加速度计[3]，如图 8.47 所示。

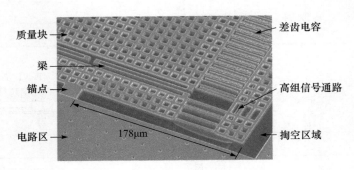

质量块
梁
锚点
电路区

差齿电容
高组信号通路
掏空区域

178μm

图 8.47　使用 0.35μm CMOS 工艺制备的电容式微加速度计

Fedder 提出的 MEMS with CMOS 工艺过程如图 8.48 所示，工艺流程如下：

① 首先使用 CMOS 工艺制备电路部分，制备完毕的电路部分上面有 Metal3 层保护以防止在后续的 MEMS 结构制备过程中损坏。

② 使用 Metal3 作为刻蚀掩膜，利用 CHF$_3$ 和 O$_2$ 的等离子体对氧化硅进行各向异性干法刻蚀，生成 MEMS 结构形状。

③ 使用 SF$_6$ 等离子体对硅衬底进行各向异性刻蚀。

④ 使用 SF$_6$ 等离子体对硅衬底进行各向同性刻蚀，将 MEMS 结构底部掏空实现结构释放。

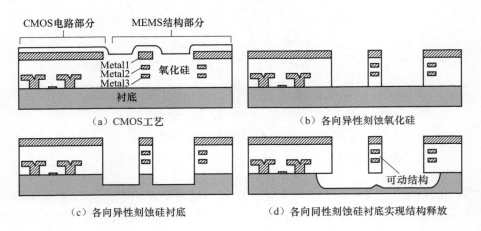

CMOS电路部分　　MEMS结构部分
Metal1
Metal2　氧化硅
Metal3
衬底
（a）CMOS工艺

（b）各向异性刻蚀氧化硅

（c）各向异性刻蚀硅衬底

可动结构
（d）各向同性刻蚀硅衬底实现结构释放

图 8.48　MEMS with CMOS 工艺

Fedder 等提出的这一工艺已经由 MEMSCAP 公司实现商业化，称为 ASIMPS 工艺，这一工艺可以广泛用于片上集成型的微惯性器件、射频器件、红外传感器和力传感器的研制。工艺中，MEMS 部分的线宽受限于 CMOS 工艺的 λ 设计规则（λ 是一个归一化单位，CMOS 结构的栅极宽度为 2λ，其他尺寸都是 λ 的整数倍），厚度受限于 CMOS 工艺的层数（Fedder 等使用的 CMOS 工艺中 MEMS 结构最大厚度为 4.8μm）。同时，为了实现充分释放并避免微负载效应，大面积平板形式的 MEMS 结构上必须开尺寸较大的释放孔（大于 4μm×4μm），无法用于需要连续平整表面的光学器件研制。同时，由于没有专门针对 MEMS 结构要求对 CMOS 工艺的结构层进行退火等应力处理，可能存在不受控应力引起的结构翘曲的问题。虽然 MEMS 结构是在 CMOS 工艺之后通过附加后工艺形成的，但没有在 CMOS 工艺之后专门沉积额外的 MEMS 结构材料，而是利用 CMOS 工艺阶段已经形成的金属和电介质复合膜充当 MEMS 的结构层，利用 CMOS 工艺的金属层作为刻蚀掩膜进行后续的 MEMS 结构干法刻蚀释放，所以严格意义上来说，MEMS with CMOS 工艺并没有完全在 CMOS 之后进行，而是被部分包含在 CMOS 工艺的过程中。

图 8.49 为台湾交通大学使用 MEMS with CMOS 工艺研制的静电驱动、压阻检测的垂直微谐振器，不仅实现了 MEMS 结构和 CMOS 电路的单片集成，还利用 CMOS 工艺的残余应力实现了 MEMS 可动原件的上翘，提高了 MEMS 可动结构的运动空间。

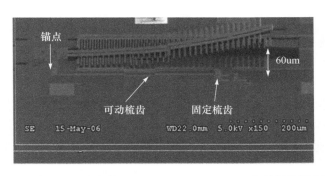

图 8.49　台湾交通大学使用 MEMS with CMOS 工艺研制的微谐振器

MEMS with CMOS 工艺中，MEMS 结构与 CMOS 电路分布在同一个水平面上，占用了大量芯片空间，如果需要减小芯片尺寸以提高单位面积内的芯片数量来降低生产成本，可以在 CMOS 工艺之后，在 CMOS 电路上方另外进行薄膜沉积和刻蚀来制备 MEMS 结构，实现 MEMS 结构和 CMOS 电路的垂直集成，即 MEMS over CMOS。

CMOS 工艺会和后续的 MEMS 工艺互相影响，必须考虑以下方面的问题并采取必要的措施：

① CMOS 工艺一般使用高掺杂的 p 型衬底来避免闩锁，但由于浓硼扩散自停

止效应,浓硼衬底会降低后续的各向异性湿法腐蚀工艺的腐蚀速率。在高掺杂掺杂沉底上外延低掺杂层再作为 Post-CMOS 工艺的衬底可以缓解这类问题。

　　② CMOS 工艺的电互连金属一般使用铝,但铝不能承受常用于 MEMS 结构层的多晶硅的沉积温度,可以采用两种方法解决。一种是采用钨等熔点更高的金属取代铝。不同电互连材料的电阻率和熔点如表 8.4 所示,可见除了钨以外,铜和金也是可能的替代材料。

表 8.4　不同电互连材料的电阻率和熔点

材料名称	薄膜电阻率/($\mu\Omega \cdot$ cm)	熔点/℃
铝	2.7~3.0	660
钨	8~15	3410
铜	1.7~2.0	1084
金	2.2	1064
钛	40~70	1670

　　另外一种方法则是采用沉积温度低的材料取代多晶硅作为 MEMS 的结构层。为了保护 CMOS 电路的铝连线,MEMS 的工艺温度不能超过 400~500℃(对于 65nm CMOS 工艺,后续工艺温度不能超过 400℃,时间不能超过 30 分钟;对于 0.25μm CMOS 工艺,后续工艺温度不能超过 425℃,时间不能超过 10 小时,对于 0.35μm CMOS 工艺,后续工艺温度不能超过 525℃,时间不能超过 90 分钟)。对于 MEMS 结构层,可以选择沉积温度低的多晶锗硅(沉积温度小于 450℃)或者金属取代多晶硅。

　　铝等金属因为采用溅射工艺制备,成膜温度低,可以被用来替代多晶硅作为 MEMS 结构材料。美国 TI 公司的数字微镜装置(DMD)是使用铝作为 MEMS 结构层,使用光刻胶作为牺牲层实现 MEMS over CMOS 工艺的典型代表,如图 8.50 所示。铝可以溅射制备,具有较高的光学反射率,非常适合制作光学器件。但是,

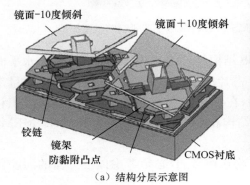

（a）结构分层示意图　　　　　　　　　　（b）结构SEM图

图 8.50　采用多晶锗硅作为结构层的微谐振器

使用铝等金属制备 MEMS 器件虽然不需要考虑宏观尺度下的疲劳破坏问题,却需要考虑微观尺度下的蠕变失效问题,即在给定的载荷应力下,金属的应变不仅与杨氏模量相关,还随着时间的推移逐渐增加,从而使得金属的失效应力随着时间推移逐渐变小。提高金属的熔点可以提高金属的抗蠕变能力,TI 公司使用同样可以被铝腐蚀工艺图形化却比铝熔点更高的 AlTi 和 AlN 等替代铝来解决缓解蠕变问题[4]。

与金属不同,沉积温度低(锗含量超过 60% 时,沉积温度低于 450℃,并且可以原位 p 掺杂)的多晶锗硅则不存在蠕变问题,是取代多晶硅作为 MEMS 结构层的理想材料。图 8.51 给出了一种采用多晶锗硅作为结构层的 MEMS over CMOS 工艺剖面示意图,而图 8.52 则给出了采用多晶锗硅(硅:0.35,锗:0.65)作为结构层并制备在 CMOS 放大器上方的微谐振 SEM 图。

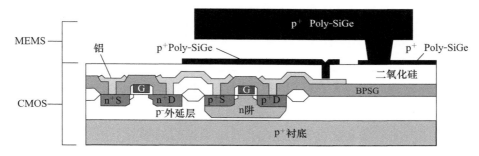

图 8.51　采用多晶锗硅作为结构层实现的 MEMS over CMOS 工艺剖面示意图

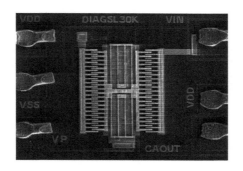

图 8.52　采用多晶锗硅作为结构层的微谐振器[5]

不同的金属和半导体材料有各自的优缺点,到底选用什么样的材料作为 MEMS over CMOS 工艺的微结构材料取决于微器件的功能。对于微惯性器件来说,需要平整的大面积质量平板,低应力梯度是选择结构材料的主要标准;对于微光学器件来说,需要光滑、平整的光学表面,低应力梯度和高反射率是选择结构材料的主要标准;微射频器件则需要低应力梯度和低电阻率的结构材料以降低损耗;微谐振器则需要高固有品质因数的结构材料以减低热弹阻尼;微生物器件则需要生物兼容性的结构材料。

③ MEMS 牺牲层材料的释放不能破坏 CMOS 电互连金属和绝缘层。传统的二氧化硅牺牲层的释放需要使用氢氟酸,必须首先对 CMOS 电路部分进行保护,增加额外工艺步骤,可以选择使用光刻胶、PI 胶和金属等予以取代。几种可以作为 MEMS over CMOS 工艺牺牲层的材料及其优缺点如表 8.5 所示。

表 8.5　适合用于 MEMS over CMOS 工艺的牺牲层材料

牺牲层材料	释放方法	黏附问题	对 CMOS 电路的伤害
光刻胶或 PI	氧等离子	无	氧化焊盘金属
铝	H_3PO_4 湿法腐蚀	有	腐蚀金属焊盘
无定形硅	XeF_2 等离子	无	无
SiGe	ClF_3 等离子	无	无
锗	H_2O_2 湿法腐蚀	有	轻度氧化焊盘金属
二氧化硅	氢氟酸湿法腐蚀	有	腐蚀金属焊盘及绝缘层
二氧化硅	气态氢氟酸腐蚀	无	腐蚀绝缘层

综上所述,对三种 MEMS 工艺和 CMOS 工艺单片集成的方法进行汇总比较如表 8.6 所示。

表 8.6　三种 CMOS 和 MEMS 单片集成工艺对比

集成类型	MEMS 器件平整度	可否进行传统 CMOS 代工	对 CMOS 工艺线是否有污染	MEMS 工艺是否存在温度限制
Pre-CMOS	非常好	受限	是	否
Intra-CMOS	好	非常受限	是	是
Post-CMOS	MEMS with CMOS 好, MEMS over CMOS 较好	可以	否	是

参 考 文 献

[1] Ji X, Yu H, Huang X, et al. Parylene film for sidewall passivation in SCREAM process. Science in China Press, 2009, 52: 357—362.

[2] Candler R N, Park W T, Li H, et al. Single wafer encapsulation of MEMS devices. IEEE Transactions on Advanced Packaging, 2003, 26: 227—232.

[3] Luo H, Zhang G, Carley L R, et al. A Post-CMOS micromachined lateral accelerometer. Journal of Microelectromechanical Systems, 2002, 11: 188—195.

[4] Spengen W M V. MEMS reliability from a failure mechanisms perspective. Microelectronics Reliability, 2003, 43: 1049—1060.

[5] Franke A E, Heck J M, King T J, et al. Polycrystalline silicon-germanium films for integrated microsystems. Journal of Microelectromechanical Systems, 2002, 12: 160—171.

第 9 章 MEMS 封装

9.1 引　　言

在微电子工艺中,封装是为了保护芯片及与其互连的引线不受环境的影响。而在 MEMS 器件中,根据应用的不同,多数 MEMS 需要留有同外界直接相连的传递光、磁、热、力、化等一种或多种非电信号的通路,MEMS 封装除了保护芯片及与其互连的引线不受环境的影响,还兼有实现芯片与外界环境的能量交互任务,且由于非电信号的复杂性,对 MEMS 芯片的钝化和封装保护提出了特殊要求。

与 IC 封装不同,MEMS 封装具有以下几个显著特点:

(1) MEMS 中通常都有一些可动部分或悬空结构,容易在清洗和划片过程中损坏。

(2) 悬置结构必须在释放后马上封装,以阻止黏附或灰尘。

(3) 封装需要高气密性、高隔离度(固态隔离)和低应力,封装腔体内可能需要真空、充氮、充油或其他特殊条件。

(4) 处于初期发展阶段,离系列化、标准化尚远,主要采用定制式研发。

由于 MEMS 封装的定制特点,其封装工艺并不成熟,目前是 MEMS 器件失效的主要原因,且封装成本在整个 MEMS 器件成本中的比重非常大。以硅微压力传感器来说,普通金属圆壳(transistor outline,TO)封装的低端压力传感器的封装成本占器件成本的 20%,而不锈钢波纹壳封装的专用压力传感器的封装成本占器件总成本的 80%,而对于高温高压等特种压力传感器,其封装成本则占其总成本的 95% 以上。

MEMS 封装可以根据先划片再封装还是先封装再划片,分为芯片级封装和圆片级封装两大类,如图 9.1 所示。

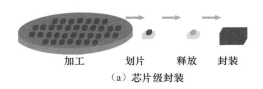

加工　　　划片　　　释放　　　封装

(a) 芯片级封装

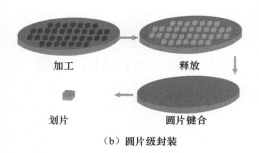

（b）圆片级封装

图 9.1　两种不同的封装方式

芯片级封装是先划片再释放，以避免划片过程中的芯片损坏，所得到的成品较大，成本高；而圆片级封装则是先释放，后封装，再划片，所得到的成品较小，成本低。

9.2　芯片级封装

芯片级封装基本部分分为探针测试、减薄/喷金、划片、上芯、压焊、封帽等 6 步，本节将分别予以介绍。

9.2.1　探针测试

由于封装成本在 MEMS 器件成本中比例较高，所以，在封装前即剔除损坏的管芯是十分必要的。探针测试又叫中测，即是在加工完毕的衬底被划片前进行的电学性能测试。由于管芯上的焊盘非常小，必须通过利用探针将电学信号引入和引出管芯，故将这个阶段的测试称为探针测试。衬底、管芯和焊盘的意义如图 9.2 所示。

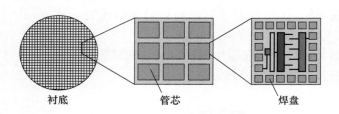

图 9.2　管芯和焊盘的概念

科研过程中的探针测试主要使用手动探针台和安装在探针座上的探针完成，图 9.3 给出了手动探针台的基本配置。

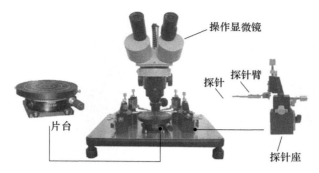

图 9.3　手动探针测试台

（图片来源于广州四探针科技有限公司）

（1）探针。由碳化钨或高速钢材料制成，末端直径只有几微米到上百微米，具有较高硬度的金属针，其尖而硬的针头可以保证在管芯的金属焊盘中压入一定深度，形成较好的电学连接。其中，碳化钨材料的探针耐磨性最好但容易折断，高速钢材料的探针韧性好但不耐磨。

（2）探针座。是一个上下、左右、前后三维调节的微动平台，可以精密控制探针的压入点。

（3）片台。用于承载衬底，并通过手动调节在不同的管芯间切换，一般带有真空吸附功能，可以左右、前后平动，能够微调倾斜角度。

（4）操作显微镜。用于辅助操作人员看清焊盘和探针位置以实现对准。

大规模生产过程中一般使用自动探针台，自动探针台和手动探针台最大的不同之处有以下三条：

（1）使用探针卡取代探针＋探针座。探针卡一般根据管芯的大小和上边焊盘的分布情况定制，上边安装固定位置和固定数量的探针，虽然没有探针＋探针座的形式灵活，但其优点就是对准方便和实现自动步进。环形探针卡如图 9.4 所示。

（2）使用机械手实现自动步进和自动下针，下压力均匀且易于控制，测试效率高。

（3）使用墨头自动标识出损坏的管芯并生成分布图。

探针需要与测试机连接，由测试机提供测试信号并处理反馈信号。测试机和探针之间的接口有两种方式，即电缆连接和直接扣接。电缆连接主要用于频率低于 10MHz 的器件测试，优点是成本低，使用简单方便；直接扣接可以最大限度地降低测试通道的各种噪声干扰，适合于高频器件测试。

需要注意的是，每次探针测试都会在焊盘上留下针痕（图 9.5），而在同一焊盘上多次测试的位置会有偏移，所以，测试次数一般不能超过 3 次，当超过 3 次时，焊盘表面的探针划痕会影响压焊，如果芯片上的空间允许，则可以专门在压焊焊盘旁边设立与之连通的副焊盘专门用于探针测试。

图 9.4　环形探针卡

（图片来源于美国 Nitronex 公司）

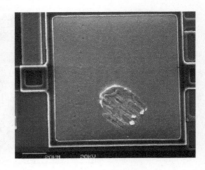

图 9.5　探针针痕

（图片来源于瑞士 CSM 仪器公司）

9.2.2　减薄/喷金

　　为了保证衬底在制造过程中不容易破碎,衬底的直径越大,其厚度通常也要越大来保证衬底的强度。但是,为了提高微器件的散热性能,通常在微器件加工完成之后需要对衬底进行减薄,并在衬底背面溅射金属,以方便衬底接地以消除静电积累。减薄是通过 CMP 进行的。CMP 的工作原理如图 9.6 所示。衬底吸附在磨头(抛光头)上,将磨头下降到磨盘(抛光盘)表面,并在磨盘的带动下以相反的方向旋转。如果需要快速去除衬底材料(减薄),磨盘采用射线性刻槽的铸铁盘,如果需要慢速去除衬底材料(抛光),则采贴有抛光布的聚氨酯磨盘。顾名思义,CMP 是化学腐蚀和机械磨除的结合。机械磨除是依靠抛光液中的固体颗粒成分(抛光粉),根据被抛光对象的硬度,选择氧化硅、氧化铝、氧化铈和金刚石粉末作为抛光粉,而根据去除材料速率不同,抛光粉的粒径也不同,粒径越大的抛光粉,其去除材料速率越高。化学腐蚀是靠抛光液中的化学成分与硅片表面的化学反应实现。如果被抛光对象是硅片,则可以采用含有 KOH 或氨水的抛光液,其与硅片反应生成二氧化硅薄层,然后再由机械磨除作用去除。在抛光过程中,衬底表面的高点总是被去除掉,直到获得特别平整的表面。

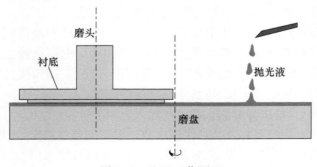

图 9.6　CMP 工作原理

图 9.7 是一套英国 LogiTech 公司的单片减薄抛光系统,由黏片机、减薄抛光机、测厚仪和曲率测试仪四部分组成(测厚仪和曲率测试仪没有在图 9.7 中显示)。测厚仪是一个大理石台面上的气动探针,待抛衬底首先要用测厚仪测量初始厚度,然后使用黏结石蜡利用黏片机把衬底和毛玻璃片黏合在一起并测量厚度,将毛玻璃片吸附在磨头上,衬底朝下放置在减薄抛光机上。首先使用铸铁盘和 $20\mu m$ 磨料进行粗磨,然后使用铸铁盘和 $9\mu m$ 磨料进行精磨,再使用聚氨酯抛光盘和 $3\mu m$ 磨料进行粗抛,最后使用化学抛光布盘和化学抛光液进行精抛。精抛结束后,使用去蜡液将衬底和毛玻璃分离。磨头上有可以在线测量的高度表,能够动态检测减薄量,但跳动和误差比较大,准确测量还是需要将衬底和玻璃片的结合体从磨头上取下在测厚仪上进行。

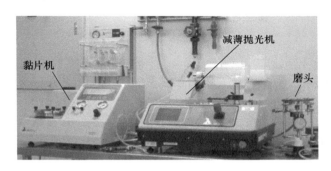

图 9.7　英国 LogiTech 的减薄抛光系统
(图片来源于西北工业大学空天微纳教育部重点实验室)

9.2.3　划片

在完成探针测试和减薄之后,单块 MEMS 管芯必须通过划片从衬底上分离出来。对于尺寸比较大的管芯,可以通过使用金刚石划片笔,利用衬底的解理面,手工划片,而对于比较小或是划片精度要求高的管芯,则可以使用自动划片机划片。根据划片方法的不同,划片机可以分为砂轮划片机和激光划片机两种。砂轮划片机使用高速选装的刀片从衬底表面切入,可以选择只切入衬底一定深度或者完全切透衬底。划片前,需要使用贴膜机将衬底粘贴在弹性较好的聚酯膜上,通常是蓝膜或 UV 膜,这样,在管芯被大片分离时还粘贴在膜上,方便下一步提取管芯。

砂轮划片存在机械崩边,划片过程中产生碎屑并需要去离子水冷却,不适合用于已释放可动微结构的 MEMS 管芯划片。图 9.8 是背面朝上的衬底、贴片环和 UV 膜,而图 9.9 则是划片结束后使用扩膜机将 UV 膜撑开后固定在扩膜环(扩膜环小于贴片环)上的衬底,管芯间距在扩膜后变大,方便手动或自动取芯。对于 MEMS 结构,最好在释放前先划片,并在划片前涂覆光刻胶保护表面,在划片结束后使用有机溶剂或氧等离子去除光刻胶,以防止划片造成的颗粒沾染在微结构表面不好去除。

图 9.8　UV 膜上的衬底和贴片环图　　　　图 9.9　扩膜后的衬底和扩膜环

激光划片则是利用高能激光束照射在衬底表面,使被照射区域局部熔化、气化,从而达到划片的目的。因激光是经专用光学系统聚焦后成为一个非常小的光点,能量密度高,其加工是非接触式的,对衬底本身损伤小,划精度高。但是,激光划片不适合用于玻璃和碳化硅等透明或半透明衬底材料的划片。

9.2.4　上芯

上芯就是将划片后的管芯从蓝膜取下粘贴在管壳中的工艺步骤。图 9.10 给出了一个用于低熔玻璃封装的陶瓷双列直插(ceramic dual in-line package,CDIP)管壳的实物图。盖板内表面贴有吸气剂,便于封装后吸附腔室内的水汽和杂质气体。上芯分为点胶、贴片和固化三步。点胶是使用点胶机的点胶针将导电银胶或其他黏合胶注滴到管壳中央(比较大的管芯还要通过程序控制绘制一定的花样,以

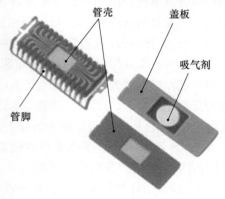

图 9.10　管壳、管脚和盖板实物图

实现管芯和管壳的充分黏合并防止黏合胶内部出现气泡和空洞),通过控制点胶气压、点胶时间和选用合适的点胶针,便可轻易改变每次注滴量。贴片则是将管壳放置在贴片机工作台上,使用真空贴片头拾取微器件管芯,经过对位之后将管芯放置在点过胶的管壳中。最后,进行一定的热处理工艺,使管芯和管壳牢牢固化在一起。

9.2.5 压焊

压焊又称为打线或引线键合,其作用是将管芯的焊盘与管壳的管脚通过金属导线连接在一起,为微器件提供电学信号的引入和导出通道,如图 9.11 所示。常用的引线材料为金丝和铝丝,引线直径为 $20\sim80\mu m$。按照实现压焊的方法不同,常用的压焊技术有热压焊、超声焊和热声焊[1],下面分别予以介绍[2]。

图 9.11 压焊

1. 热压焊

热压焊指利用加热和加压力使金属焊丝与焊盘压焊在一起,其原理是通过加热和加压力使焊丝发生塑性形变,同时破坏焊盘上的氧化层,在焊丝和焊盘界面上互相扩散,靠原子间吸引力达到连接的目的。

2. 超声焊

超声焊不需要加热,受压的劈刀在超声波驱动下产生高频振动,带动焊丝在被焊盘表面迅速摩擦,产生强烈的塑性流动,从而破坏焊接界面的氧化层,使两个纯净的金属表面紧密接触达到原子间的结合从而形成焊接。铝线焊头一般为楔形。

3. 热声焊

热声焊是热压焊和超声焊两种压焊方式的组合。在超声焊的基础上,对劈刀低温加热,加强焊丝金属和焊盘金属界面间相互扩散作用,实现高品质焊接。热声焊可降低加热温度、提高压焊强度，已逐渐取代单纯的热压焊和超声焊。

压焊的基本步骤是：形成第一焊点（芯片的焊盘表面），形成线弧，形成第二焊点（在管壳的焊盘上）。按照焊点形状的不同，压焊可以分为球焊和楔焊。球焊是先在焊丝上形成一个焊球，然后将这个焊球焊接到焊盘上形成焊点；而楔焊则是将焊丝在热、压或超声能量下直接焊接到焊盘上。两种形状的焊点如图 9.12 所示。

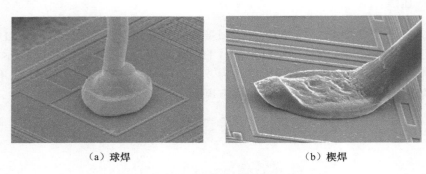

（a）球焊　　　　　　　　　　　　（b）楔焊

图 9.12　两种形状的焊点

金丝球焊是最常用的球焊方法，工艺开始时，焊丝上产生一个一个熔化的金球，压下到芯片的焊盘上后作为第一个焊点，然后从第一个焊点抽出弯曲的焊线，再以新月形状将焊线压焊管壳的焊盘上形成楔形二焊点，最后焊丝上形成另一个新球用于下一回合的球焊。金丝球焊的工艺过程如图 9.13 所示。

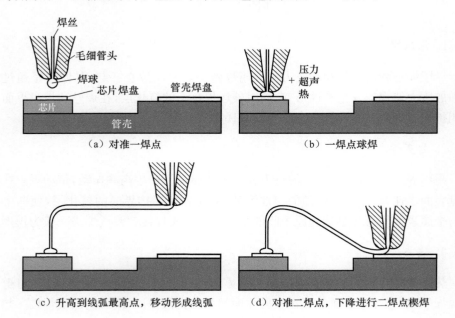

（a）对准一焊点　　　　　　　　　　（b）一焊点球焊

（c）升高到线弧最高点，移动形成线弧　　　（d）对准二焊点，下降进行二焊点楔焊

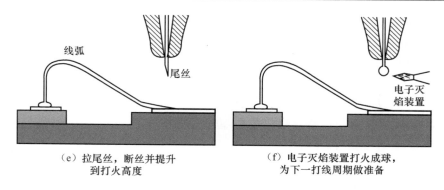

（e）拉尾丝，断丝并提升　　　　　（f）电子灭焰装置打火成球，
　　　到打火高度　　　　　　　　　　　为下一打线周期做准备

图 9.13　球焊工艺过程

　　球焊属于热声焊，焊点是在热（一般为 150℃）、超声波、压力和时间的综合作用下形成。而楔焊则属于超声焊，形成焊点只涉及超声波能、压力及时间等参数。楔焊也可用金线，但主要使用铝线，通常都在室温下进行。楔焊将两个楔形焊点压下形成连接，过程中没有焊球形成。铝丝楔焊的工艺过程如图 9.14 所示。

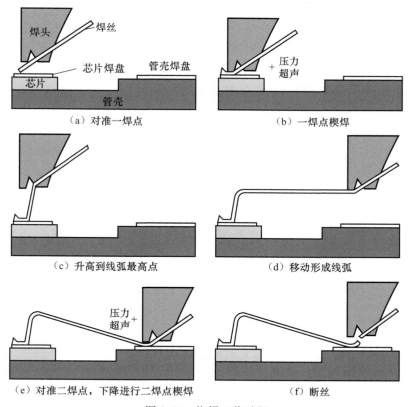

（a）对准一焊点　　　　　　　　　　（b）一焊点楔焊

（c）升高到线弧最高点　　　　　　　（d）移动形成线弧

（e）对准二焊点，下降进行二焊点楔焊　　　　（f）断丝

图 9.14　楔焊工艺过程

工艺过程如下：

(1) 对准芯片上的焊盘，焊丝伸出焊头（劈刀）端部。

(2) 降低焊头高度，使焊头与芯片焊盘的表面接触，进行一焊操作。

(3) 焊头升高到弧线高度位置。

(4) 平移动焊头到管壳焊盘位置上方。

(5) 降低焊头与管壳焊盘表面接触，进行二焊操作。

(6) 断开焊丝。

采用什么形状的焊点取决于具体的应用场合。球焊在一焊点和二焊点之间的拱丝没有方向的限制，拱丝非常灵活，且工艺速度快，易于实现自动化，主要用于大批量生产的场合。但是，由于球焊的二焊点只能采用楔焊形式，其压焊强度略低，有的应用场合需要在二焊点上通过补球增加强度。楔焊属于单一方向的焊接，二焊点只能位于一焊点后方，它比球焊要慢得多，但其压焊强度普遍高于球焊，大多数军用器件的压焊都是采用楔焊，而且由于楔焊不需要热过程，可用于 PCB 等不能加热的场合。

9.2.6 封帽

封帽就是将装有 MEMS 微结构的管壳封盖，将微结构封闭起来。常用的封装管壳类型有以下几种：

(1) 金属圆壳。如图 9.15 所示，管壳和圆帽由可伐合金或不锈钢制成。封帽方式是储能焊，即在氮气保护下通过大电流把圆帽和底壳焊接密封起来。这种封装在早期 IC 封装时使用，因其管脚数少（少于 10 个），在 MEMS 领域中多用于焊盘数较少的简单微器件封装，虽然这种封装方式已经被 IC 所淘汰，但因其结构简单、可靠性高，在微压力传感器和微流体器件领域还是一种非常有吸引力的封装方式。

（a）管壳　　　　　　　　　　（b）盖板

图 9.15　金属圆壳

（图片来源于森贝科技）

(2) 陶瓷封装管壳。常用的陶瓷封装管壳有陶瓷针栅阵列管壳（ceramic pin grid array，CPGA）、陶瓷四边引线扁平外壳（ceramic quad flat package，CQFP）、无引线陶瓷片式载体（leadless ceramic chip carrier，LCCC）、双列直插多层陶瓷外壳

(ceramic dual in-line package，CDIP)和陶瓷焊球阵列外壳(ceramic ball grid array，CBGA)。图 9.16 展示了陶瓷四边引线扁平外壳的实物图。封帽方式是把陶瓷管壳和金属盖板用平行缝焊或钎焊进行密封。封帽后要进行氦质谱细检漏和氟油加压粗检漏。前者检查细微漏孔，后者检查较大的漏孔。检漏合格的器件具有良好的气密性和可靠性。

　　平行缝焊和钎焊是陶瓷管壳两种常用的封帽工艺。平行缝焊的基本原理如图 9.17 所示。电极在盖板上辊过时，施加周期性脉冲电流信号，盖板、电极和电源所构成电路回路的高阻点在电极与盖板接触处，电流在接触处产生大量热量，使得盖板与焊框上的镀层呈熔融状态，凝固后形成一个焊点。在焊接过程中，电流是脉冲式的，每一个脉冲电流形成一个焊点，由于管壳做匀速直线运动，滚轮电极在盖板上做滚动，因此，就在外壳盖板的两个边的边缘形成了两条平行的、由重叠的焊点组成的连续焊缝，平行缝焊机操作箱内可充惰性气体，内连的烘箱可对预封器件烘烤，从而有效控制封装腔体内的水汽含量。

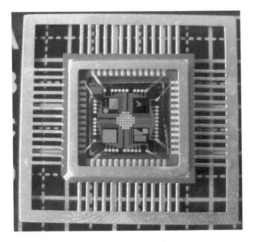

图 9.16　陶瓷四边引线扁平外壳
(图片来源于西北工业大学
空天微纳教育部重点实验室)

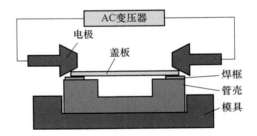

图 9.17　平行缝焊原理

　　钎焊则是将焊料放在盖板和管壳之间施加一定的力并一同加热，焊料熔融并润湿焊接区表面，在毛细管力作用下扩散填充盖板和管壳壳焊接区之间的间隙，冷却后形成牢固焊接的过程。盖板焊料有金锡($Au_{80}Sn_{20}$)、锡银铜($Sn_{95.5}Ag_{3.8}Cu_{0.7}$)等。高可靠 MEMS 器件最常用的盖板钎焊材料是熔点为 280℃的金锡($Au_{80}Sn_{20}$)共晶焊料。焊料可以涂在盖板上，或根据盖板周边尺寸制成焊料环。在炉内密封时，需要采用惰性气体(一般为氮气)保护，以防止氧化，或直接在真空腔内焊接。

（3）低熔玻璃封装管壳。封帽方式是把涂敷有低熔点玻璃的陶瓷管壳和陶瓷盖板装架，在通过链式炉时，低熔点玻璃把盖板和装有芯片的底座熔封成一个整体。这种封装管壳和盖板是黑色的，故又称黑陶瓷封装。所使用黏合玻璃的熔封温度仅四百多度，比一般玻璃的熔化温度低得多，所以称低熔玻璃，其耐酸腐蚀性和可靠性不如白陶瓷外壳好，但成本比白陶瓷外壳低。

（4）塑料封装。封帽方式是把黏有 MEMS 结构并已压焊好的管壳置于塑封油压机的包封模具中，再把经过预热的塑料（通常是环氧树脂或硅酮树脂）放入加料腔中，在一定的压力下使塑料流入加热的模腔中固化成型完成封装。这种封帽方式生产效率高，适合于自动化生产。

按照封帽之后形成的空腔是否具有气密性，可以将封帽分为气密性封帽工艺和非气密性封帽工艺两种。气密封帽就是用不透气及防水材料制成的管壳和盖板将电子器件与周围的环境隔离开，通过消除封帽过程中来自管壳的水汽和阻止工作寿命期间管壳周围潮气的侵入，来获得良好的长期可靠性。气密封帽是 MEMS 器件高可靠性的基础。由于金属、陶瓷和玻璃对水汽的渗透率低（比塑料材料要低几个数量级），所以，上述四种封装管壳中金属、陶瓷和玻璃封装可以用于气密性封装。

从 IC 借用的封装方式可以通过在盖板上开孔的方式允许 MEMS 结构与外界实现直接接触，以测量或控制外界物理量的变化。但是，这种直接接触只适用于对微结构芯片和电极金属无腐蚀且具有电绝缘性的工作环境。结合特殊应用，MEMS 器件使用了全固态隔离的封装方式。图 9.18 给出了一个压力变送器中的充油体外观实物图和结构原理图。充油体中密封了一个硅微压力传感器作为敏感元件，外部压力首先作用在不锈钢波纹片上，通过硅油传递给敏感膜片，通过压阻效应将压力变化转化为电压或电流变化，从针形管脚输出。这样，硅微压力传感器一直被硅油所保护，不管外界的工作环境如何，都不会被破坏或者发生性能衰减。

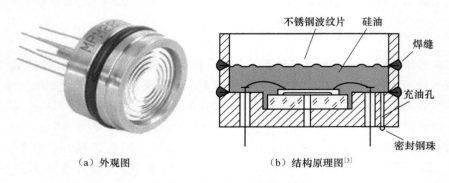

（a）外观图　　　　　　　　（b）结构原理图[3]

图 9.18　压力变送器充油体

9.3　圆片级封装

圆片级封装直接在圆片状态上进行大多数或全部的测试、释放与封装工艺，之后再进行划片获得单颗微器件。圆片级封装不需要一个一个单元进行封帽工艺，器件体积小，成本低，电连接性能优异，越来越多地被 MEMS 器件封装所采用。

圆片级封装工艺第一种作用是实现 MEMS 结构的原位保护。由北京大学研发的一种硅帽保护工艺如图 9.19 所示。第一次硅玻阳极键合实现悬置的 MEMS 结构，第二次硅玻阳极键合使用硅帽对已经形成的微结构实施保护。氦质谱检漏试验表明，第二次硅玻阳极键合所能达到的漏率小于 5×10^{-8} sccm/s（有电极穿过键合面）或小于 5×10^{-9} sccm/s（没有电极穿过键合面），虽不能满足真空封装的要求，但对 MEMS 结构提供物理保护是完全胜任的。

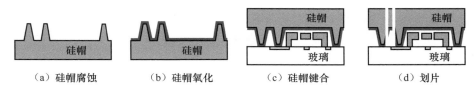

（a）硅帽腐蚀　　　（b）硅帽氧化　　　（c）硅帽键合　　　（d）划片

图 9.19　两次硅玻阳极键合实现微结构保护

（图片来源于北京大学微电子学研究院）

圆片级封装的第二种作用是实现 MEMS 工艺和 IC 工艺的集成，其工艺步骤与图 9.18 所示的硅帽保护工艺类似，只是用做硅帽的硅片不再是裸片，而是经过了 IC 工艺的硅片，在其背面制备硅帽并与已有 MEMS 结构的玻璃片或硅片键合，再通过引线键合将 IC 的焊盘与 MEMS 的焊盘连接在一起，实现 MEMS 结构和 IC 电路的电学连通。

圆片级封装的第三种作用是实现表面贴装（表贴）MEMS 器件，中国电子科技集团公司第十三研究所研发了一种表贴 MEMS 器件，其工艺步骤如图 9.20 所示。

表贴 MEMS 器件划片完后可直接通过其金属凸点实现在电路板上的表面贴装，不需要经过压焊、封装和锡焊等复杂的工艺步骤，器件工艺成本和成品率能得到很大提高。

为了实现圆片级封装，需要在微器件划片前实现微结构的密封或保护。目前，有真空薄膜密封（vacuum encapsulation）[4]、阳极键合（anodic bonding）、熔融键合（fusion bonding）、共晶键合（eutectic bonding）、有机物键合和玻璃粉（glass frit）键合等多种方式实现划片前的微结构保护，下面将分别予以介绍。

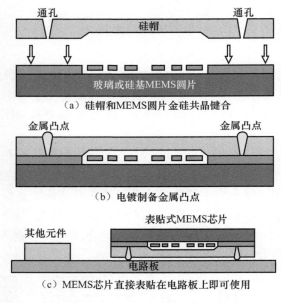

（a）硅帽和MEMS圆片金硅共晶键合

（b）电镀制备金属凸点

（c）MEMS芯片直接表贴在电路板上即可使用

图 9.20　表贴 MEMS 芯片实现工艺

9.3.1　真空薄膜密封

　　真空薄膜密封与其他几种密封方式原理不同,其不是利用两个圆片的整体组合来实现微结构的保护,而是靠薄膜淀积过程中的非保形性覆盖来实现密封,这种技术在第 3 章中讲述化学气相沉积的时候涉及过,这里将详细介绍一下。美国密歇根大学的 Lin 等为了提高微谐振器的品质因数,提出了一种集成到表面牺牲层工艺中的真空密封法工艺,工艺流程如图 9.21 所示。

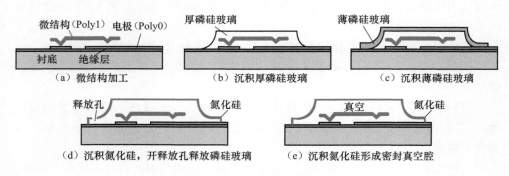

（a）微结构加工　　　　　（b）沉积厚磷硅玻璃　　　　　（c）沉积薄磷硅玻璃

（d）沉积氮化硅,开释放孔释放磷硅玻璃　　　　　（e）沉积氮化硅形成密封真空腔

图 9.21　真空薄膜密封工艺

　　在图 9.21(d)中第一次淀积的氮化硅上首先刻蚀出释放孔,通过这个释放孔将磷硅玻璃去除而释放结构,再依靠图 9.21(e)中的第二次氮化硅沉积工艺封闭

原先在氮化硅上的释放孔,形成密封腔。因为在薄膜沉积过程中,衬底一直是放置在真空氛围的化学气相沉积炉中,所形成的密封腔内部也自然是真空环境。用真空薄膜密封工艺实现圆片级封装的一个谐振器的扫描电镜照片如图 9.22 所示。

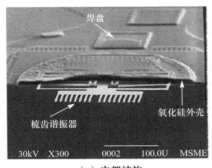
（a）内部结构

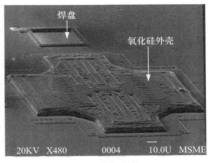
（b）外部整体

图 9.22　真空薄膜密封工艺所封装的谐振器电镜照片

真空薄膜密封所能形成的真空度受到薄膜沉积工艺的影响,且需要用到氢氟酸湿法释放工艺和高温薄膜沉积工艺,其应用场合受到一定的限制。

9.3.2　阳极键合

阳极键合技术是键合不同材料晶片时最普遍采用的一种键合技术,可以在较低温度下（180～500℃）将硅-玻璃、玻璃-金属、合金-半导体、玻璃-半导体键合,无需中间层,键合结构有良好的气密性和长期稳定性,具有工艺条件简单（既可以在真空下进行,也可在惰性气体或大气中进行）、残余应力小、结合强度高、密封性能好等优点,目前在压力传感器、惯性传感器、微流体器件、SOI 衬底等 MEMS 工艺过程中得到了广泛的应用。图 9.23 给出了硅玻阳极键合的基本原理,上电极上需要加均布压力,保证硅片-玻璃之间具有良好接触。施加在两个电极上的电压产生的静电力使硅片和玻璃片紧密结合在一起,并且在两者交界处形成一层极薄的二氧化硅来实现其连接。

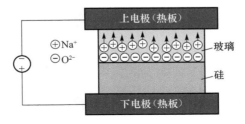

图 9.23　硅玻阳极键合原理

　　通常,MEMS 工艺中使用的玻璃片是 Pyrex7740 玻璃,这种玻璃中含有丰富的钠,当玻璃被电极加热时,玻璃在高温下(低于玻璃的软化点)的行为类似于电解质,在外电场作用下,Na^+ 向负(上)电极漂移,从而在与硅接触的玻璃一面形成 Na^+ 耗尽而只含 O^{2-} 的耗尽层,并在与其对应的硅表面感应出镜像电荷,形成强大的耗尽区静电场,使硅和玻璃的表面紧密贴合,形成密封界面,并在高温环境下发生化学反应,生成牢固的 Si—O 化学键,它的形成使得硅-玻璃界面形成了良好的封接,其强度甚至比硅或玻璃本身还要牢固(Si—O 键的强度约是 Si—Si 键强度的2.5 倍)。一旦玻璃和硅片紧密接触,外加电压就主要降落在耗尽层上。最后,耗尽层越来越宽,外电流变得越来越小。经过一段时间,电流几乎降低到零,此时键合过程完成。除了单晶硅片与玻璃熔融键合以外,还可以进行 SOI 硅片和玻璃的键合,但需要对键合夹具进行一定的修改,使得 SOI 硅片的器件层和衬底层能够实现电连通。

　　在设计阳极键合工艺时,需要特别注意静电吸合问题,特别是对于压力传感器和微镜等硅片上存在较大尺寸薄膜的器件,如果硅薄膜和玻璃上电极之间的间隙在数微米到数十微米时,由于施加的电压很高(500~1000V),薄膜与玻璃上的电极之间会因高电压形成强大的静电吸引力,使薄膜吸合到基底上导致失效。制版时,将各电极的焊盘利用之字形导线连接到一起,如图 9.24 所示,而之字形导线又通过梳齿状电极在键合时与薄膜所在的硅片电连通,保证薄膜与电极处于等电势,避免键合时静电力引起的吸合问题。同时,之字形导线还可以作为划片标记,划片后回形线被切断,各个电极被分离开来,对其功能没有影响。

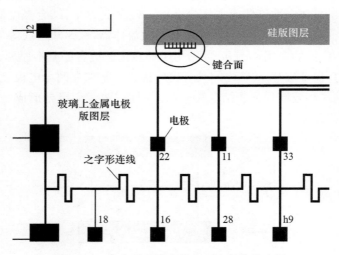

图 9.24　之字形连线和键合面上的梳齿电极

Pyrex7740 玻璃和硅的热膨胀系数在 300℃时相当,但当温度超过 300℃时,Pyrex7740 玻璃和硅的热膨胀系数会有所变化,温度越高,变化越大,键合完成并冷却到室温时会在键合处产生应力,这是优化键合工艺参数时需要注意的。

9.3.3　熔融键合

熔融键合不借助电场力作用,而是利用界面的化学力,经过化学活化或等离子活化,辅助以高温热退火过程后自行完成键合。熔融键合对键合表面质量要求非常高,其要求表面平整度小于 4nm,而阳极键合只需要小于 $1\mu m$ 即可。但是,虽然熔融键合要求非常苛刻,但其键合强度可以达到 20MPa[5],而阳极键合只有约 10MPa 左右。熔融键合前,硅片上可以存在图形结构,键合具有良好的气密性,通过键合甚至可以形成电学 pn 结。图 9.25 是美国麻省理工学院利用七层硅熔融键合研制的涡喷引擎。

图 9.25　七层硅熔融键合制备的涡喷引擎

硅熔融键合的键合原理如图 9.26 所示。两块含有 O—H 键的硅衬底紧密接触,在高温下进行退火的过程中,水分子会从界面处脱离,剩下饱和的氧原子在界面处形成 Si—O—Si 键,使得两片硅衬底紧密结合。在键合前使用氧等离子处理硅衬底的键合面,可以增加氧原子的含量,增强键合效果。

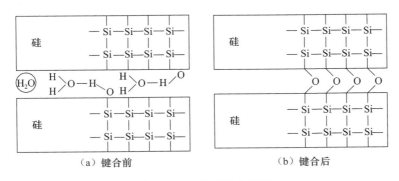

(a) 键合前　　　　　　　　　　　(b) 键合后

图 9.26　硅熔融键合原理

硅熔融键合的键合强度取决于键合后的退火过程。在 300℃以下的退火对键合强度仅有极小的增加或根本没有变化[6],当退火温度在700℃以上时,键合强度将显著增加。熔融键合常用的退火温度高达1100~1400℃左右,与大部分需要用到金属的MEMS器件工艺不兼容,但如果在键合前对衬底进行等离子体活化处理,可以将退火温度降到200~400℃。

9.3.4　共晶键合

阳极键合简单易行,但需要施加较强的静电场,有可能使得硅片上的脆弱结构发生形变,与其他结构黏连从而造成失效;熔融键合需要很高的温度(1000℃以上),不适用于带铝引线的结构,对颗粒非常敏感,并需要表面活化和亲水性处理等复杂的工艺步骤。共晶键合则是利用某些共晶合金熔点温度低的特点,将它们作为中间介质层,在较低温度下通过加热熔融实现的键合。共晶键合方法融合了阳极键合和熔融键合两种键合的优点,不需要加高电压,不需要很高的温度(仅400℃左右),对环境的要求也不是很高,对硅片表面平整性要求不是很苛刻,所以,在很多MEMS结构中都可以应用。

在金硅共晶键合时,两片硅衬底之间有一层金薄膜,由于金硅二相系的熔点仅为363℃,比纯金或纯硅的熔点都要低得多,当将样品加热到稍高于金硅共晶点的温度时,金硅混合物将从被键合的硅衬底中夺取硅原子以达到硅在金硅二相系中的饱和状态,在界面处形成共晶硅化物,冷却以后就形成了良好的键合。由于金在硅上的黏附性差,需要使用铬作为中间增黏附层,而铬层的存在使得硅需要首先穿透铬层与金接触形成共晶体,使得键合温度约为385℃,略高于金硅共晶温度(为363℃)。需要注意的是,当加热温度低于金硅共晶温度时,是金向硅种扩散,会造成硅器件的金属离子污染;只有当温度高于共晶温度20℃以上时[7],硅才会向金中扩散形成共晶体。除了金硅体系外,可以用于共晶键合的还有铜锡、金锡等,共晶温度为280~390℃。

9.3.5　其他中间层键合

硅熔融键合和硅玻阳极键合属于无中间层键合,而共晶键合则属于有中间层键合。除了共晶键合以外,还有其他如有机物键合和玻璃浆料键合等多种形式。有机物键合使用光刻胶、聚酰亚胺、聚对二甲苯等作为中间层,具有低温(低热应力)、无需外加电压、对表面粗糙度不敏感、成本低、化学稳定性和生物兼容性好等优点,根据中间层材料的不同,能够形成8~20MPa的键合强度;缺点是后续加工温度受限制,长期稳定性差,不能实现气密性封装,不导电,容易产生空洞。

玻璃浆料是一种浆状物质,由铅硅酸玻璃颗粒、钡硅酸盐填充物、浆料和溶剂组成。常见的应用方法是通过丝网印刷技术将图形化的浆料涂敷在微结构周围约30~200μm宽的环形区域,厚度为10~30μm。浆料中的溶剂在图形化后通过烘烤浆料去除。在被键合图形对准后进行热压和加压实现键合,形成具有较好密闭性的无空洞封接。热处理温度为 350～450℃,能够实现气密性封装。图 9.27 给出了分别使用 SU-8 胶、AZ4620 胶和玻璃浆料作为中间层实现键合的键合面扫描电镜图。

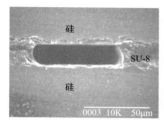 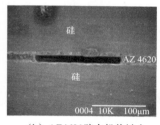 

（a）SU-8胶有机物键合　　　（b）AZ4620胶有机物键合　　　（c）玻璃浆料键合

图 9.27　其他中间层键合技术

参 考 文 献

[1]　刘晓明,朱钟淦. 微机电系统设计与制造. 北京:国防工业出版社,2006.

[2]　晁宇晴,杨兆建,乔海灵. 引线键合技术进展. 电子工艺技术,2007,28:205－210.

[3]　张生才,姚素英,刘艳艳. 高温压力传感器固态隔离封装技术的研究. 电子科技大学学报,2002,31:196－199.

[4]　Lin L W,Howe R T,Pisano A P. Microelectromechanical filters for signal processing. Journal of Microelectromechanical Systems,1998,7:286－294.

[5]　Xiao Z,Wu G,Li Z. Silicon-glass wafer bonding with silicon hydrophilic fusion bonding technology. Sensors and Actuators,1999,72:46－48.

[6]　姚军. 微机电系统封装. 北京:清华大学出版社,2006.

[7]　王翔,张大成,李婷. 压阻加速度计的 Au-Si 共晶键合. 半导体学报,2003,24:332－336.

附录 A MEMS 制造常用化学品

A.1 丙 酮

丙酮在 MEMS 制造中主要作为有机溶剂,可以用于简单清洗以去除有机物,也可以用作正性光刻胶的去胶液。

(1) 化学文摘登记号。00067-64-1。

(2) 容许浓度。TWA:750ppm[1],STEL:937ppm,LD50:5800mg/kg(大鼠,吞食)。

(3) 物理、化学、火灾和反应特性及危害。有机溶剂,应使用玻璃容器包装。闪火点为 18℃(闭杯),自燃温度为 465℃,爆炸界限为 2.5%～12.8%,蒸汽压为 180mmHg,蒸汽密度为 2.0,相对密度为 0.791(水为 1),全溶于水。液体和蒸汽易燃。蒸汽比空气重,会传播至远处,遇火可能造成回火。与浓硫酸蒸汽接触会发生燃烧甚至爆炸。排风管道应使用不锈钢或镀锌铁皮材质,并务必与酸碱排风分离。火灾时可采用 1211 灭火器或 ABC 干粉灭火器灭火。

(4) 环境、健康危害。有氧及无氧状况下均会迅速生物分解,但在高浓度下对微生物有毒,废液应燃烧处理,不得直接排入下水道。低浓度时,对人体没有即发性危害,高浓度下(约 1000ppm)轻微地刺激鼻及咽。浓度高于 2000ppm 可能造成嗜睡、恶心、呕吐、酒醉感及头晕。浓度高于 10000ppm,可能导致无意识及死亡。长期频繁接触可能造成皮肤炎。

(5) 防护措施。护目镜,防护手套,防毒面具。

(6) 急救措施。

① 吸入:移走污染源或将患者移到空气新鲜处,若不适的症状持续就需立刻送医。

② 皮肤接触:以温水缓和冲洗受污染部位 5 分钟,或直到污染物除去。

③ 眼睛接触:立即将眼皮撑开,用缓和流动的温水冲洗污染眼睛 20 分钟,或直到污染物除去,避免清洗水进入未受影响的眼睛,立即就医。

④ 食入:若患者即将丧失意识、失去意识或痉挛,勿经口喂食任何东西,若患者意识清楚,让其用水彻底漱口,喝下 240～300mL 水,切勿催吐。

---

① 1ppm=$1×10^{-6}$。

A.2 氟 化 氢

氢氟酸在 MEMS 制造中主要作为湿法腐蚀剂,低浓度可以用于去除自然氧化层,高浓度或是缓冲溶液可以用于二氧化硅的湿法腐蚀。与硝酸和水(或醋酸)混合后可以作为体硅的各向同性腐蚀剂。

(1) 化学文摘登记号。766439-3。

(2) 容许浓度。TWA:3ppm,STEL:6ppm,LC50:1108ppm/1H(大鼠,吸入)。

(3) 物理、化学、火灾和反应特性及危害。国内可以买到的商业装浓度为40%,国外可买到的商业装浓度为49%。无色液体,有刺激性气味,有毒,发烟雾,在水中不完全解离而呈弱酸性。相对密度为 1.15～1.18(水为 1),沸点为 120℃。能够腐蚀二氧化硅,故不能采用玻璃容器包装,而是采用塑料容器(小包装)或不锈钢压力容器(大包装)包装,并避免阳光直射。能与一般金属、金属氧化物及氢氧化物反应生成各种盐。排风管道应使用塑料材质,如聚氯乙烯(PVC)或聚乙烯(PE),并使用耐酸碱的玻璃钢离心风机。遇金属释放氢气,遇火星易引起燃烧或爆炸,火灾时可采用 1211 灭火器或 ABC 干粉灭火器灭火。

(4) 环境、健康危害。废液会对下水管道的管材造成腐蚀,对生物、土壤、河流、地下水都有极大危害,必须收集后进行专业处理,不得直接排放到下水道中。对指甲、牙齿和骨骼有严重危害,刺激鼻、咽、眼睛及呼吸道。高浓度蒸汽会严重灼伤唇、口、咽及肺。可能造成肺水肿及死亡。122ppm 浓度下暴露 1 分钟会严重刺激鼻、咽及呼吸道。50ppm 浓度下暴露数分钟可能致死。接触 30% 以上浓度的氢氟酸,疼痛和皮损常立即发生。接触低浓度时,常经数小时始出现疼痛及皮肤灼伤。局部皮损初起呈红斑,随即转为有红晕的白色水肿,继而变为淡青灰色坏死,而后成为棕褐色或黑色厚痂,脱痂后形成溃疡。手指部位的损害为皮下组织坏死,呈灰褐色或黑色。甲周肿胀。严重时甲下积液形成,甲床与甲板分离,指甲浮动。高浓度灼伤常呈进行性坏死,溃疡愈合缓慢。严重者累及骨骼,尤以指骨为多见,表现为无菌性骨髓炎的征象。氢氟酸酸雾可引起皮肤瘙痒及皮炎。剂量大时亦可造成皮肤、胃肠道和呼吸道黏膜灼伤。眼接触高浓度氢氟酸后,局部剧痛,角膜迅速形成瓷白色混浊,如处理不及时可引起角膜穿孔。

(5) 防护措施。护目镜,防护手套,防毒面具,防护衣。

(6) 急救措施。

① 吸入:用 2.5% 葡萄糖酸钙溶液超声雾化吸入,每次 15～20mL,3 次/日。

② 皮肤接触:在接触时,不会立即产生疼痛感和皮肤创伤,危害潜伏期较长。使用 pH 试纸可以快速确定是否受到沾染。使用大量冷水冲洗,直至发白的情况

消失为止。然后采用氢氟酸灼伤治疗液(5％氯化钙 20mL、2％利多卡因 20mL、地塞米松 5mg)浸泡或湿敷。以冰硫酸镁饱和液作浸泡。严重者可作钙离子直流电透入,利用直流电的作用,使足够量的钙离子直接导入需要治疗的部位,提高局部用药效果。在灼伤的第 1～3 天,每天 1～2 次,每次 20～30 分钟。重病例每次治疗时间可酌情延长。

③ 眼睛接触:立即分开眼睑,用大量清水连续冲洗 15 分钟左右。滴入 2～3 滴局部麻醉眼药,可减轻疼痛。可用 1‰葡萄糖酸钙眼药水滴眼。同时送眼科诊治。

④ 食入:若患者即将丧失意识、已失去意识或痉挛,勿经口喂食任何东西。用冷水彻底漱口。切勿催吐。让患者喝下 240～300mL 的 10％葡萄糖酸钙溶液,以稀释胃中的物质。反复给患者喝水并立即就医。

A.3　浓　硫　酸

浓硫酸在 MEMS 制造中主要与双氧水配成三号清洗液,用于去除半导体材料上的有机污染物。

(1) 化学文摘登记号。7664-93-9。

(2) 容许浓度。TWA:1mg/m³,STEL:2mg/m³。

(3) 物理、化学、火灾和反应特性及危害。外观无色液体,采用玻璃容器包装。沸点为 274℃,分解温度为 340℃,蒸汽压小于 0.3mmHg,蒸汽密度为 3.4,相对密度为 1.839(水为 1),全溶于水。强腐蚀性,本身不会燃烧,但高温会分解产生毒气(如硫氧化物)。与很多无机或有机化学品接触,可能导致火灾或爆炸,与金属接触会释放出易燃氢气,与水会剧烈反应(由于硫酸比重大于水,稀释时一定要将浓硫酸缓缓加入水中,避免使水沸腾而引起浓硫酸飞溅至皮肤和衣物上导致严重后果)。排风管道应使用塑料材质,如聚氯乙烯(PVC)或聚乙烯(PE),并使用耐酸碱的玻璃钢离心风机。火灾时可采用 1211 灭火器或 ABC 干粉灭火器灭火。

(4) 环境、健康危害。废液经酸碱中和处理后,使用大量清水稀释并冷却后可直接排放。蒸汽及雾滴具腐蚀性会严重刺激或损害鼻、口、咽及肺,可引起肺水肿,接触皮肤可能会留下永久疤痕,严重灼伤可能致死。接触眼睛可能引起失明,食入会严重灼伤口、食道及胃。

(5) 防护措施。护目镜,防护手套,防护衣。

(6) 急救措施。

① 吸入:将患者移至新鲜空气处,严重者就医输氧。

② 皮肤接触:去除污染衣物,以温水缓和冲洗受污染的部位不少于 20～30 分钟,

就医。

③ 眼睛接触:立即将眼皮撑开,用缓和流动的温水冲洗污染的眼睛 20 分钟。可能情况下可使用生理食盐水冲洗,避免清洗水进入未受影响的眼睛,立刻就医。

④ 食入:若患者失去意识或痉挛,不可经口喂食,若患者意识清楚,让其用水彻底漱口,不可催吐。给患者喝下 240~300mL 水,若有牛奶,于喝水后再给予牛奶喝下。若患者自发性呕吐,让其身体向前倾以减低吸入危险,并让其漱口及反复给水,立刻就医。

A.4　磷　　酸

与硝酸、醋酸和水的溶液用于铝金属的湿法腐蚀。浓磷酸加热至沸腾可腐蚀氮化硅。

(1) 化学文摘登记号。07664-38-2。

(2) 容许浓度。TWA:$1mg/m^3$,STEL:$3mg/m^3$,LD50:1530mg/kg(大鼠,吞食)。

(3) 物理、化学、火灾和反应特性及危害。无色油状黏稠液体,无味,采用玻璃容器包装。沸点为 158℃,本身不燃,高温下会分解形成具毒性的磷氧化物。与大部分金属反应产生氢气,遇明火可能爆炸。蒸汽压为 0.03mmHg,蒸汽密度为 3.4,相对密度为 1.685(水为 1),全溶于水。排风管道应使用塑料材质,如聚氯乙烯(PVC)或聚乙烯(PE),并使用耐酸碱的玻璃钢离心风机。火灾时可采用 1211 灭火器或 ABC 干粉灭火器灭火。

(4) 环境、健康危害。磷酸废液可与石灰中和,形成可作为肥料的材料。某些化学反应会释放毒性气体,与金属接触释放易燃氢气,腐蚀眼睛、皮肤和呼吸道,会引起眼睛失明和永久性的刮伤。

(5) 防护措施。护目镜,防护手套,防护衣。

(6)急救措施。

① 吸入:移除污染源或将患者移到新鲜空气处,就医。

② 皮肤接触:脱掉污染的衣物,用缓和流动的温水冲洗患部 20 分钟以上,就医。

③ 眼睛接触:立即分开眼睑,用缓和流动的温水冲洗污染的眼睛 30 分钟,冲洗时不要让含污染物的冲洗水流入未受污染的眼睛,就医。

④ 食入:若患者即将丧失意识、已失去意识或痉挛,不可经口喂食任何东西,若患者意识清楚,让其用水彻底漱口,不可催吐。给患者喝下 240~300mL 水以稀释胃部内的物质,就医。

A.5　发烟硝酸

与氢氟酸和水(或醋酸)混合后可以作为体硅的各向同性腐蚀剂。与磷酸、醋酸和水的溶液可以用于湿法腐蚀铝。

(1) 化学文摘登记号。07697-37-2。

(2) 容许浓度。TWA:2ppm,STEL:4ppm。

(3) 物理、化学、火灾和反应特性及危害。无色或淡黄色发烟液体,辛辣味,见光易分解,采用棕色玻璃容器包装。沸点为122℃,蒸汽压为5.5mmHg,蒸汽密度为2.17,相对密度为1.41(水为1),全溶于水。本身不燃,但为强氧化剂,与还原剂或可燃性有机物反应所生成的热可能引燃或爆炸。排风管道应使用塑料材质,如聚氯乙烯(PVC)或聚乙烯(PE),并使用耐酸碱的玻璃钢离心风机。火灾时可采用1211灭火器或ABC干粉灭火器灭火。

(4) 环境、健康危害。水中硝酸盐量的提高会刺激浮游生物和水草的生长,少量废液可以直接酸碱中和排放。会灼伤皮肤,可能导致皮肤永久损伤及失明。可能导致肺水肿而致死。有吸湿性。

(5) 防护措施。护目镜,防护手套,防毒面具,防护衣。

(6) 急救措施。

① 吸入:将患者移至新鲜空气处,严重者就医输氧。

② 皮肤接触:去除污染衣物,以温水缓和冲洗受污染的部位不少于20～30分钟,就医。

③ 眼睛接触:立即将眼皮撑开,用缓和流动的温水冲洗污染的眼睛20分钟。可能情况下可使用生理食盐水冲洗,避免清洗水进入未受影响的眼睛,立刻就医。

④ 食入:若患者失去意识或痉挛,不可经口喂食,若患者意识清楚,让其用水彻底漱口,不可催吐。给患者喝下240～300mL水,若有牛奶,于喝水后再给予牛奶喝下。若患者自发性呕吐,让其身体向前倾以减低吸入危险,并让其漱口及反复给水,立刻就医。

A.6　盐　　酸

与双氧水和水配置成二号标准清洗液实施去金属离子清洗。

(1) 化学文摘登记号。7647-01-0。

(2) 容许浓度。TWA:未定义,STEL:未定义,LC50:21900μg/L/96H(鲦鱼)。

(3) 物理、化学、火灾和反应特性及危害。无色或淡黄色具刺鼻味的发烟液体,采用玻璃瓶包装。本身不燃,与金属接触会产生易燃气体。沸点为108.6℃,

蒸汽压为 100mmHg,蒸汽密度为 1.268,相对密度为 1.18(水为 1),全溶于水。排风管道应使用塑料材质,如聚氯乙烯(PVC)或聚乙烯(PE),并使用耐酸碱的玻璃钢离心风机。火灾时可采用 1211 灭火器或 ABC 干粉灭火器灭火。

(4) 环境、健康危害。会渗透土壤中,溶解土壤中的物质,尤其是碳酸盐碱的物质,可酸碱中和后直接排放。极具腐蚀性,会严重刺激鼻子、喉咙、眼睛。高浓度暴露可能造成致命的肺水肿、失明、牙齿糜烂。

(5) 防护措施。护目镜,防护手套,防毒面具,防护衣。

(6) 急救措施。

① 吸入:移除污染源或将患者移至新鲜空气处,若无法呼吸,施予人工呼吸,若呼吸困难,提供氧气。

② 皮肤接触:立即以大量温水冲洗至少 20~30 分钟,并在冲洗前脱去污脏衣物,就医。

③ 眼睛接触:立即撑开眼皮,以温水缓和冲洗受污染的眼睛 0~30 分钟以上,立即就医。

④ 食入:若患者即将丧失意识、已丧失意识或痉挛,勿经口喂食任何东西。让患者用水彻底漱口,勿催吐。让患者喝 240~300mL 水,若有牛奶,喝水后再给予牛奶喝下,若患者自发呕吐,让其身体前倾以免吸入呕吐物,反复漱口,立即就医。

A.7　冰　醋　酸

在 MEMS 制造过程中用于和氢氟酸和硝酸配置体硅的各向同性腐蚀液。

(1) 化学文摘登记号。00064-19-7。

(2) 容许浓度。TWA:10ppm, STEL:15ppm, LD50:3530mg/kg(大鼠,吞食)。

(3) 物理、化学、火灾和反应特性及危害。16℃ 为澄清、无色的液体,呈弱酸性;16℃ 以下则为无色冰状的固体。有很强烈的醋味及易潮解,见光,受热易分解,应采用棕色玻璃容器包装并冷藏存储。蒸汽和液体可燃,蒸汽比空气重会传播至远处,遇火源可能造成回火。沸点为 117.9℃,闪火点为 39℃,自燃温度为 516℃(冰状结晶),爆炸界限为 4%~19.9%(冰状结晶),蒸汽密度为 2.07,相对密度为 1.5(水为 1),全溶于水。排风管道应使用塑料材质,如聚氯乙烯(PVC)或聚乙烯(PE),并使用耐酸碱的玻璃钢离心风机。火灾时可采用 1211 灭火器或 ABC 干粉灭火器灭火。

(4) 环境、健康危害。醋酸的存在遍及整个自然界(如动植物的一般代谢物),其废液可以酸碱中和后直接排放。吸入或吞入有害,蒸汽会刺激呼吸道,引起肺部伤害,浓溶液会腐蚀眼睛和皮肤,引起永久眼睛受损(如失明)和皮肤灼伤,包括组织坏死和结疤。

(5) 防护措施。护目镜,防护手套,防毒面具。

(6) 急救措施。

① 吸入:移除污染源或将患者移至新鲜空气处。如果呼吸困难,于医师指示下由受过训练的人供给氧气。避免患者不必要的移动。肺水肿的症状可能延迟达48小时。立即就医。

② 皮肤接触:脱掉受污染的衣物以温水缓和冲洗受污染部位20~30分钟,如果刺激感持续,反复冲洗。立即就医。

③ 眼睛接触:立即将眼皮撑开,以缓和流动的温水冲洗污染的眼睛20分钟。可能情况下可使用生理食盐水冲洗,且冲洗时不要间断。避免清洗水进入未受影响的眼睛。立即就医。

④ 食入:若患者即将丧失意识、已失去意识或痉挛,不可经口喂食任何东西。若患者意识清楚,让其用水彻底漱口,切勿催吐。给患者喝下240~300mL 水,以稀释胃中的化学品,若有牛奶,可于喝水后再给予牛奶喝。若患者自发性呕吐,让其身体向前倾以减低吸入危险,并让其漱口及反复给水。若呼吸停止,立即由受训过人员施予人工呼吸,若心跳停止,施行心肺复苏术。立即就医。

A.8 氨　　水

在 MEMS 制造过程中用于与双氧水、水配置成一号标准清洗液,除去颗粒沾污清洗。

(1) 化学文摘登记号。1336-21-6。

(2) 容许浓度。TWA:50ppm,STEL:75ppm,LD50:350mg/kg(大鼠,吞食)。

(3) 物理、化学、火灾和反应特性及危害。刺激味无色液体,蒸汽压为112.5mmHg,相对密度为 0.96(水为 1),全溶于水,采用玻璃瓶包装。排风管道应使用塑料材质,如聚氯乙烯(PVC)或聚乙烯(PE),并使用耐酸碱的玻璃钢离心风机。火灾时可采用 1211 灭火器或 ABC 干粉灭火器灭火。

(4) 环境、健康危害。少量废液酸碱中和处理后可以直接排放,吸入或吞食有害、引起肺部伤害、腐蚀眼睛、皮肤和呼吸道会引起永久性眼睛伤害或失明和永久性皮肤结疤。

(5) 防护措施。护目镜,防护手套,防毒面具。

(6) 急救措施。

① 吸入:移除污染源或将患者移至新鲜空气处。如果呼吸困难,于医师指示下由受过训练的人供给氧气。避免患者不必要的移动。肺水肿的症状可能延迟达

48 小时。立即就医。

② 皮肤接触:脱掉受污染的衣物以温水缓和冲洗受污染部位 20～30 分钟,如果刺激感持续,反复冲洗。立即就医。

③ 眼睛接触:立即将眼皮撑开,以缓和流动的温水冲洗污染的眼睛 20 分钟。可能情况下可使用生理食盐水冲洗,且冲洗时不要间断。避免清洗水进入未受影响的眼睛。立即就医。

④ 食入:若患者即将丧失意识、已失去意识或痉挛,不可经口喂食任何东西。若患者意识清楚,让其用水彻底漱口,切勿催吐。给患者喝下 240～300mL 水,以稀释胃中的化学品,若有牛奶,可于喝水后再给予牛奶喝下。若患者自发性呕吐,让其身体向前倾以减低吸入危险,并让其漱口及反复给水。若呼吸停止,立即由受训过人员施予人工呼吸,若心跳停止,施行心肺复苏术。立即就医。

A.9　双　氧　水

在 MEMS 制造过程中,分别用于和氨水、盐酸、浓硫酸配置成去颗粒、去金属和去有机清洗液。

(1) 化学文摘登记号。007722-84-0。

(2) 容许浓度。TWA:1ppm,STEL:2ppm,LD50:2000mg/kg(小鼠,吞食)。

(3) 物理、化学、火灾和反应特性及危害。刺激性臭味无色液体,采用塑料容器包装。沸点为 106℃,蒸汽压为 24mmHg,蒸汽密度为 1.268,相对密度为 1.12(水为 1),全溶于水。正常情况下安全,但若受热、阳光或掺杂有机物质则不稳定。本身不会燃烧,但分解后会产生热及氧气助燃。排风管道应使用塑料材质,如聚氯乙烯(PVC)或聚乙烯(PE),并使用耐酸碱的玻璃钢离心风机。火灾时可采用 1211 灭火器或 ABC 干粉灭火器灭火。

(4) 环境、健康危害。废液经大量清水稀释到 3% 以下,再经活性炭分解后可直接排放。刺激呼吸道,可引起轻度刺激及皮肤炎或鼻、喉严重刺激及肺水肿,会使皮肤发白。浓溶液会造成灼伤起泡并发红。浓度高的蒸汽或雾滴会使眼睛发红、流泪、发炎,并可能损伤致盲。食入可造成喉咙及胃出血。吞入可能因产生大量氧气形成压力,而造成严重伤害。

(5) 防护措施。护目镜,防护手套,防护衣。

(6) 急救措施。

① 吸入:移除污染源或将患者移至新鲜空气处。如果呼吸困难,于医师指示下由受过训练的人供给氧气。避免患者不必要的移动。肺水肿的症状可能延迟达 48 小时。立即就医。

② 皮肤接触:脱掉受污染的衣物以温水缓和冲洗受污染部位 20～30 分钟,如

果刺激感持续,反复冲洗。立即就医。

③ 眼睛接触:立即将眼皮撑开,以缓和流动的温水冲洗污染的眼睛 20 分钟。可能情况下可使用生理食盐水冲洗,且冲洗时不要间断。避免清洗水进入未受影响的眼睛。立即就医。

④ 食入:若患者即将丧失意识、已失去意识或痉挛,不可经口喂食任何东西。若患者意识清楚,让其用水彻底漱口,切勿催吐。给患者喝下 240～300mL 水,以稀释胃中的化学品,若有牛奶,可于喝水后再给予牛奶喝下。若患者自发性呕吐,让其身体向前倾以减低吸入危险,并让其漱口及反复给水。若呼吸停止,立即由受训过人员施予人工呼吸,若心跳停止,施行心肺复苏术。立即就医。

A.10　氨　　气

在 MEMS 制造过程中与二氯硅烷于高温条件下制备氮化硅薄膜。

(1) 化学文摘登记号。7664-41-7。

(2) 容许浓度。TWA:25ppm,STEL:35ppm,LC50:2000ppm/4H(鼠,吸入)。

(3) 物理、化学、火灾和反应特性及危害。刺激性气味无色液化气体,在 20ppm 浓度时即可产生嗅觉反应。沸点为 $-35.5℃$,熔点为 $-77.7℃$,自燃温度为 850℃,爆炸界限为 15%～28%,蒸汽压为 114.4psi[①],蒸汽相对密度为 0.588(空气为 1),20℃下在水中的溶解度为 0.848vol/vol。需要存储于专用钢瓶中,钢瓶必须直立固定放置在专用钢瓶柜中,避免日晒雨淋,且储存区温度不能超过 40℃。储存区不可放置可燃物质,严禁烟火。钢瓶柜必须采用防爆风机 24 小时强排风,并设立自动切换的备用风机。钢瓶柜内需设置水雾喷淋装置和泄漏监测传感器,并能在监测到钢瓶泄漏时自动喷淋。不能拖、拉、滚、踢钢瓶,应使用适当钢瓶专用手推车搬运钢瓶。禁止尝试利用瓶盖来吊升钢瓶。运输过程中必须保证阀盖及瓶盖已重新装回并锁紧。钢瓶发生泄漏时,必须使用正压空气呼吸器并穿着全身防护衣进行堵漏。气体使用时必须采用 316L-EP 不锈钢双套管进行输送,并使用 VCR 接头对管道进行连接,所有焊接部位必须使用自动焊机进行焊接。每次更换钢瓶或管道维修时,必须使用钢瓶柜内配气盘上的文氏真空管路和吹扫管路反复对钢瓶和设备之间的管路抽真空和氮气吹扫。工艺管道上必须安装单向阀以避免逆流进入钢瓶,使用调压阀来安全地使用钢瓶内的液化气体。为了判断液氨的余量,需在钢瓶底部设置防爆电子称重仪。

(4) 环境、健康危害。严禁将大量的氨气释放到大气中。小量的氨可以释放

---

① psi 为压力单位,同 ppsi,1psi＝1ppsi＝1lbf/in² ＝6.89476×10³Pa。

于水中作处置,其比例为 1∶10(氨∶水)。随后的氢氧化氨水溶液可被中和,但应依法规处置。气态与人体接触可能引起皮肤炎、头痛、呕吐、呼吸困难、刺激眼睛及造成流泪;液态与皮肤或衣物接触会造成灼伤及冻伤。

(5) 防护措施。护目镜,防护手套,防毒面具,防护衣。

(6) 急救措施。

① 吸入:将患者移至新鲜空气处,若呼吸停止,由受过训练的人员施以人工呼吸,给予氧气,立即送医。

② 皮肤接触:立刻以大量清水冲洗患部至少 15 分钟,去除受污染的衣物,立即送医治疗。在冻伤处使用温水冲洗,不可使用热水。

③ 眼睛接触:撑开眼皮以大量温水冲洗至少 15 分钟,并立刻送医。

A.11　硅　　烷

在 MEMS 制造过程中与氧气反应生成低温氧化硅,或者在高温下分解生成多晶硅。

(1) 化学文摘登记号。7803-62-5。

(2) 容许浓度。TWA:5ppm,STEL:10ppm,LC50:9600ppm/4H(鼠,吸入)。

(3) 物理、化学、火灾和反应特性及危害。无色、窒息性气味压缩气体。沸点为−111.7℃,熔点为−185℃,室温以上与空气接触会自燃生成未结晶二氧化硅白色粉末(浓烟),爆炸界限为 1.4%～96%,相对密度为 1.2(空气为 1),微溶于水。需要存储于专用钢瓶中,钢瓶必须直立固定放置在专用钢瓶柜中,避免日晒雨淋,且储存区温度不能超过 40℃。储存区不可放置可燃物质,严禁烟火。钢瓶柜必须采用防爆风机 24 小时强排风,并设立自动切换的备用风机。钢瓶柜内需设置水雾喷淋装置和泄漏监测传感器,并能在监测到钢瓶泄漏时自动喷淋。不能拖、拉、滚、踢钢瓶,应使用适当钢瓶专用手推车搬运钢瓶。禁止尝试利用瓶盖来吊升钢瓶。运输过程中,必须保证阀门及瓶盖已重新装回并锁紧。钢瓶发生泄漏时,必须使用正压空气呼吸器,并穿着全身防护衣进行堵漏。气体使用时,必须采用 316L-EP 不锈钢双套管进行输送,并使用 VCR 接头对管道进行连接,所有焊接部位必须使用自动焊机进行焊接。每次更换钢瓶或管道维修时,必须使用钢瓶柜内配气盘上的文氏真空管路和吹扫管路反复对钢瓶和设备之间的管路抽真空和氮气吹扫。工艺管道上必须安装单向阀以避免逆流进入钢瓶,使用调压阀来安全地使用钢瓶内的气体,并根据高压表的示数来判断气体的余量。大量泄露时产生的高温可能引起钢瓶爆炸。

(4) 环境、健康危害。对眼睛及呼吸道会刺激,但不是腐蚀性气体,和水接触后会形成硅酸,腐蚀皮肤。吸入可引起头痛、头昏、昏睡、刺激上呼吸道,严重者可导致肺水肿。分解产生的二氧化硅颗粒会刺激眼睛及皮肤。

(5) 防护措施。护目镜,防护手套,防毒面具,防护衣。

(6) 急救措施。

① 吸入:将患者移至新鲜空气处,不可喂食,若呼吸停止,由受过训练的人员施以人工呼吸,给予氧气,立即送医。

② 皮肤接触:立刻以大量清水冲洗患部至少 15 分钟,去除受污染的衣物,立即送医治疗。

③ 眼睛接触:撑开眼皮以大量温水冲洗至少 15 分钟,并立刻送医。

A.12　二　氯　硅　烷

在 MEMS 制造过程中与氨气于高温条件下制备氮化硅薄膜。

(1) 化学文摘登记号。4109-96-0。

(2) 容许浓度。CEILING:5ppm,LC50:314ppm/1H(鼠,吸入)。

(3) 物理、化学、火灾和反应特性及危害。高可燃性、毒性和腐蚀性的液化气体,此气体具有窒息性酸味,无色,但遇湿气会水解成氯化氢形成白色烟雾,此白色烟雾会造成皮肤和呼吸系统的强烈灼伤,并具有爆炸危害。在 20ppm 浓度时即可产生嗅觉反应。沸点为 8.2℃,熔点为 −122℃,自燃温度为 44℃,闪火点为 −52.2℃,爆炸界限为 4.6%～98%,蒸汽压为 23.3psi,蒸汽相对密度为 3.59(空气为 1),能够水解。需要存储于专用钢瓶中,钢瓶必须直立固定放置在专用钢瓶柜中,避免日晒雨淋,且储存区温度不能超过 40℃。储存区不可放置可燃物质,严禁烟火。钢瓶柜必须采用防爆风机 24 小时强排风,并设立自动切换的备用风机。钢瓶柜内需设置水雾喷淋装置和泄漏监测传感器,并能在监测到钢瓶泄漏时自动喷淋。不能拖、拉、滚、踢钢瓶,应使用适当钢瓶专用手推车搬运钢瓶。禁止尝试利用瓶盖来吊升钢瓶。运输过程中,必须保证阀盖及瓶盖已重新装回并锁紧。钢瓶发生泄漏时,必须使用正压空气呼吸器并穿着全身防护衣进行堵漏。气体使用时必须采用 316L-EP 不锈钢双套管进行输送,并使用 VCR 接头对管道进行连接,所有焊接部位必须使用自动焊机进行焊接。每次更换钢瓶或管道维修时,必须使用钢瓶柜内配气盘上的文氏真空管路和吹扫管路反复对钢瓶和设备之间的管路抽真空和氮气吹扫。工艺管道上必须安装单向阀以避免逆流进入钢瓶,使用调压阀来安全地使用钢瓶内的液化气体。为了判断液氨的余量,需在钢瓶底部设置防爆电子称重仪。

(4) 环境、健康危害。易燃,其蒸汽能与空气形成范围广阔的爆炸性混合物。遇热源和明火有燃烧爆炸的危险。与卤素及其他氧化剂剧烈反应。遇水或水蒸气剧烈反应,生成盐酸烟雾,可致皮肤灼伤和黏膜刺激。接触后表现有流泪、咳嗽、咳痰、呼吸困难、流涎等。可引起肺炎或肺水肿。眼接触可致灼伤,导致失明。

（5）防护措施。护目镜,防护手套,防毒面具,防护衣。

（6）急救措施。

① 吸入:将患者移至新鲜空气处,若呼吸停止,由受过训练的人员施以人工呼吸,给予氧气,立即送医。

② 皮肤接触:立刻以大量清水冲洗患部至少 15 分钟,去除受污染的衣物,立即送医治疗。在冻伤处使用温水冲洗,不可使用热水。

③ 眼睛接触:撑开眼皮以大量温水冲洗至少 15 分钟,并立刻送医。

附录 B 化学品安全术语

B.1 化学文摘登记号

美国化学文摘社(Chemical Abstracts Service)在编制化学摘要(CA)时,为便于确认同一种化学物质,对每一个化学品编定注册登记号(CAS. NO.)。在 1969年第 71 卷的 CA 首次使用 CAS. NO. 。一个登记号只代表一种化合物,若有异构物,则给予不同的编号,已被国际上普遍接受并使用,适合作为化学品资料查询的索引号码。

B.2 容 许 浓 度

容许浓度是为保护工作者不受有害物质影响而强行制定的工作环境空气中有害物质可容许的暴露浓度的阈值,单位可用 ppm 或 mg/m³ 表示,一般气态物质的容许浓度以 ppm 表示,固态物则以 mg/m³ 为主。容许浓度有以下几种阈值:

(1) 八小时日均容许浓度(TWA,PEL,TLV)。TWA(time weighted average),也叫做 TLV-TWA(threshold limit value-TWA)或 PEL(permitted exposure limit),是指每天工作八小时,一般工作者重复暴露在此浓度以下而未见不良反应的时间加权平均容许浓度。

(2) 短时间接触容许浓度(short term exposure limit,STEL)。指一般工作者连续暴露在此浓度下 15 分钟,每天 4 次,而没有不可忍受的刺激,或慢性不可逆的组织病变,或麻醉昏迷等事故发生。

(3) 最高容许浓度(CELING)。指一般工作者不得有任何时间超过此浓度的暴露。若容许浓度有注明"皮"字或"瘤"字,表示此化学品经证实或疑似会造成肿瘤。

(4) 立即危害生命和健康浓度(immediately dangerous to life and health,IDLH)。指在一次 30 分钟的接触中可以致人昏迷或造成不可逆器官病变的浓度,常见化学品的 IDLH 如表 B.1 所示。

表 B.1　常见化学品的 IDLH

化学品名称	IDLH/ppm
氨气	300
一氧化碳	1200
氯气	10
氟化氢	20
磷烷	50

(5) 动物半数致死量(LD50)。指给予试验动物群组一定剂量(mg/kg)的化学品,观察 14 天,结果能造成半数(50%)动物死亡的剂量称为 LD50(median lethal dose),单位为 mg/kg,分子为化学品的量,分母为试验动物的体重,表示每公斤试验动物所暴露化学品的量有多少。由于实验结果会因试验动物的种类及试验方法而异,在 LD50 的数据后注明了试验动物种类及物质进入体内的方式(如喂食、静脉注射、腹腔注射或皮肤接触等)。

(6) 动物半数致死浓度(LC50)。指在固定浓度下,暴露一定时间(通常 1~4 小时)后,观察 14 天,能使试验动物群组半数(50%)死亡的浓度,称为 LC50(median lethal concentration),单位为 ppm,表示试验动物在每立方米空气中吸入了多少立方厘米数的化学品。同样的,在 LC50 数据上也注明了试验动物的种类和暴露时间(通常以分钟表示)。

B.3　物理及化学特性

化学品的物理性质包括沸点、蒸汽密度、挥发速率、外观和气味等特征,这些有助于我们了解在不同的工作环境下化学品的危险程度。举例来说,蒸汽密度表示化学品蒸汽的重量和等体积空气的比值(空气为 1)。如果某个化学药品的蒸汽密度大于 1,则蒸汽将比空气重而沉积到地面。

(1) 蒸汽压。指 20℃ 或其他特定压力下,密闭容器中液体或挥发性固体(如碘)表面的饱和蒸汽所产生的压力。单位以毫米汞柱(mmHg)或 psi 表示。压强的常用其他表达方式及与标准大气压的换算关系如表 B.2 所示。

表 B.2　压强的其他常用表达方式及换算关系

	帕(Pa)	托(Torr)	毫巴(mbar)	磅/英寸²(psi)
1Pa	1	7.5×10^{-3}	10^{-2}	1.450×10^{-4}
1Torr	133.32	1	1.332	1.934×10^{-2}
1mbar	10^2	7.5×10^{-1}	1	1.450×10^{-2}
1psi	6895	51.715	68.95	1

(2) 蒸汽密度(空气为 1)。指一定体积的蒸汽或气体重量与同体积空气重量的比值,没有单位。可用下列公式计算:

$$蒸汽密度＝蒸汽或气体的分子量/28.8$$

(3) 挥发速率(乙酸乙酯为 1)。指物质在空气中蒸发(挥发)的速率与乙酸乙酯在空气中蒸发速率的比值,没有单位。

B.4　火灾及爆炸危害特性

这部分特性有助于确定化学品的闪火点,即化学品释放足够的可燃蒸汽以点火的温度。化学品的闪火点若高于 $100°F$ 称为可燃物,若低于 $100°F$ 则称为易燃物。除此之外,这部分通常也列出化学药品的爆炸上下限、安全灭火所需的材料(如二氧化碳、水、泡沫等)、特殊的灭火程序及此化学品任何不寻常的火灾和爆炸伤害。

(1) 闪火点。指能使易燃液体或挥发性固体升华所形成的混合空气接触火源(如明火或火花)就产生火光的最低温度,可用℃或°F 表示,此温度是密闭测试系统(称为闭杯法,即 closed-cup)或非密闭测试系统(称为开杯法,即 open-cup)测得。

(2) 爆炸极限。可分为爆炸下限(lower explosion limit,LEL)及爆炸上限(upper explosion limit,UEL)。指若气体、蒸汽或可燃性粉尘在空气中浓度界于此两者之间,一旦有火源,便可能引起火焰延烧,在密闭空间或特殊条件下可能引起爆炸。因此,爆炸界限亦即燃烧界限。气体或蒸汽爆炸界限的浓度单位以％表示,意指气体或蒸汽在空气中所占的体积百分比浓度;而粉尘爆炸界限的浓度单位以 g/m^3 表示,指粉尘在每立方米空气中的重量多少。

B.5　反应特性

这部分特性有助于确定化学品之间的反应状况。在某些环境下,有反应的(不稳定)化学药品可能引起爆炸、燃烧或释放致命的物质。

B.6　健康危害及急救措施

描述经由呼吸、食入、眼睛和皮肤接触而过度暴露于化学品环境时对健康所造成的急性的(立即)和慢性的(长期)影响,以及过度暴露之后需要的紧急处理措施。

B.7　防护措施

使用化学药品时所需的特殊防护设备,如防毒面具、手套、防护面具、通风设备等。使用图 B.1 所列的图标表示化学品需要的不同防护措施。

（a）护目镜　　　　　（b）手套　　　　（c）防毒面罩　　　　（d）防护衣

图 B.1　不同防护措施的示意图

进入净化间必须佩戴一次性洁净手套以防止手部的汗液或皮屑污染微器件。如图 B.2(a)所示的丁腈橡胶一次性洁净手套，能够在短时间内一定程度地防护酸碱和有机化学品，但在操作液态化学品，特别是倾倒、混合或搅拌液态化学品时，为了保护手部、面部(特别是眼部)和身体不受到飞溅危害，应该佩戴如图 B.2(b)所示的耐酸碱乳胶长袖手套、如图 B.2(c)所示的护目镜，甚至是透明面罩和耐酸碱皮裙。在操作炉管设备，如取放低压化学气象沉积设备的石英舟、取放热氧化炉的石英管帽和石英钩时，为了避免烫伤，应该佩戴如图 B.2(d)所示的洁净耐高温手套。在操作具有有害挥发气体的化学品(如丙酮和氢氟酸)时，应该佩戴如图 B.2(e)所示的口鼻式防毒面罩，并定时更换滤毒罐。在处理有毒、剧毒化学品(如关闭发生泄漏的氨气和磷烷容器)时，应该装备如图 B.2(f)所示的正压空气呼吸器，甚至穿着防护服。净化间中必须设置如图 B.2(g)所示的冲身洗眼器，以保证操作人员在被化学品喷溅的初期能够即刻使用大量清水进行初步处理再送医。

（a）Ansell 92-670 丁腈橡胶手套　　　　（b）耐酸碱乳胶长袖手套

（c）护目镜　　　　　　　（d）洁净耐高温手套

（e）口鼻式面罩　　　　　（f）正压空气呼吸器　　　　　（g）冲身洗眼器

图 B.2　化学品常用防护用具

（图片来源于西北工业大学空天微纳教育部重点实验室）

索　引